中国石油企业协会
对外经济贸易大学一带一路能源贸易与发展研究中心

中国油气产业发展分析与展望报告蓝皮书

（2024—2025）

蒋庆哲　梁国斌　董秀成◎主编

中国石化出版社
·北京·

图书在版编目(CIP)数据

中国油气产业发展分析与展望报告蓝皮书. 2024—2025 / 蒋庆哲, 梁国斌, 董秀成主编. — 北京 : 中国石化出版社, 2025. 4. — ISBN 978-7-5114-7900-6

Ⅰ. F426. 22

中国国家版本馆 CIP 数据核字第 20259CR684 号

中国石化出版社出版发行

地址:北京市东城区安定门外大街 58 号

邮编:100011　电话:(010)57512500

发行部电话:(010)57512575

http://www. sinopec-press. com

E-mail:press@ sinopec. com

北京艾普海德印刷有限公司印刷

全国各地新华书店经销

*

710 毫米×1000 毫米 16 开本 17. 75 印张 275 千字

2025 年 4 月第 1 版　2025 年 4 月第 1 次印刷

定价:198. 00 元

中国油气产业发展分析与展望报告蓝皮书

（2024—2025）

编　委　会

前言
PREFACE

人类社会进入工业文明以来，全球油气产业迅速发展，石油和天然气成为世界经济和社会发展的主体能源，也成为支撑人类社会发展的重要基础和工业文明的血液，在经济、政治和军事领域发挥着越来越重要的作用。当今世界，无论是发达国家还是发展中国家，都高度重视本国油气产业发展，都在根据世界能源发展形势和本国国情制定油气产业发展战略和政策，迎接国际政治和经济环境变化带来的机会与挑战。

油气产业发展有其自身的现实特征与理论逻辑，在日益复杂多变的油气产业发展环境中，各国都需要围绕本国油气产业发展阶段、现状、趋势、理念和价值观等对其进行系统分析和整体审视。一方面，油气产业正面临人类历史上前所未有的外部环境变化，从经济、社会、生态、环境、政治、外交、军事、文化、交通和家庭等各个层面，都能感受到油气产业正在承受着各种压力、影响和冲击；另一方面，油气产业发展并非孤立，而是存在着诸多利益攸关者，关系到众多相关产业乃至整体经济和社会发展，正日益引起国际组织、政府部门、相关产业和企业、广大消费者、社会公众、非政府组织、媒体和学术界等高度关注。当前，油气产业发展已经成为中国国民经济发展和社会进步的重大议题，与实现中国式现代化和高质量发展息息相关。

《中国油气产业发展分析与展望报告蓝皮书》(简称《蓝皮书》)是目前中国公开出版的唯一一部全面分析和研究中国油气产业发展现状和趋势展望的图

书，由中国石油企业协会和对外经济贸易大学一带一路能源贸易与发展研究中心合作完成，按年度向全社会公开出版发行。《蓝皮书》共分五大部分：国际篇、国内篇、合作篇、专题篇和附件。其中：国际篇，主要分析国外宏观环境对中国油气产业发展的影响，包括国际政治环境对中国油气产业发展的影响、国际经济环境对中国油气产业发展的影响、世界油气产业发展分析与展望等；国内篇，从产业发展角度重点分析中国油气产业发展现状和趋势展望，包括中国宏观经济分析与展望、中国油气产业政策分析与展望、中国油气市场发展分析与展望、中国油气勘探产业发展分析与展望、中国油气开发产业发展分析与展望、中国油气工程技术服务产业分析与展望、中国炼化产业发展分析与展望、中国油气管道产业发展分析与展望；合作篇，主要包括中国油气产业国际合作分析与展望、中国对外油气贸易分析与展望等；专题篇，主要从专题角度分析油气产业发展的相关问题，与国际篇、国内篇和合作篇等部分形成补充关系，每个专题形成一篇独立的文章；附件，主要包括按时间顺序编写的年度油气产业发展大事记和国内外油气产业发展数据信息。

《蓝皮书》不是一般意义上的年鉴，也不以大块文字和数据图表堆积为主，而是以年度分析和来年展望为基本特征。国际篇、国内篇、合作篇和专题篇具有很强的相关性和互补性，但各部分在编写上独立成篇，读者可以根据需要和兴趣分别阅读。附件，主要是大事记和辅助数据资料，供读者在阅读时参考。《蓝皮书》以文字分析为主，辅以必要数据和图表，文字描述力求言简意赅，分析和展望力求逻辑性、高度性、概括性和权威性并重，分析结论力求对相关部门和油气企业实际工作具有指导性。《蓝皮书》作者主要来自中国石油企业协会、对外经济贸易大学一带一路能源贸易与发展研究中心、中国石油大学中国油气产业发展研究中心、中国石化经济技术研究院、中国石化石油勘探开发研究院等单位，作者团队长期从事油气产业发展研究，具有国内一流专业水准和专业基础。作者团队本着促进中国油气产业高质量发展的良好愿望，既对产业发展进行整体分析，又对产业热点问题提出坦率看法和观点，希望引起社会关注和充分讨论。作者团队努力进行全面、系统和深入的研究，试图得出有助于读者全面了解中国油气产业发展的正确结论，这既是团队追求的目标，也是义务和责任。《蓝皮书》具有较强的权威性和较好的时效性，对于理论研究者和实际工作者都具有一定的参考价值。

《蓝皮书》编写分工如下：国际篇，国际政治环境对中国油气产业发展的影响（徐霜蕾、宋佳、冯泽），国际经济环境对中国油气产业发展的影响（赵宁宁、方溶镕、赵彤彤、李佳蔓），世界油气产业发展分析与展望（韩亚琳、董康银）；国内篇，中国宏观经济分析与展望（杨鑫磊、卫静、窦悦、冯乃超），中国油气产业政策分析与展望（杨鑫磊、卫静、冯乃超、窦悦），中国油气市场发展分析与展望（张海霞、王静、陈婉茹、战凯文），中国油气勘探产业发展分析与展望（刘洋、田静伊、刘贵贤、孔朝阳、孙即才），中国油气开发产业发展分析与展望（顾家晖、刘贵贤、孔朝阳、孙即才），中国油气工程技术服务产业分析与展望（刘杨、皮光林），中国炼化产业发展分析与展望（董必俊、赵晓梦、董聪），中国油气管道产业发展分析与展望（孙梅、李健源、刘晶、谢玉莹、刘巾苗、周凯文、周铭可）；合作篇，中国油气产业国际合作分析与展望（王博、贾逸卿、吴爱玲），中国对外油气贸易分析与展望（王建达、杨森森）；专题篇，2025 年全球石油市场展望（董秀成），油气企业如何更好利用绿色金融实现低碳转型（周吴雪涵、杨鑫磊、陈仕林），南亚六国能源地缘政治博弈对我国能源的影响分析与对策（李柔），新质生产力助推油气企业转型的机理和方向（杨溯、孙仁金），"大金砖"时代下的能源合作：五个维度凸显不一样的韧性（陆如泉），望"峰"兴叹，炼油业能否"饭"三年？（王能全）；2024 年中国油气产业发展大事记（王文超、郭杰），2024 年国内外油气产业相关数据（罗熙茗）。

蒋庆哲、梁国斌、董秀成统领了《蓝皮书》架构设计并负责组织全书编撰；董聪负责《蓝皮书》最终统撰与核定；王琳、孙仁金、刘毅军、郝鸿毅等参与书稿修改和审定工作。

编委会

2025 年 4 月 1 日

目　录
CONTENTS

国　际　篇

国 内 篇

合 作 篇

专 题 篇

附 件

国际篇

2024年，全球政治格局的动荡深刻影响着中国油气产业的发展。美国大选、俄乌冲突持续、中东局部冲突频发、非洲总统选举和政变交织发生等地缘政治风险波动，使国际油气价格剧烈震荡，同时推动了国际油气贸易格局的持续调整。虽然“欧佩克+”继续减产稳定全球油价，但是中东地区冲突不断加剧了油价波动。纷繁复杂的国际政治环境，使中国油气供应链面临的不确定性更大，中国油气产业积极践行“一带一路”倡议，推动中国油气产业国际化进程。国际气候博弈促进了中国油气产业的绿色低碳发展，在储能设施建设、国内油气市场改革、油气贸易结算等方面均有明显的发展。

2024年全球经济保持韧性，经济增长为3.2%。随着全球通胀持续下行，经济平稳着陆有望实现。尽管如此，全球经济前景仍面临诸多不确定性，过度紧缩的货币政策、金融市场波动、贸易保护主义抬头及全球供应链的断裂等下行风险仍然存在。中期增长前景仍处于相对疲软的状态，生产率增长缓慢、人口老龄化等结构性问题持续抑制全球经济的增长潜力，人工智能既有提升生产率的巨大潜力，同时也可能对劳动力和金融市场造成严重扰动。

2024年全球油气市场总体波动频繁。受消费需求拉动、价格变动影响，石油、天然气勘探开发投资活动总体较为活跃，勘探支出小幅增加；全球油气新增探明储量呈上升趋势，全球市场尤其是美国上游企业间巨额并购案增多。产量方面，全球石油产量总体呈现缓慢增长趋势；受益于俄罗斯、中东地区天然气稳定增产影响，全球天然气产量有所增长。同时，国际油价总体呈现宽幅震荡趋势；受消费需求拉动等因素影响，国际天然气价格总体呈现高位震荡。预计2025年，全球地缘政治紧张局势加剧，各国对能源供应安全的重视程度将不断提升，进而影响各国企业油气勘探投资选择；此外，能源转型趋势不容忽视，天然气在油气市场中的地位将日益凸显，预计气价、消费需求将得到提振。

国际政治环境对中国油气产业发展的影响

2024 年，全球政治格局动荡与调整以前所未有的方式影响着世界经济的每一个角落，而中国油气产业，作为国民经济的重要支柱，正置身于这一变革的洪流之中。随着全球能源需求持续增长和地缘政治风险波动日益剧烈，油气资源战略地位愈发凸显。中国是世界上最大的能源消费国，油气产业稳定发展不仅关乎国家经济持续增长，更关系到国家能源安全和战略利益。

一、国际政治环境分析及展望

2024 年，全球政治环境呈现错综复杂、充满挑战的局面。这种局面深刻影响着各国政治稳定与经济发展。

（一）美国大选深刻重塑世界政治格局

2024 年，美国最重要的事情莫过于第 60 届总统大选，其结果不仅影响美国国内的事务，也对全球的发展产生深远的影响。

2024 年 7 月 21 日，美国时任总统拜登宣布退出 2024 年总统大选，前总统特朗普代表的共和党和哈里斯代表的民主党进入竞选白热化阶段。两大政党在政策主张上存在显著差异，特朗普强调“美国优先”，主张减税、加征关税、支持传统能源、反移民、反堕胎、反性少数群体，而哈里斯更加注重“包容发展”，主张对富人和企业加税、为中产阶级减税、有针对性加征关税、支持多边机制、支持新能源、支持合法移民、支持生育自由、坚定捍卫性少数群体权益。这种主要议题差异极大的局面，进一步加剧了竞选的不确定性。2024 年 11 月 6 日凌晨，美国共和党总统候选人特朗普宣布在 2024 年总统选举中获胜。

但是，无论是谁当选总统，美国的大国竞争战略在短期内都不会改变，通过投资、联盟、竞争三种途径遏制对手发展的策略也不会发生明显变化。

美国依旧会将“印太战略”作为其全球战略的重点，以维持自己的大国竞争战略。美国为了实施其“印太战略”，构建了包括“印太版北约”联盟在内的众多联盟。比如，2024 年 7 月 9 日，日本、韩国、澳大利亚、新西兰作为北约的印太地区伙伴国出席了由华盛顿特区主办的 2024 年北约峰会，峰会期间日韩共同发出了北大西洋安全离不开东北亚安全的信号，此后北约发布的《华盛顿峰会宣言》中，更是指责中国持续挑战北约利益、安全、价值观，并表示支持北约同盟国同亚太伙伴举行更多海上演习。2024 年 9 月 21 日，以美国为首包括日本、印度、澳大利亚的四国共同举办了“四边机制”峰会，而该峰会是“印太战略”中的地区首要领导机制，虽声称不针对任一国家，但一直以中国为话题，试图以炒作“中国威胁”来纠集军事安全合作。该峰会首次批准了四国进行海岸警卫队合作，虽然在一定程度上降低了四方海上军事合作色彩的意图，但在很大程度上联合巡航行动是一种试水，是四国海上军事合作的重要标志，不排除未来四国会进一步形成海上军事合作力量，进一步巩固美国的“印太战略”。

（二）欧洲各国政治环境复杂多变

近年来，欧洲政治版图经历深刻变革，极右翼政党迅速崛起成为主流政党不得不直面的严峻挑战。这些政党凭借对移民、气候及经济等热点问题的敏锐捕捉，赢得了选民支持，不仅在欧洲议会选举中斩获更多席位，更在多个国家政治生态中占据了一席之地，加剧了欧洲社会的政治分裂与内部张力。主流政党因此被迫调整策略，以更贴近民众关切的政策回应挑战。

地缘政治复杂局势持续影响欧洲稳定。乌克兰危机僵局未解，使得欧洲不得不长期应对由此产生的地缘政治挑战。民众对持续支持乌克兰政策的疲惫感上升，欧盟内部在乌克兰入盟等议题上分歧加剧，长期援助计划遭遇阻碍。巴以冲突升级在南欧地区引发了新动荡，不仅分散了欧洲对乌克兰危机的注意力，还直接威胁其能源供应、交通通道、边境安全及公共政治稳定，各国在应对此问题上立场各异，进一步加深了内部裂痕。

在社会议题层面，移民与气候问题日益凸显其重要性。极右翼政党利用民众对移民的忧虑作为政治筹码，而主流政党则致力于在保障人权与有效管理移民之间寻求平衡。能源转型与应对气候变化虽为欧洲共识，但俄乌冲突引发的能源危机让部分民众对欧盟能源政策产生质疑，为政府推进绿色转型增添了难度。

2024 年的欧洲政治环境继续笼罩在多重不确定性与挑战之下，包括政治力量重组、地缘政治紧张局势及社会议题的复杂化。

（三）俄乌冲突持续扰动全球政治体系

截至 2024 年底，俄乌冲突已经持续两年多时间，总体上看，这场冲突仍然处于胶着状态，交战双方并未决出胜负。但自 2024 年 8 月以来，俄乌冲突呈现出新的态势，双方战斗激烈程度大幅度升级，在战场表现上，俄方占据上风，乌方处于下风，但在此期间乌方也一直在向以美欧为首的西方国家寻求帮助。

西方国家也积极回应，进一步在资金、武器、军事训练等方面加强对乌克兰的援助。2024 年 4 月 20 日，美国国会众议院通过了《2024 年乌克兰安全补充拨款法案》，声称将向乌克兰提供 608.4 亿美元援助，该法案表示其中的约 138 亿美元将用于乌克兰购买先进武器，约 134 亿美元将用于补充美军库存，约 110 亿美元将用于支持美国在欧洲的盟友，另外约 138 亿美元会用于为乌克兰购买美国防御系统，还有约 90 亿美元将作为经济援助拨给乌克兰。该法案通过一个月后，美国便向乌克兰提供了价值 2.75 亿美元的军事援助，包括“海马斯”高机动火箭炮系统等武器装备。2024 年 7 月 11 日，美国宣布将向乌克兰提供 2.25 亿美元额外安全援助，包括防空系统、火箭系统、火炮弹药及反坦克武器等，其中还包括一套“爱国者”导弹系统。这是美国向乌克兰提供的第二套“爱国者”系统。在俄乌冲突激烈的 8 月，美国更是向乌克兰运送了一批其急需的重要新武器和装备，以支持其军队抵御俄罗斯的持续攻击。这批价值 1.25 亿美元的物资包括防空拦截器、火箭系统弹药和火炮弹药、多任务雷达和反坦克武器等。欧盟在 2024 年 8 月 6 日批准向乌克兰提供 42 亿欧元，以支持其稳定金融。而早在 2024 年的 1 月 12 日，乌克兰总统网站就发布消息说，英国将根据协议在 2024 年继续向乌提供 25 亿英镑的军事援助。2024 年 9 月 26 日，英国国防部宣布将在 2030 年以前每年为乌克兰提供 30 亿英镑用于国防需求。而作为对此的回应，泽连斯基在2024年9月25日由七国集团牵头组织的乌克兰重建会议上表示，现在帮助乌克兰的国家将首先在乌克兰重建中获益，而俄罗斯将为战争买单。

2024年的俄乌冲突不仅是军事冲突，更是对两国及邻国甚至世界各国经济等多方面的考验。这场持续的冲突，使得乌克兰大量的基础设施被破坏，能源供应链受阻，民众生活陷入困境。而俄罗斯也面临着西方国家在能源出口、金融交易及进口技术等多方面的制裁，经济压力倍增，虽然俄罗斯也在不断通过与其他非西方国家加强合作来缓解制裁影响，但是国内的生活成本依旧在上升，社会矛盾也在不断加剧。尽管国际社会一直在推动和平谈判，但由于俄乌双方都坚持各自的核心立场，乌克兰要求完全收复被占领土，俄罗斯则希望巩固其对顿巴斯和克里米亚的控制，使得多次谈判和斡旋未能达成实质性突破，导致冲突持续升级。因此，俄乌冲突的未来走向仍充满不确定性。

（四）亚洲地区局部冲突频繁发生

2024年亚洲的政治环境呈现复杂多变的态势，地区冲突升级，地缘政治紧张，而多国的选举和政权更迭也在进行中。

朝鲜半岛的紧张局势在2024年呈现“强硬”对“强硬”的对峙局面。韩国总统尹锡悦在2024年新年致辞中提出，2024年将“从源头上封锁”朝鲜的核导威胁，并开展了一系列军事活动。2024年1月1日至2日，韩国陆军在江原道华川和京畿道坡州等靠近朝韩军事分界线的地区实施大规模炮击及机械化部队机动演习，并在2024年1月4日结束了为期7天的韩美跨年联合演习，此次演习的地点也位于朝韩军事分界线附近。朝鲜则在2024年1月5日向半岛西部海域的南北海上缓冲区发射了200发炮弹，这一行为被广泛解读为对韩方的直接挑衅，作为回应，韩方也向缓冲区南侧发射了400枚大口径炮弹，这一强硬回击使得朝鲜半岛局势更加紧张。在1月15日召开的朝鲜第十四届最高人民会议第十次会议上，朝鲜最高领导人金正恩指出，韩国从此是“主敌”，而非“同族”，并决定废除负责朝韩对话、协商与合作的机构，废除负责朝韩会谈和交流业务的祖国和平统一委员会、民族经济合作局及金刚山国际际旅游局。而作为朝韩交流合作象征的京义铁路线，朝方区段也被完全切断，用以完全隔绝朝韩边境地区之间的一切联络条件，并拆除位于平壤南部关口的“祖国统一三大宪章纪念塔”等，这一举措更使得半岛局势进入螺旋上升的恶性循环。5 月 28 日晚，朝方称为应对韩国多次向朝方投放装有污物的气球，朝方将以韩国投放量的几十倍来应对，自 5 月 28 日晚至 6 月 2 日凌晨，朝方用 3500 多个气球向韩国边境地带和首都圈投放了废纸和污物 15 吨，之后朝方也多次向韩方投放垃圾气球。韩国政府则在 2024 年 6 月 4 日举行国务会议，表决通过了关于中止韩朝《9・19 军事协议》全部条款效力的议案，并称将恢复军事分界线和西北岛屿一切军事活动。

2024 年 6 月 5 日，根据印度选举委员会凌晨公布的印度人民院（议会下院）第 18 届选举最终计票结果，现任总理莫迪所属的选举联盟——全国民主联盟赢得印度人民院多数票，73 岁的莫迪将成为继印度开国总理贾瓦哈拉尔・尼赫鲁之后首位连任三届总理的人，但执政党印度人民党议席数大幅下降，单一政党所获席位降至半数以下，可谓一场“惨胜”。作为世界上选民数最多、选举耗时最长、选举规则最复杂的印度选举，其中的重头戏是人民院 543 个议席的选举，该选举获得过半议员支持的政党或政党联盟的领导人将自动成为总理。此次选举计票结果显示，全国民主联盟共获得 295 个席位，其中现任总理莫迪领导的印度人民党赢得 240 个议席，这个结果不仅远低于莫迪和该党选前豪言的 400 席既定目标，也大大低于上届的 303 席。简言之，印度民主联盟已不再具备一党单独左右人民院和内阁的能力。与此同时，全国民主联盟获得的席位数也远低于上届的 352 席，这将为未来 5 年的印度政局平添许多变数和不确定性。而莫迪的连任会使得印度继续专注于提高其军事准备和影响力，这符合美国在印太地区的战略利益，因此其连任将使美印之间的防务合作加强。

（五）巴以、黎以冲突持续影响中东地缘局势

巴以冲突，作为中东地区的核心冲突之一，其持久性不仅给双方带来了巨大的人员伤亡与物质损失，还对整个区域的稳定构成了严重威胁。2024 年，尽管国际社会呼吁停火与和平的声浪日益高涨，但战争走向依然扑朔迷离，

这背后交织着复杂的历史遗留问题与多方利益的激烈博弈。未来，随着全球对人道主义关怀的加深及各国对和平稳定的共同期盼，巴以双方有望在某种程度上达成妥协，遏制冲突的进一步恶化，尽管这一过程可能充满挑战且耗时长久。

2024年，黎巴嫩与以色列的冲突持续升级，对中东地缘政治产生深远影响。自2023年10月，黎巴嫩真主党频繁袭击以色列北部，以军则报复性空袭和炮击黎巴嫩南部。真主党与伊朗关系密切，伊朗在中东的影响力扩大，引起以色列不安。以色列试图通过打击真主党削弱伊朗支持，维护自身地位。2024年9月，冲突陡然加剧，以色列对真主党的攻击更加频繁猛烈，真主党也强烈报复，双方军事打击频繁，造成大量人员伤亡，迫使黎巴嫩人和叙利亚人逃往邻国避难。2024年10月1日，伊朗对以色列发动大规模导弹袭击，以色列几乎全境拉响防空警报，冲突升级加剧了中东紧张局势。作为全球能源关键枢纽，中东战事升级或剧烈影响国际油价，进而影响全球经济。黎以冲突的升级也引发国际社会的广泛关注和谴责，呼吁双方立即停火，通过外交途径解决争端。

中东地区的国际政治格局在2024年依旧保持着复杂多变的态势。一方面，以美国为代表的传统大国在该地区的影响力依然不容忽视，其对以色列的支持持续加剧了地区的紧张氛围。另一方面，中东国家正逐步增强自主能力，积极参与国际事务，力求在塑造地区及全球秩序中发挥更大作用，这一趋势无疑将对地区政治生态产生深远影响。特别是伊朗等大国，其内外政策调整将直接反映在地区事务中，进一步影响中东地区的稳定与发展轨迹。人道主义危机也是当前中东地区面临的一个重大问题，持续的冲突和动荡导致大量平民伤亡和流离失所，人道援助需求急剧上升。国际社会对此给予了前所未有的关注，呼吁立即采取行动解决人道危机的声音此起彼伏。这种态势促使各方在应对地区冲突时，不得不更加审慎地考量人道因素，力求避免制造新的灾难。

（六）拉丁美洲大选引发政局动荡不安

2024年，拉丁美洲迎来了大选年的关键节点，多国政坛风云再起。萨尔瓦多、多米尼加、巴拿马、墨西哥、乌拉圭、委内瑞拉等国家纷纷步入总统选举的激烈竞争。这些选举的走向不仅将重塑拉美政治版图，更将深刻影响区域治理的方向与策略。萨尔瓦多总统布克尔以其在安全领域的显著成就赢得连任，彰显了民众对安全议题的高度关切。而墨西哥、多米尼加等国的选举，则成为洞察拉美政治脉搏的重要风向标。选民对现任政府政绩的不满、对治安和经济发展的期待，都成为影响选举结果的关键因素。

拉美政治舞台的多极化趋势愈发明显，左右翼阵营的对立日益激烈，政党体系趋向碎片化。这种态势不仅加剧了社会内部分歧，也对政策制定与执行构成挑战。在阿根廷，极右翼总统米莱的上台及其激进政策，更是引发了社会广泛争议与抗议，进一步撕裂了政治生态。尽管多数拉美国家努力维持政治稳定，但部分地区仍难逃动荡的阴影。厄瓜多尔年初的贩毒集团暴乱、危地马拉新政府面临的治理难题，都是拉美社会治理复杂性的真实写照。

展望未来，随着 G20 峰会、APEC 等重要国际活动相继落户拉美，该地区的国际影响力正逐步攀升。巴西与秘鲁作为东道国，迎来向世界展示其治理成果与发展蓝图的宝贵机会。在全球治理的舞台上，拉美国家的声音也日益响亮。面对气候变化、全球治理改革等全球性议题，拉美国家展现出强烈的自主意识与责任感，积极贡献“南方声音”，推动全球治理体系向着更加公正、合理的方向发展。中拉关系近年来持续升温，双方在经贸、人文等领域的合作不断深化。2025 年，双方将携手举办一系列重要活动，共同推动合作迈向新高度。中国作为拉美国家可信赖的伙伴，助力其破解经济难题，实现可持续发展。

（七）非洲多国总统选举与政变交织上演

2024 年，非洲多国迎来选举年，加纳、南非、突尼斯等 19 个国家举行大选。自 2020 年以来，非洲多国发生了至少 13 次军事政变或未遂政变，并且有成功夺权上台的国家。2024 年 5 月 19 日，非洲第二大国家刚果(金)就有人企图发动政变，后被安全部队镇压。近两年来，在具有战略意义及丰富矿藏资源的刚果(金)东部地区，刚果(金)政府深陷与叛乱组织 M23 的战斗，始终无法脱身。

2024年1月1日，为获得出海口，埃塞俄比亚政府总理阿比与东部邻国索马里联邦共和国境内的所谓“索马里兰共和国”总统缪斯·比希·阿卜迪签署谅解备忘录，埃塞俄比亚获得柏培拉港的使用权，并承认索马里兰为独立国家，这一举动显然激怒了长期饱受军阀割据和内战之苦的邻国索马里，使得非洲之角再度面临安全危机。在埃塞俄比亚，政府军与民兵武装组织法诺的冲突持续，平民受伤、死亡的情况时有发生。

自2023年开始的苏丹武装部队与苏丹快速支援部队的冲突一直在升级，特别是2024年4月15日即冲突爆发一周年之际，双方在苏丹西部北科尔多凡州首府欧拜伊德市再次发生交火，造成更多平民伤亡，战火一直蔓延到其他地区，持续一年多的武装冲突造成苏丹约1.88万人丧生，超过1017万人流离失所。

2024年7月，萨赫勒地区多名马里政府军和瓦格纳雇佣兵被阿扎瓦德运动的武装分子在马里北部沙漠(属于萨赫勒地区)伏击。此次伏击战的本质是美法对俄的“代理人战争”，反映了萨赫勒地区美、法、俄三方的激烈博弈，这也是萨赫勒地区一直冲突不断的原因。

二、国际政治环境对全球油气产业发展的影响分析

全球能源体系中，油气产业为核心，其发展受国际政治环境波动影响。本节探讨国际政治对油气产业的多维度影响，包括俄乌冲突导致的能源贸易调整、地缘政治冲突引发的油气价格波动、欧洲能源保供压力、“欧佩克+”减产策略与国际油价互动，以及中东冲突对油气价格的影响。国际局势变化使油气产业面临挑战与机遇。俄乌冲突重塑油气贸易格局，加剧市场不稳定。地缘政治冲突冲击油气设施与运输安全，导致价格波动。欧洲等进口大国寻求多元能源供应策略以应对挑战。“欧佩克+”试图平衡供需稳油价，但非成员增产与内部分歧增加难度。中东冲突升级增添市场不确定性。总之，国际政治深刻影响油气产业。本节从多角度分析影响因素及机制，为理解全球油气市场动态提供参考。

(一)俄乌冲突持续影响国际油气贸易格局调整

2024年8月16日，乌克兰军队占领了俄罗斯天然气至关重要的过境节点，这一军事行动不仅将原本就紧绷的俄乌局势推向新沸点，更在全球能源

格局中投下一颗炸弹。乌对俄重要能源设施的攻击，导致市场对未来石油供应的担忧加剧，使得石油价格飙升，世界能源市场不稳定性增加。

俄乌冲突不断升级也使欧洲国家对能源供应的安全性产生严重担忧。俄罗斯作为欧洲的主要天然气和石油供应国，其在能源市场的地位让许多国家对其产生高度依赖。随着紧张局势加剧，欧洲国家也在积极寻求新的具有稳定性的能源出口国石油供应商，以减少对俄罗斯的依赖。例如，德法等国已主动与中东和美洲的一些国家开展合作，增加多元化供应链。

俄乌冲突推动了地区间能源合作的重组。一些国家开始重新评估和调整能源战略，以应对可能的供应链中断和风险，使得国际油气贸易格局多元化发展。作为世界上最大的石油出口国之一，沙特阿拉伯深刻认识到能源市场的不确定性和地缘政治风险对其经济的影响，决定不再与美国续签已有数十年历史的石油美元协议。这一决定使得沙特可以使用人民币、欧元、日元等不同货币出售石油和其他商品，而不仅仅是美元。沙特也积极寻求与多个国家进行能源合作，以多元化出口降低对单一市场的依赖，抵御地区冲突等对国家命脉的影响。

对于俄罗斯而言，俄乌冲突则使其将贸易重心由欧洲转向亚洲，如中国、印度等。由俄乌冲突引发的贸易重心转移的背后深层次逻辑则是美国和欧盟的制裁，俄罗斯能源出口虽有下降但已进入正常状态，美国等多方制裁效果甚微。此外，由于俄罗斯已经被踢出环球同业银行金融电讯协会结算系统，使得俄印在结算时只能以卢比进行，俄罗斯不断输出石油、持有卢比，但由于其不是全球储备货币，使得俄罗斯面临虽持有卢比但无法花出去的两难境地。虽说双方也在一直进行谈判，但是还未形成双方都同意的解决政策，再加上印度多次将武器出售给乌克兰，增加了俄印油气贸易的不稳定性，加剧了全球油气市场的动荡性和不确定性。

总之，俄乌冲突对全球油气市场的影响主要体现在能源贸易格局重塑、油气供应、价格波动等方面。这些影响不仅直接关系到各国经济利益和能源安全，还对全球经济复苏和可持续发展构成严峻挑战。

（二）全球地缘政治冲突加剧国际油气价格动荡

地缘政治冲突不仅会直接破坏产油地区的石油设施，如油田、炼油厂和输油管道，导致石油生产受阻或中断，还可能影响运输通道安全，如红海航线等关键航道受到威胁，会使石油运输受阻，市场供应减少。因此，地缘冲突的爆发往往会推高油价。地缘政治冲突也会引发市场情绪的不稳定，投资者在面临不确定性时倾向于选择避险或投机。在这种情况下，投机交易可能促使油气价格进一步上扬或下跌，加剧波动。比如，2024 年 10 月初伊朗伊斯兰革命卫队针对以色列的重要军事目标发起导弹攻击，引发市场对原油供应中断的担忧，国际油价随之大幅上涨至每桶 70 美元以上。

在天然气市场中，不断升级的地缘政治冲突导致各国经济复苏计划面临挑战，使得包括天然气在内的大宗商品贸易受阻，频发的不可预知风险导致国际天然气价格波动幅度较大。虽然欧洲储气库库存仍处于高位，但因为脆弱的能源供给导致用户对外界变化较为敏感，比如在挪威供应出现问题后，欧洲天然气价格出现较大幅度波动。2023 年冬季欧洲气温偏高，由于 2024 年天气条件恢复到正常水平，城市燃气的天然气需求量增加。工业领域的天然气消费量继续复苏，但受价格波动的影响仍较大。在地缘冲突不断升级、经济体通胀水平处于高位的情况下，国际天然气价格仍将维持在较高水平。

（三）国际政治环境下欧洲能源保供压力依旧

2024 年，俄罗斯对欧洲天然气供给持续下降，迫使欧盟不得不积极寻找并多元化其天然气供应来源。为了确保能源安全和稳定供应，欧盟开始大量采购液化天然气（LNG），还加强了与近邻挪威的天然气合作，充分利用其稳定且相对短距离的管道天然气供应。欧盟还积极拓展与北非国家的能源合作，希望通过增加从北非进口的天然气量来进一步减少对俄罗斯能源的依赖。

在经历了 2023 年天然气消费小幅回升后，2024 年欧洲的天然气市场环境依然复杂。由于多种全球因素，包括地缘政治紧张局势、气候变化政策及对可再生能源的更强烈需求，天然气的供应依旧受到限制。这种供需关系的进一步收紧，使得天然气价格持续处于高位。

面对天然气价格的持续上涨，作为对天然气依赖程度极高的欧洲重工业，可能会采取措施进一步减少天然气使用。这一趋势不仅涉及能源政策和市场动态，更深刻影响着欧洲整体工业竞争力和可持续发展方向。根据德国联邦统计局数据，经季节和工作日调整后，德国 8 月工业新订单环比减少 5.8%，而出现下降的最大问题在于能源，作为德国最重要的能源和化学工业的原材料，在天然气价格上涨、可替代性能源不明朗的情况下，德国乃至欧盟的经济都受到极大影响。

美国能源企业却借机向欧洲大量出售高价 LNG，更加棘手的是美国液化气供应也存在极大不稳定性。得克萨斯州“黄金通道”LNG 项目主承包商的破产，再加上其他一些规模较小项目的进展不顺，使得美国原本要在 2025 年前新增的每年 2500 万至 3000 万吨 LNG 产能大幅缩水到 1500 万吨。因此，虽然欧洲已经在一定程度上实现了对俄罗斯天然气的独立，但欧洲的天然气供应仍然存在风险。

（四）“欧佩克+”实施减产策略应对国际油价波动挑战

2024 年 6 月初，8 个“欧佩克+”成员国的代表齐聚沙特首都利雅得，共同出席石油市场高度关注的第 37 次部长级会议，并商讨了最新的石油产量政策。第一，8 个成员国决定把 2023 年 11 月达成的 220 万桶/日自愿减产协议延长至 2024 年 9 月底，并在 2024 年 10 月至 2025 年 9 月期间视市场情况逐步回撤这部分减产力度；第二，“欧佩克+”决定将 2022 年和 2023 年宣布的共计 366 万桶/日的集体减产协议延长至 2025 年底；第三，“欧佩克+”确定了 2025 年的产量目标与成员国份额，调整 2025 年原油总产量目标为 3972.5 万桶。除阿联酋和尼日利亚的 2025 年产量目标分别上调 30 万桶/日和 12 万桶/日外，其他“欧佩克+”成员国产量目标基本与 2024 年保持一致。截至 2024 年 12 月，“欧佩克+”成员国总减产量为 2705 万桶/日。“欧佩克+”减产，主要是为了应对不温不火的全球需求增长和不断上升的竞争对手产量导致的石油供应过剩问题。2023 年以来，疫情后全球恢复的经济动力逐步减弱，经济增速持续放缓，石油需求趋于平稳。与此同时，美国、巴西、加拿大等非欧佩克产油国石油产量却不断增加，并涌现出诸如圭亚那等新兴石油生产国，世界石油供应持续增长。二者叠加致使国际石油市场供应过剩问题愈发严重，油价下行难以阻挡。故而“欧佩克+”在 2024 年继续实施减产保价策略，以维持油价稳定。但由于非“欧佩克+”国家的石油产量激增在一定程度上抵消了“欧佩克+”

的减产效果，“欧佩克+”减产策略和非“欧佩克+”国家的增产势头共同作用于油价，导致国际油价波动加剧。

“欧佩克+”的预期恐怕难以实现，多重因素可能抵消减产的影响，油价下行风险仍然较大。首先，全球石油需求可能比“欧佩克+”预计的更加疲软。伴随着清洁能源技术发展，石油 2024 年的需求更是难掩颓势。其次，“欧佩克+”内部的减产承诺有效性无法保证。作为经济学中卡特尔的典型例子，“欧佩克+”内部成员国在产量和价格策略上存在分歧，使得“欧佩克+”难以形成统一且有效的市场调控策略。最后，非“欧佩克+”国家石油市场竞争力逐渐增强。自 2009 年美国水力压裂技术突破以来，美国石油产量稳步上升，2018 年以来再次成为全球最大的石油生产国。美洲的加拿大、圭亚那和巴西也对“欧佩克+”的市场份额虎视眈眈。在“欧佩克+”减产的同时，这些非“欧佩克+”国家完全有能力也有机会提高自己的石油供应以获得更高的石油出口收益。

总之，“欧佩克+”针对石油供应过剩问题制定的减产策略，在当前石油需求增长缓慢、内部分歧不断和外部竞争激烈的石油市场中，或许难以在中长期内推高油价。

（五）中东地区冲突升级加剧油气市场价格波动

2024 年，巴以冲突已持续超过一年，国际油气价格虽有所波动，但由于巴勒斯坦和以色列并非主要油气出口国或重要运输通道，此轮冲突对全球石油市场的长期冲击较为有限。由于巴以冲突持续和不断升级，也会增加全球油气市场的不确定性。

随着中东局势不断紧张，战火已经蔓延到石油重要出口国——伊朗。2024 年 4 月 1 日，叙利亚首都大马士革的伊朗驻叙利亚使馆领事处遭以色列空袭，导致 7 名伊朗军事人员死亡。伊朗也采取报复行动，伊以冲突爆发。冲突爆发后，双方多次进行报复，而以色列将伊朗的石油基础设施作为报复对象，全球 4%的石油供应面临风险。而更大的问题在于，这仅是一场更大范围冲突的开端，伊以冲突也会影响霍尔木兹海峡的运输。霍尔木兹海峡是全球最重要的石油运输通道之一，全球约 1/5 的石油产量都要经过这条海峡运输。因此，伊以冲突的爆发及近段时间冲突的不断升级，将明显推高油价，加剧全球油气市场的不稳定性。

中东地区冲突的持续和不断升级，也导致该地区的投资环境变得更为复杂，风险性更高。这极有可能影响全球投资者对中东地区油气项目的信心和投资意愿，对市场预期产生影响，从而对油气市场长期发展和供给能力产生不利影响，也有可能加剧投资者的投机心理，进一步引发全球油气市场震荡。

三、国际政治环境对中国油气产业发展的影响分析

本节旨在深入分析国际政治环境对中国油气产业发展的多维度影响。从“一带一路”倡议的国际化推进，到地缘政治冲突下的中俄油气合作深化，从国际气候博弈促成的能源绿色低碳转型，到国际油气市场变化引领的国内油气市场改革，以及国际油气贸易格局调整下的人民币结算进程推动，每部分都紧密关联着中国油气产业的现状与未来。综合分析，国际政治环境变化不仅为中国油气产业带来前所未有的机遇，也带来诸多挑战。

（一）“一带一路”倡议助推中国油气产业国际化进程

2024 年是共建“一带一路”新十年的开局之年，其深远影响首先体现在宏观战略层面。通过构建一个开放且包容的国际合作框架，“一带一路”为中国油气产业开辟了更为辽阔的发展疆域。共建国家油气合作项目激增，极大丰富了中国油气资源供应渠道，有效降低了对单一市场的依赖，显著增强了抵御国际市场波动的能力，助力中国油气行业直面全球挑战。特别是与沙特阿拉伯、伊朗、伊拉克等石油资源富集国深化合作，覆盖了从勘探开发到管道建设、炼油化工等全方位合作领域；与巴基斯坦、哈萨克斯坦等国在油气资源开发与运输方面的紧密协作，也为国内能源安全构筑了坚实防线。这些合作还促进了中国油气企业在国际舞台上的竞争力和影响力日益提升。2024 年 9 月 3 日，中国与津巴布韦、尼日利亚等国签署了多领域合作协议，进一步巩固了“一带一路”框架下的合作基础，为油气产业国际化战略铺设了坚实道路。

从产业链维度审视，“一带一路”倡议激发了中国油气产业上下游联动效应。中国不仅积极参与海外油气田开发，还致力于拓展产业链条，推进原油加工、石油化工等环节的布局，形成了全产业链协同发展的良好态势。这种

模式不仅提升了油气产业的综合价值，还加速了技术创新与应用步伐。经济效益方面，“一带一路”倡议的深入实施，为中国油气产业带来了显著的经济红利，众多合作项目实现了盈利增长，为中国经济注入了强劲动力，为油气产业高质量可持续发展和技术创新提供了坚实的资金支持。

总之，“一带一路”倡议已成为推动中国油气产业高质量发展的关键力量。展望未来，随着倡议的深入实施，中国油气产业将在全球能源舞台上扮演更加重要的角色，为国家经济社会发展及全球能源治理贡献更大力量。

（二）地缘政治冲突推动中俄深化油气合作

俄乌冲突、巴以冲突等地缘政治冲突，可能导致能源生产国受到冲突影响，造成能源产量下降或出口受限，进而影响全球能源供应。这种不确定性，将对中国油气产业的供应链稳定性构成挑战。俄乌冲突作为全球能源版图变迁的重要催化剂，深刻重塑了国际能源流动的格局。在此背景下，中俄油气合作展现出崭新的活力与趋势。这场冲突多维度影响了中俄能源伙伴关系的走向，在某种程度上加剧了欧洲对俄能源供应的依赖与不确定性，进而强化了中国与俄罗斯在能源安全领域的合作纽带。中俄深化能源合作，不仅稳固了中国能源需求的基石，还助力俄罗斯在全球能源市场中的稳定性与影响力。中国视稳定的油气供应为经济发展的命脉，与俄罗斯的紧密合作不仅拓宽了能源进口多元化路径，有效降低了单一依赖风险，还为国家长期发展战略提供了坚实的能源保障。对于俄罗斯而言，与中国加强能源合作不仅巩固了其能源出口大国的地位，还开辟了新的市场前沿，尤其是在亚洲地区的潜力逐步显现。

近年来，中俄能源贸易互动频繁，尤其是在石油与天然气领域成果显著。俄罗斯已成为中国最大的石油供应国，天然气贸易也稳步增长，无论是管道天然气还是 LNG 均实现了可观的增长率。据海关统计，2024 年 1—11 月，中国从俄罗斯进口石油量达 0.99 亿吨，进口额达 4081 亿元人民币；进口 LNG 741 万吨，进口额达 315 亿元人民币，进口管道天然气的价值超过 500 亿元人民币。这些数据显示出中俄能源合作的强劲势头，以及双方在应对全球能源市场波动时的协同效应。随着中国等亚洲国家能源需求的增长，未来俄罗斯在亚洲市场的份额可能会进一步提升。此外，如果北极 LNG-2 工厂开始发货，俄罗斯的 LNG 出口量有望增加，潜在买家为包括中国在内的亚太地区国家。

值得注意的是，深化中俄油气合作并非单一事件的产物，而是基于双方长期建立的战略互信与经济互补之上的自然发展。未来，随着全球能源格局的持续演变及中俄双方经济合作的深化，能源贸易预计将保持稳健增长。

总的来看，在俄乌冲突等复杂因素的交织影响下，中俄油气合作不仅展现出强大的韧性与活力，更是双方基于长远利益考量下的战略选择。展望未来，这一合作关系有望在更多元的合作领域与更深层次上持续拓展，为两国乃至全球能源安全与经济发展贡献力量。

（三）国际气候博弈促进中国油气行业绿色低碳发展

随着全球对气候变化的关注日益增强，各国政府纷纷出台相关政策推动绿色低碳发展。中国作为负责任的大国，积极响应国际社会号召，将绿色低碳发展纳入国家战略，通过制定和实施一系列战略与政策措施，引导油气行业向绿色低碳方向转型。

2024 年，为促进中国油气行业绿色低碳转型，中国政府出台了一系列相关文件和政策。1 月 1 日，国家能源局发布《2024 年能源工作指导意见》，要求持续推动能源绿色低碳转型和高质量发展，保障能源安全。针对油气行业，提出了持续巩固提升油气产量、加大油气勘探开发力度、推进老油田稳产、加快新区建产、有序推动炼油项目改造升级等措施。3 月 29 日，国家发展改革委等部门发布《绿色低碳转型产业指导目录（2024 年版）》，进一步明确了绿色低碳转型相关产业的发展重点。特别强调了石油石化行业的绿色低碳转型，包括清洁低碳能源的生产、节能降碳改造和能效提升、工艺改进和流程优化、数字化智能化升级等方面。6 月 12 日，国务院发布《2024—2025 年节能降碳行动方案》，旨在推进化石能源减量替代和非化石能源消费提升，涉及油气消费结构优化等多个方面，具体措施包括合理调控石油消费、推广先进生物液体燃料、可持续航空燃料、加快非常规油气资源规模化开发等。

各企业积极响应国家绿色低碳发展号召，推动公司向绿色低碳方向转型。

中国石油天然气集团公司(以下简称中国石油)作为中国油气行业的领军企业，在风电、光伏等清洁能源领域加大投资力度，增加清洁能源在能源生产和消费中的比重；积极研发应用二氧化碳捕集、利用与封存(CCUS)技术，通过示范项目推动技术商业化进程；成立了专门的公司负责碳配额的统一调配和专业化碳资产管理，提高碳资产管理和利用效率。中国石油化工集团有限公司(以下简称中国石化)积极布局氢能领域，建设加氢站和氢能产业园等多个氢能项目，推动氢能产业发展。开展碳足迹计算研究，进行碳捕集技术试验，以了解产品全生命周期碳排放情况并探索降低碳排放方法；在油气生产和加工过程中，实施能效提升项目，通过技术改造和流程优化降低能耗和碳排放。中国海洋石油集团有限公司(以下简称中国海油)在全国温室气体自愿减排交易市场重启后，积极参与核证自愿减排量交易，通过实施温室气体减排项目获得减排量并在市场上出售；投资建设海上风电等清洁能源项目，增加清洁能源发电装机占比；对现有油气生产和加工设施进行节能降碳改造，提升能效水平。

除了上述三大石油公司外，还有许多其他油气企业也在积极采取措施促进绿色低碳转型。主要措施包括：优化能源消费结构，通过增加清洁能源消费比例、减少化石能源消费等方式优化能源消费结构；技术研发与应用，投入资金进行清洁能源和低碳技术的研发与应用，提升企业的技术水平和市场竞争力；碳排放管理和监测，建立健全碳排放管理体系和监测机制，确保碳排放数据的真实可靠。

综上所述，2024 年中国政府及油气行业内的多家企业都在积极采取措施促进绿色低碳转型。这些措施的实施，有效推动了油气行业可持续发展和应对气候变化挑战，助力实现绿色低碳发展目标。

(四) 国际油气市场变化促使中国积极推进国内油气市场改革

国际油气市场的价格波动和地缘政治风险直接影响中国的能源进口成本和供应安全。此外，随着全球能源治理体系不断完善，中国作为重要的能源消费国和生产国，积极参与国际能源规则的制定与修改。通过推进国内油气市场改革，增强中国对国际能源市场波动的抵御能力，确保能源供应稳定性和经济性，有助于中国在国际能源治理中发挥更加积极的作用，维护自身利益和推动全球能源市场健康发展。

《中华人民共和国能源法》（简称《能源法》）草案自2024年初开始审议，并经过多次修订和完善。2024年9月10日至13日，十四届全国人大常委会第十一次会议在京举行，《能源法》草案拟提交二次审议。随后，《能源法》（草案二次审议稿）公开征求意见，广泛吸纳社会各界的意见和建议。2024年11月18日，《能源法》经第十四届全国人民代表大会常务委员会第十二次会议通过，自2025年1月1日起施行。这是由国家发展改革委、国家能源局起草的行政法规，旨在为我国能源行业的长远发展提供法律保障。该法案涉及石油和天然气的主要条款包括：国家采取多种措施加大石油、天然气资源勘探开发力度，增强国内供应保障能力；推动陆上与海上并重开发，鼓励非常规油气资源如致密油气、页岩油气、煤层气的规模化开发；优化石油加工转换产业布局和结构，倡导先进、集约的加工方式；支持开发替代石油、天然气的新型燃料和工业原料；加强石油、天然气输送管网建设和运营安全，要求运营企业保障输送管网系统运行安全，并公平向符合条件的主体开放；同时，国家还完善石油和天然气储备体系，通过政府和企业储备相结合的方式，提升储备的战略保障和应急能力。

天然气价格市场化改革也是我国能源价格市场化的重要组成部分。近年来，我国逐步放开了非居民用天然气价格，并建立了与替代能源价格挂钩联动的国内管道运输天然气价格形成机制。天然气市场的竞争性和透明度不断提高，市场参与者在价格形成过程中的作用逐渐增强，有助于真实反映天然气资源的稀缺程度和市场供求关系，促进天然气市场的健康发展。

成品油价格机制也在持续优化中。虽然国内成品油价格调整主要依据国际原油价格，但市场参与者的角色在价格形成机制中变得更加重要。成品油价格调整周期有望进一步缩短，以更灵活的形式反映市场供需变化，这将有助于提高成品油市场的竞争性和效率性。

综上所述，2024年颁布的《能源法》和价格市场化，旨在优化能源资源配置、促进能源行业高质量发展，有助于提高能源市场竞争性和透明度，真实反映市场供需关系和能源资源稀缺程度，为能源行业的可持续发展提供了有力保障。

（五）国际油气贸易格局调整推动中国油气贸易结算进程

在全球货币体系中，美元一直占据主导地位。然而，随着国际政治格局的变化和全球经济的多元化发展，越来越多的国家开始寻求多元化的货币结算方式以降低金融风险。中国推进油气贸易人民币结算有助于提升人民币的国际地位，增强中国在国际金融体系中的话语权和影响力，也有助于降低对美元的依赖，减少地缘政治风险对油气贸易的干扰，确保贸易的安全和稳定。

2024 年，中国在推进油气贸易结算方面做出了多方面的具体努力，主要体现在政府和企业两个层面。

在政府层面，一方面，中国人民银行上海总部在 2024 年的工作重点中明确提出，要稳慎扎实推进人民币国际化，提升跨境金融服务便利度，其中就包括持续扩大油气贸易人民币结算规模。这一政策导向为油气贸易中使用人民币结算提供了有力支持。另一方面，继续深化金融市场对外开放，提升代理境外央行投资服务水平，吸引更多国际投资者参与中国金融市场，为油气贸易提供更加充足的资金支持。通过推进银行外汇展业改革试点，优化企业汇率避险服务，降低油气贸易企业在跨境金融结算中的汇率风险。

在企业层面。一方面，油气企业积极与国际金融机构建立合作关系，利用国际金融市场的资金和资源优势，为油气贸易提供更加稳定和可靠的金融结算服务。另一方面，企业在跨境支付和清算方面加强技术创新和系统建设，提高油气贸易金融结算的效率和安全性。在政府的支持下，油气企业积极开展人民币跨境结算业务，推动人民币在油气贸易中的使用，降低汇率风险并提高资金使用的灵活性。

综上所述，随着政策的推动和企业的积极参与，油气贸易人民币结算规模持续扩大，提升了人民币在国际油气市场中的接受度和影响力。通过优化跨境金融结算服务，油气企业能够降低交易成本，提高经济效益。通过加强与国际金融机构的合作和推进银行外汇展业改革试点等措施，油气企业在跨境金融结算中的风险防控能力得到增强。这些努力不仅提升了中国在国际油气市场中的地位和影响力，也为中国油气企业的国际化发展提供了有力支持。

国际经济环境对中国油气产业发展的影响

2024 年全球经济保持韧性，经济增长为 3.2%。随着全球通胀持续下行，经济平稳着陆有望实现。尽管如此，全球经济前景仍面临诸多不确定性，过度紧缩的货币政策、金融市场波动、贸易保护主义抬头及全球供应链的断裂等下行风险仍然存在。中期增长前景仍处于相对疲软状态，生产率增长缓慢、人口老龄化等结构性问题持续抑制着全球经济的增长潜力，人工智能既有提升生产率的巨大潜力，也可能对劳动力和金融市场造成严重扰动。在此背景下，2024 年世界经济形势变化加速了全球油气市场变革，也给中国油气产业发展带来了新的机遇和挑战。表 1 为 2023—2025 年世界经济增长态势。

表 1　2023—2025 年世界经济增长态势　%

国家或地区	2023	2024	2025
世界经济	3.3	3.2	3.3
发达国家	1.7	1.7	1.9
美国	2.9	2.8	2.7
欧元区	0.4	0.8	1.0
日本	1.5	-0.2	1.1
新兴市场和发展中国家	4.4	4.2	4.2

数据来源：国际货币基金组织(IMF)，世界经济展望(World Economic Outlook)。

一、2024 年国际宏观经济环境分析

2024 年，尽管各国经济增长步伐不均衡，但全球经济仍保持韧性。2024 年经济增速保持在 3.2%，世界经济将实现软着陆。各国央行有望退出紧缩性货币政策，金融环境有所放松，大多数新兴市场经济体的资本流入活跃，一些低收入国家重新获得入市融资渠道。对大多数国家和地区而言，疫情造成

的长期经济创伤有所减少，就业增长强劲。

（一）亚洲经济增长动能仍然强劲

2024 年是全球经济动荡和分化的一年，亚洲经济既面临复杂的外部环境，也面临严峻的内部挑战，但亚洲经济增长和地区经济一体化的动能仍然强劲。亚洲经济仍维持较高增速，2024 年亚洲实际国内生产总值（GDP）规模占全球比重为 49%。尽管面临各种外部经济挑战，亚洲经济增速有所下降，但是仍维持在较高水平，2023 年亚洲新兴市场和发展中经济体增长率为 5.7%，2024 年回落至 5.2%。在就业方面，受经济形势持续疲弱影响，2024 年全球就业不甚乐观，但亚洲整体失业率低于全球水平。在物价方面，亚洲地区通胀压力进一步缓解，部分低通胀国家物价回暖。在贸易与投资方面，亚洲扭转 2023 年下行趋势，数字贸易加速发展、旅游业复苏加快及区域全面经济伙伴关系协定（RCEP）等经贸安排持续推进，价值链和产业链重构对区域经济一体化的积极效应有望逐步显现，亚洲贸易与投资也将因此增添新动力。在金融市场方面，亚洲主要国家资本市场、外汇市场、债券市场及银行业将趋于稳定。

2024 年，中国经济总体保持平稳，GDP 同比增长 5.0%，经济持续向好的趋势没有改变。2024 年，中国服务业在 2023 年高基数增长的基础上，继续稳定增长，生产稳中有升，尤其是高技术服务业增长明显。工业稳中有升、建筑业平稳运行。受出口好转、政策推动、需求提升等有利因素影响，工业表现尚佳。规模以上工业企业效益持续恢复，但国内有效需求仍然不足，内生动力有待加强，工业企业效益恢复基础仍不牢固。2024 年消费市场受到稳中求进的经济政策影响，呈现较为稳定增长态势，但国内需求仍有提升空间，社会消费增速能够进一步增长。虽然社会消费品累计同比增速还未达到疫情前同期 8%的水平，但市场销售稳定增长，服务消费增长较快，社会消费总体规模仍有较大增长空间。从三大投资领域来看，2024 年制造业投资增速呈现较强韧性，受益于智能手机、高技术船舶、汽车等产品生产的较快增长。2024 年进出口增速保持基本稳定，国际服务贸易增速大幅回升，其中国际服务贸易进口增速大幅高于其出口增速，导致国际服务逆差较 2023 年同期进一步增大。

2024年，日本经济增速从2023年的1.5%降至-0.2%。实际工资实现正增长，日本劳动组合总联合会公布了2024年日本春季劳资谈判的最终统计结果：以日元计算，日本正式员工月薪平均增长5.1%，创下33年来的最高纪录。在通货膨胀损害国内需求的情况下，日本经济面临挑战。预计未来在需求逐渐恢复、金融宽松环境和经济刺激政策的共同作用下，日本经济前景将呈现逐渐改善的趋势。但受国际局势波动、内需持续恢复动力不足等因素影响，日本经济复苏前景的不确定性仍然很强，复苏道路可能略微曲折。

2024年，东盟出口开始回升，消费表现坚韧，2024年东盟经济体增长率达4.5%，其中印尼表现依旧出色，经济增长稳健且通胀较低。从中期来看，印尼是未来十年增长率可能高于前十年的经济体之一，因为从矿石到加工金属再到电动汽车，该经济体正向制造业价值链上游移动，并且受益于其与中国之间日益紧密的经济联系，以及东盟地区内贸易量的增加。马来西亚的经济增长得益于旅游业恢复及通胀的有效控制，虽然马来西亚不像泰国等东盟国家那样依赖旅游业，但相关行业对经济的贡献相当大。作为消费驱动型经济体，菲律宾相对于其他东盟国家更能抵御全球不利因素，消费和低失业率推动了菲律宾的经济增长。新加坡制造业恢复增长，主要归功于技术周期的初步复苏，特别是在先进人工智能相关的存储芯片领域。泰国经济一直未能取得突破，主要是因为疲弱的公共投资及政策的不确定性，但泰国经济并未陷入困境，其旅游业也在不断改善。

（二）欧洲各国经济恢复向好

欧元区经济增速从2023年的0.4%回升至2024年的0.8%。随着能源价格冲击影响消退和通胀下降为实际收入增长提供支持，预计家庭消费的走强将推动经济复苏。德国、法国、西班牙、意大利等欧元区四大经济体表现均好于预期。在2023年第三和第四季度连续出现环比0.1%的萎缩之后，欧元区经济2024年一季度从技术性衰退中反弹，0.3%的环比增速也是自2022年能源危机爆发以来欧洲经济最强劲的表现。但由于欧元区受全球需求疲软的影响，实际工资也尚未恢复，利率仍处于较高水平，经济并未出现强劲反弹。

2024年，德国经济增速-0.2%、法国1.1%、意大利0.6%、西班牙

3.1%，英国经济增速也从2023年的0.3%上升至2024年的0.9%。德国在与欧洲其他主要经济体对比中表现几乎垫底，一定程度上受到德国汽车工业危机的影响。德国汽车业虽然2024年上半年表现良好，但是难掩其行业危机和企业焦虑，大众、宝马和奔驰的运营利润达259亿欧元，但比上年同期下降了18%。2024年7月，巴黎奥运会如期举办给法国第三季度经济带来较大的刺激效应，为法国第三季度经济增长贡献0.3个百分点。意大利经济的高速增长一定程度上得益于旅游业和相关服务业的带动作用，根据2024年7月底中意两国政府签署的《关于加强全面战略伙伴关系的行动计划(2024—2027)》，双方同意通过举办旅游推介活动，加强旅游机构和行业间合作。西班牙经济增长很大程度上归功于其旅游业发展，2024年前4个月，已有2400万国际游客抵达西班牙，比2023年同期增加了300万人。英国经济表现优于预期，主要经济指标逐步改善，劳动力市场复苏，服务业和制造业均表现出一定的增长动力，消费者信心和企业投资意愿有所提升。

（三）北美地区经济平稳运行

2024年，美国经济增长率为2.8%。2024年第二季度美国GDP年增长率为3.0%，实际GDP的加速增长主要得益于私人库存投资增加和消费者支出加速。就业水平总体保持稳定，工资增长温和，非劳动力投入成本和销售价格增长幅度从轻微到温和不等。制造业处于收缩区间，但收缩速度有所放缓，制造业需求依旧疲软，产出下降，投入保持宽松，由于耐用消费品购买条件的改善，消费者信心指数不断上升。2024年9月，美国联邦储备委员会宣布将联邦基金利率目标区间下调50个基点到4.75%至5%之间，这是美联储自2020年3月以来首次降息，且一开始就超常规大幅降息，标志着美国自2022年3月启动限制性货币政策后，由紧缩周期向宽松周期转向，显示出对经济增长放缓的担忧，降息后的美元利率仍处于相对高位，美国金融风险并未消解。2024年11月，美联储将联邦基金目标利率下调25个基点到4.50%至4.75%之间，这一决定符合市场预期。2024年12月，美国联邦储备委员会结束为期两天的货币政策会议，宣布将联邦基金利率目标区间继续下调25个基点到4.25%至4.50%之间，并预计2025年降息幅度或将收窄至50个基点。

这是美联储自 2024 年 9 月以来连续第三次降息，美联储发表声明称美国经济将继续稳健扩张。

2024 年，加拿大经济增长率为 1.3%。移民和临时居民的涌入缓解劳动力供应紧张问题，但也使住房供应(尤其是租房)更加紧张，并给医疗和社会服务等公共服务带来压力。随着新移民的完全定居，加拿大人口激增将逐渐提升经济水平。2024 年 6 月，加拿大央行宣布自 2020 年以来的首次降息，下调基准利率 25 个基点。

（四）拉美地区经济增长持续低迷

2024 年，拉丁美洲和加勒比地区经济增长率为 2.4%。美国经济降温、部分大宗商品价格低廉，以及财政空间缩小、高利率和严苛的国际金融条件是拉美地区经济增长持续低迷的原因。拉美国家亟须从生产力和生产效率两方面着手推动高速、可持续与包容性增长；进一步推进区域经济一体化，更主动地融入经济全球化；开展数字化转型；大力推动环境可持续发展等。拉美传统产业结构及其带来的弊端已根深蒂固，不断增加的社会福利支出未能产生有效的再分配结果，反而加重了财政负担，束缚了改革步伐。随着自动化和人工智能技术的发展，在没有生产率提升的情况下，拉美国家单靠外部需求驱动的出口增长难以持续，更难以改变出口结构单一的状况。拉美国家财政过于依赖农矿等初级产品出口，已形成路径依赖，如果没有强大的政策干预，难以克服实现工业化过程中存在的较强发展惰性。高额债务压力也进一步缩小了拉美国家的财政政策空间。

2024 年，巴西经济增长率为 3.7%。在过去的几年中，巴西经历了严重的经济衰退和社会动荡，失业率高企、通货膨胀加剧，导致消费者信心严重受挫。在国家层面上，政府实施的刺激政策，如减税和基础设施投资，在一定程度上助推了经济的反弹。但巴西仍面临诸多挑战，通货膨胀问题尤为突出，随着全球物价水平上涨，有可能导致生产成本增加，这无疑会对企业利润构成压力。严重干旱和破历史纪录的林地与农田火灾促使农产品和工业品价格上涨，并且干燥炎热的天气还导致电力能源费用开支大幅上升，进一步推动通胀指数上升。

2024年，墨西哥经济增长率为1.8%，经济增长继续放缓。2024年第二季度，建筑业拉动了墨西哥工业生产的部分复苏，而农业与服务业则出现下滑。尤其是农业部门，由于长期严重干旱影响墨西哥农业生产与农产品价格，2024年第二季度产值下降了1.7%。2024年下半年，国内新增就业岗位减少、公共开支萎缩、高利率和商业信心下降，继续压制墨西哥经济增长。尽管墨西哥当局努力为经济增长寻找新动力，但国内经济活动仍较为疲软。

（五）非洲地区经济增长稳中有升

在撒哈拉以南非洲地区，随着天气冲击负面影响消退和供给问题逐步改善，经济增速从2023年3.6%上升至2024年3.8%。非洲地区困难挑战和发展机遇并存，政局动荡、通胀高企、债务负担加重、自然灾害反复等因素困扰着多个非洲国家。但在世界经济缓慢复苏的大背景下，非洲经济增速相较2023年有所反弹，经济前景趋于稳定，展现了良好韧性。非洲国家经济增长的主要原因在于，碳氢燃料、矿产品和农产品国际价格走高，大量非洲国家从中受益。随着全球产业链进一步调整，非洲多个主要矿产国出台政策，加强对关键矿产的控制力度。为应对气候变化，非洲多国正在大力发展清洁能源，逐步减少对传统能源的依赖。

2024年，尼日利亚经济增长率为3.1%，石油行业对尼日利亚GDP做出积极贡献。尼日利亚政府为遏制石油盗窃和破坏行为所做的努力，在稳定生产方面发挥了作用。非石油行业仍然是经济的重要驱动力，对GDP总量贡献率为93.62%。在非石油行业中，服务业表现尤为强劲，对整体GDP的贡献率为58.04%；金融和保险子行业表现突出，得益于金融机构的强劲表现及对金融科技和技术驱动服务的持续投资；农业是尼日利亚经济的重要组成部分，但农业增长放缓，反映了尼日利亚农业持续存在挑战，例如不安全因素将继续影响农业活动；工业部门也经历了放缓，制造业和建筑业的温和增长凸显了需要加强投资和政策支持以促进工业活动。

2024年，南非经济增长率为0.8%，GDP总体上呈现乐观态势。南非生产商和出口商从电力削减以及铁路和港口服务的小幅改善中受益，然而通胀和利率的大幅上升侵蚀了南非家庭收入并打击了消费信心，消费者面临的财务压力在加剧，这种情况持续2024年的大部分时间。但随着全球需求状况的改善和大宗商品价格上涨，南非出口在2024年实现复苏。国内通胀的下降应会提高实际家庭收入，并促使南非储备银行（SARB）开始降低利率，从而带动消费支出的温和复苏。私营企业为了恢复盈利能力削减资本支出并降低成本，导致固定投资增长从2023年的高基数下降。不过由于对可再生能源产能的持续投资，经济下行风险将相对有限。预计2025年，南非的经济表现将达到过去十多年来的最佳水平。

（六）俄罗斯经济增长放缓

2024年，俄罗斯经济增长率为3.8%。尽管乌克兰危机和西方对俄制裁的影响仍在持续，俄罗斯经济从整体上呈现复苏势头，经济增速超出俄罗斯政府预期，更出乎许多国际机构意料。俄罗斯经济也暴露出一些问题，一方面，军工生产拉动增长的模式或难持续，俄军工业生产大幅增长，但需要复杂技术加工能力的民用产品生产则明显下降，过分依赖军工生产拉动的经济增长模式不仅不可持续，甚至可能进一步推升通胀；另一方面，稳物价、保供应、降通胀压力持续加大，劳动力短缺也将制约经济可持续增长，其中劳动力短缺与俄长期存在的人口问题有关，也与特别军事行动、国防生产等对劳动力市场的影响有关。2024年俄罗斯政府经济政策的重点是促进产业平衡发展、提高生产效率，同时配合相对紧缩的货币政策以抑制通胀。

二、2024年国际宏观经济对全球油气产业的影响分析

2024年，全球经济格局持续演变，经济增速放缓、通胀压力缓解、金融市场波动等因素共同塑造了国际宏观经济形势，综合影响了油气需求和生产结构，加速了油气供需格局演变，推动了国际大石油公司加快绿色低碳转型。在此背景下，油气行业面临需求重塑、生产格局分化、融资环境变化等多重挑战，也迎来了技术创新和业务转型的新机遇。

（一）全球经济增速放缓致使油气需求增长承压

2024年，全球经济增速明显放缓，对油气需求增长形成了显著压力。根

据 IMF 数据，2024 年全球经济增长率为 3.2%，低于 2023 年的 3.3%，也低于长期平均水平。发达经济体面临增长动力不足的挑战，新兴市场和发展中经济体的复苏步伐不均衡。主要经济体中，美国经济增长从 2023 年的 2.9%降至 2.8%，欧元区仅从 0.4%小幅回升至 0.8%，而中国经济增速则从 5.2%放缓至 5.0%。这种全球性的经济增长放缓直接影响了油气需求，尤其体现在工业生产活动减少、运输业需求下降以及消费者支出趋于谨慎等方面。能源密集型行业，如制造业和建筑业等产能利用率下降、电动汽车市场份额持续增长和能源效率提高，进一步抑制了石油需求。

全球油气需求格局呈现明显的区域分化。发达经济体需求增长停滞甚至下降，新兴经济体特别是印度和东南亚国家，由于城市化进程加快和中产阶级扩大，油气需求仍保持相对强劲增长。这种区域性的需求增长在一定程度上平衡了发达经济体需求下滑的影响，但仍不足以完全抵消全球经济增长放缓带来的压力。地缘政治因素，如中东地区的持续紧张局势，也为全球油气供需平衡带来了不确定性，导致短期内需求波动。

面对复杂局面，欧佩克及其盟友采取了更加灵活的产量政策，通过调整产量配额来平衡市场供需并稳定油价。油气公司则通过加强成本控制、提高运营效率和加速数字化转型来应对需求增长压力。大型石油公司积极寻求业务多元化，增加在天然气和可再生能源领域的投资，以应对长期的能源转型趋势。2024 年全球上游油气投资较 2023 年略有增加，投资水平仍低于确保长期供应安全所需水平，为未来的市场平衡埋下了潜在隐患。总体来看，2024 年全球经济增速放缓对油气需求增长形成了显著压力，推动了行业格局的深刻变革，要求行业参与者更加灵活地调整战略与策略，并为长期能源转型做好准备。

（二）通胀压力缓解推动全球油气生产格局分化

2024 年，全球通胀压力总体呈现明显缓解趋势，这一变化对油气上游市场产生了深远影响，也加剧了全球石油生产格局的分化。作为主要经济体的央行前期采取的紧缩货币政策开始显现效果，通胀压力的缓解直接降低了油气行业的运营成本，特别是在设备、材料和劳动力方面，为上游企业创造了更有利的投资环境，促使一些原本因高通胀而搁置的勘探开发项目重新启动。

尽管整体投资环境改善，全球石油生产格局却呈现出明显的分化趋势。一方面，美国、加拿大等非欧佩克产油国凭借技术优势和投资环境改善，产量持续增长。另一方面，欧佩克成员国面临产能投资不足等挑战，产量增长受限。沙特阿拉伯和阿联酋虽有小幅增产，但伊拉克、利比亚等国因内部冲突影响，产量不稳定。整体而言，欧佩克原油产量小幅增长。俄罗斯石油产业在西方制裁下经历结构性调整，但通过与亚洲国家的合作，基本维持了出口水平。新兴产油国如圭亚那、巴西等，借助海上油田开发，逐步增加其在全球石油供应中的份额。

这种生产格局的分化，加剧了全球石油市场竞争，也为石油定价机制带来新挑战。油气公司纷纷调整战略，更加注重资产组合优化和风险管理。大型综合石油公司如埃克森美孚、雪佛龙等，增加了在低成本、快速回报项目的投资比例，加大了在新能源领域的布局。国家石油公司如沙特阿美、巴西石油等，则在寻求海外合作，以分散风险。此外，低成本生产商的优势更加凸显，推动行业整体向更高效、更具韧性的方向发展。这种成本结构变化，加上生产格局分化，正在重塑全球油气行业竞争格局。

（三）国际金融市场延续波动态势加速全球油气供需格局演变

2024 年，国际金融市场延续了前期的波动态势，加速了全球油气供需格局的演变。金融市场的不稳定性主要源于全球经济复苏不均衡、地缘政治风险持续，以及各国货币政策调整等因素。美联储在 2024 年维持了高利率政策，而欧洲央行则在年中开始降息周期，货币政策的分化加剧了汇率波动。对油气行业而言，汇率波动直接增加了跨国油气公司的经营风险。此外，美元作为主要石油交易货币，其走势影响了全球油价。价格波动加大了油气公司的经营难度，也影响了全球石油贸易格局。一些新兴市场国家，如印度和中国，开始更多地使用本币或其他货币进行油气交易。

金融市场延续波动态势也影响了油气公司的融资能力和估值，特别是对于一些高负债的中小型油气企业，导致部分企业延迟或取消了勘探开发计划。这种市场环境也推动了行业整合，2024 年油气行业并购活动保持活跃。大型油气公司利用其较强的财务实力，通过并购来扩大规模和资源储备。金融市场波动也促使油气公司加强风险管理，许多公司增加了对冲交易规模，全球原油期货和期权交易量较前一年有所增长。油气公司更加注重资产负债表健康和现金流稳定，主要石油公司普遍采取了更为谨慎的资本支出策略，重点投资回报周期短、风险较低的项目，并将更多的自由现金流用于股东回报。

金融科技的发展也为油气公司带来了新的融资渠道。通过众筹和代币化等新型融资方式筹集的资金主要用于中小型油气项目开发，为行业注入了新活力。这些创新不仅帮助行业应对金融市场波动，也推动了全球油气供需格局的演变。随着新技术的应用和新兴市场的崛起，全球油气贸易的地理格局和定价机制都在发生变化。例如，亚洲 LNG 现货交易中心的影响力继续提升，反映出全球油气市场正在向更加多元化、灵活化方向发展。

（四）全球清洁能源投资促使国际大石油公司绿色低碳转型

2024 年，全球清洁能源投资延续了强劲增长态势，推动国际大石油公司加速了绿色低碳转型进程。清洁能源投资的增长主要受到各国政府继续加强气候政策支持力度、可再生能源技术取得突破性进展并实现成本大幅下降等多重因素驱动。特别是在欧洲和北美，政府出台了更为严格的碳减排目标和激励措施，包括碳定价机制的完善和可再生能源补贴政策的优化。新兴市场国家，尤其是中国和印度，加大了对清洁能源的投资力度，重点发展太阳能和风能项目。技术进步方面，光伏组件效率突破新高，海上风电场规模不断扩大，绿氢生产成本持续下降。这些发展为清洁能源投资创造了有利环境，吸引了大量资本流入。

面对清洁能源投资热潮，国际大石油公司纷纷加快了绿色低碳转型步伐，战略调整力度之大前所未有。2024 年，国际大石油公司越来越多地投资于可再生能源项目和技术，以与全球脱碳目标保持一致。据国际能源署《2024 年世界能源投资》统计，2024 年，全球清洁能源的投资几乎是化石能源的两倍。在业务结构方面，这些公司显著增加了对可再生能源项目的投资比重。欧洲石油巨头如壳牌、英国石油（bp）和道达尔能源公司领跑转型，大幅提升了太阳能、风能和氢能项目的投资规模。美国石油公司如埃克森美孚和雪佛龙虽然起步较晚，但在2024年也明显加快了清洁能源布局。这些公司不仅通过自建项目扩大可再生能源产能，还积极进行并购，收购成熟的清洁能源企业以快速获取技术和市场份额。在技术研发领域，国际大石油公司加大了对碳捕集、利用与封存(CCUS)，先进生物燃料，电池储能等低碳技术的投入，多家公司宣布了突破性的CCUS项目，开始在工业上大规模应用这一技术。

三、2024年国际经济对中国油气产业的影响分析

2024年，随着通胀向目标水平回落，全球经济实现平稳增长。大国博弈持续深化，复杂的地缘政治环境加剧了全球经济环境的不确定性。在复杂严峻的外部环境下，中国经济总体运行平稳，然而产业链调整、贸易壁垒上升、气候变化风险以及财政赤字扩大等结构性因素对经济的影响长期存在，有效需求不足和部分行业产能过剩问题仍然突出。在国际和国内经济因素共同冲击下，2024年中国油气行业加速变革，发生深刻变化。

（一）新一轮科技革命赋能中国油气行业高质量发展

2024年，全球科技创新活动空前密集活跃，新一轮科技革命和产业变革正在重构全球创新版图、重塑全球经济结构。以人工智能、移动通信、物联网等为代表的新一代信息技术加速突破应用，以清洁高效可持续为目标的能源技术加速推动全球能源变革，为中国油气行业高质量发展注入强劲动力。

一方面，“油气+AI”带来的“头雁效应”成为中国油气高质量开发的新动能。数智化正深度嵌入油气行业，通过技术创新提升勘探、开采、储运、炼化等环节的效率与安全性。2024年2月，中国石油管道局设计院与中油易度智慧科技有限公司发布了中国首个油气储运领域人工智能大模型WisGPT。2024年10月，中国海油发布人工智能模型“海能”。该模型不仅聚焦于油气勘探和生产流程的自动化与智能化，还通过实现实时的数据分析与决策制定，提升整体工作效率和产业链的协同能力。另一方面，清洁能源技术创新助力中国油气勘探开发绿色低碳化发展取得显著成效。以海上油气田开发为例，2024年8月，中国海油5兆瓦级海上高温烟气余热发电装置在天津完成测试。此前全球在海上高温烟气余热发电应用领域尚无先例，这一突破标志着中国

海上油气田电站在烟气余热利用方面取得重大进展，对于实现海上油气田低碳开发具有里程碑意义，未来该技术将用于中国海上油气平台电站，助力实现节能减排、降本增效。

（二）全球深水油气勘探投资促进中国深水油气开发

2024 年，全球油气勘探投资稳步提升，深水油气勘探成为重要的开发领域，为全球油气行业带来了新活力。作为全球油气开发的主战场，七大石油公司对深水领域做了重点布局。在此背景下，中国石油企业由陆上转向深水勘探的步伐加快，积极谋划布局深水油气领域，深水油气资源开发能力稳步提升。

2024 年 3 月，中国海油在珠江口盆地发现中国首个深水深层油田——开平南油田，探明油气地质储量 1.02 亿吨油当量，是中国在深水领域自主发现的最大油田，打破了中国深水深层原油勘探一直没有规模性发现的局面。2024 年，中国多个深水油田项目开发投产，为中国海洋油气产量提升和油气供应安全提供了有力保障。2024 年 9 月，中国首个深水油田二次开发项目——流花 11-1/4-1 油田二次开发项目在珠江口盆地海域正式投产，开创了中国在深水油田经济高效开发的全新模式，标志着中国全类型深水油气装备的设计、建造和安装能力达到世界领先水平；中国首个深水高压气田——“深海一号”二期天然气开发项目在海南岛东南陵水海域正式投产，标志着中国完全攻克了深水高压油气藏开发这一世界级难题，深水复杂油气资源开发能力跻身世界先进行列，对推动国内深水复杂油气资源高效勘探开发具有重要示范意义。

（三）国际能源市场不确定性促进中国深化能源领域国际合作

2024 年，全球经济环境不确定性增强，对能源市场稳定运行造成了显著的负面影响，加剧了国际能源市场的不确定性和不稳定性。中国能源进口安全虽然未受到直接冲击，但其引发的供给扰动仍会对中国能源企业的成本和海外业务造成不利影响。这种情况下，加强国际能源合作、促成稳定有效的合作机制成为化解市场风险的重要途径。

2024 年，中国能源企业海外业务不断发展壮大，国际能源合作领域不断拓展。2024 年 4 月，中国石油和阿联酋阿布扎比国家石油公司合作建设的阿布扎比陆海项目海上二期实现首油投产。5 月，中国石化石油工程建设公司承建的乌干达 Tilenga EPSCC 项目南部井间管线正式打火开焊，中国石化华北石油工程公司沙特项目 SP259 队、SP260 队与沙特阿美公司签署了关于非常规气井钻机的合同续签协议。6 月，中国石油在伊拉克投资建设的哈法亚天然气处理厂项目正式投产，9 月正式进入商业生产阶段。海外油气项目的陆续落地投产，标志着中国能源企业在油气领域的国际合作持续深化，“一带一路”能源合作伙伴关系持续加强，这将为中国应对国际能源市场不确定性、保障国家能源安全提供重要支撑。

（四）全球经济低碳发展加快中国油企向综合性能源公司转型

由气候变暖引起的极端气候事件频发，全球主要经济体都在积极推动温室气体减排，世界各国积极探索利用技术创新、产业转型等手段减少煤炭和石油等高碳能源的使用，全球经济发展低碳化趋势日益凸显。为了降低产业风险，适应全球能源市场变化和可持续发展需求，中国油气企业正在积极向综合性能源公司转型。

一方面，油企不再仅仅依赖传统的油气勘探与开采，向可再生能源、电力等领域拓展。2024 年 9 月，中国石油首个单体规模最大的集中风电项目——吉林油田昂格 55 万千瓦风电项目并网投产。另一方面，中国石油、中国石化等企业依托其产业和网点优势，终端业务加快向综合能源服务商转变。2024 年 1 月，中国石油内蒙古自治区首座“油氢电”综合能源站在伊金霍洛旗桥头综合能源站投入运营，站内设置有储氢气区、储油区、加氢区、加油区、充电区、综合服务区 6 大功能区域，可有效满足多元补能需求。2024 年 10 月，中国石化湖南石油分公司首座光储充综合能源服务站投入运营，集光伏发电、储能、充放电于一体，综合能源服务能力不断提升。

世界油气产业发展分析与展望

2024 年，受地缘政治冲突愈演愈烈、极端天气增多等因素影响，全球油气市场总体波动频繁。石油、天然气勘探开发投资活动出现收缩，勘探支出小幅下滑；全球新增石油探明储量呈上升趋势，天然气新增探明储量总体小幅下降；全球市场尤其是美国上游企业间巨额并购案增多。全球石油产量总体呈现小幅增长趋势；受益于俄罗斯、中东地区天然气稳定增产影响，全球天然气产量有所增长。国际油价总体呈现宽幅震荡趋势，受消费需求拉动等因素影响，国际天然气价格总体呈现高位震荡。预计 2025 年，全球地缘政治紧张局势加剧，各国对能源供应安全的重视程度将进一步提升，进而影响各国企业油气勘探投资选择；能源转型趋势不容忽视，天然气在油气市场中的地位将日益凸显，预计气价、消费需求将得到提振。

一、世界油气新增探明储量表现各异

2024 年，世界石油新增探明储量总体呈上升趋势；天然气新增探明储量总体小幅下降，新增储量主要来自尼日利亚、印度尼西亚和俄罗斯。受地缘政治局势不确定性加剧影响，预计 2025 年油气企业将以更加审慎态度开展投资活动。

（一）世界石油新增探明储量总体呈上升趋势

2024 年，全球已探明的石油储量约为 1.7 万亿桶，较 2023 年有所增加。分国家来看，2024 年委内瑞拉已探明石油储量超 3000 亿桶，占全球储量的 17%；沙特阿拉伯已探明石油储量 2980 亿桶，占全球储量的 17%；加拿大已探明石油储量 1700 亿桶，占全球储量的 9.8%；伊朗已探明石油储量 1560 亿桶，占全球储量的 9%；伊拉克已探明石油储量 1450 亿桶，占全球储量的 8%；俄罗斯已探明石油储量 1070 亿桶，占全球储量的 6%；科威特已探明石油储量1020亿桶，占全球储量的5%；阿联酋已探明石油储量978亿桶，占全球储量的5%。

（二）世界天然气新增探明储量呈下降态势

2024年，全球天然气新增探明储量为1.08万亿立方米，较2023年的1.23万亿立方米有所下降，新增储量主要来自尼日利亚、印度尼西亚和俄罗斯。

2024年4月，尼日利亚新增天然气探明储量727亿立方米；5月，穆巴达拉能源公司在印度尼西亚北苏门答腊岛海岸的南安达曼海域的唐库洛-1号（Tangkulo-1）勘探井取得重大天然气发现，估测资源潜力达566亿立方米。俄罗斯自然资源部公布数据显示，截至2024年前10个月所有类别的可采天然气储量总计增加7885亿立方米。

二、世界油气勘探开发投资总体呈下滑态势

2024年，俄乌冲突呈常态化发展，以色列与伊朗、黎巴嫩冲突频发，朝鲜半岛局势紧张，红海危机持续发酵给全球航运、贸易、能源市场带来冲击，能源安全重要性日趋凸显，叠加绿色能源转型发展需求，世界油气勘探开发投资4年来首次出现下滑。各地区投资开发活动差异明显，中东地区油气勘探开发投资较为活跃。

（一）世界油气勘探开发投资总体出现下降

2024年，全球油气勘探开发投资额为5538亿美元，同比下滑2.5%，4年来首次出现下降。

2024年，埃克森美孚公司（Exxon Mobil）勘探业务支出为8.26亿美元，较2023年的7.51亿美元增长显著。道达尔公司（Total）对安哥拉Kaminho项目、巴西的Sépia 2和Atapu 2项目、阿曼的Marsa LNG项目、尼日利亚的Ubeta气田项目等多个上游项目进行投资，以支持其上游油气产量年均提升2%~3%。6月，雪佛龙公司（Chevron Corporation）与赤道几内亚国家石油公司（GE Petrol）签署海上勘探协议，共同开发赤道几内亚的EG-06和EG-11海上区

块，不断提升能源生产能力。

（二）世界油气勘探开发投资地区差异明显

美洲方面，根据贝克休斯报告公布数据，受劳动力和设备成本上升、生产商对经济效益的追求影响，2024 年美国钻井平台数总体呈下降趋势，截至 2024 年 12 月 28 日，美国运行的活跃石油钻机数量为 483 口，较 2023 年同期下降 3%。

中东方面，油气勘探步伐加快。2024 年 3 月，伊朗国家石油公司（National Iranian Oil Company，简称 NIOC）同 4 家伊朗公司签署南帕尔斯气田增压项目实施合同，该气田天然气储量占伊朗全部储量的 50%，项目实施后伊朗增加 2.55 万亿立方米天然气产量及 20 亿桶凝析油产量。5 月，卡塔尔能源公司与埃克森美孚公司签署协议，卡塔尔能源获得其在开罗和马斯里海上 2 个勘探区块 40%的权益，拓展了其在埃及的油气勘探业务。

拉丁美洲方面，2024 年 3 月，巴西国家石油公司（Petrobras）表示计划在 5 年内投资 75 亿美元用于近海油气勘探，尤其是桑托斯盆地、佩洛塔斯盆地等重点地区。8 月，墨西哥国家石油公司（Pemex）获准将对 Lakach 深水油田增加 4 亿美元投资。

亚洲方面，新兴经济体不断加大投资力度，引领全球原油勘探投资增长。2024 年 7 月，中国国家能源局召开“2024 年大力提升油气勘探开发力度工作推进会”，强调“加快建立油气勘探开发基地”“持续开展‘两深一非一老’四大领域攻坚战，加快突破万米级深地、千米级深水、纳米级非常规和老油气田高效开发关键理论与技术难题”。同月，印度石油部长表示未来将增加勘探与开采本国沉积盆地的投资，将勘探比例提升至 16%。10 月，印度尼西亚政府开放 14 个地区的 60 个新油气区块供从业者投资，投资者在未来四年进行勘探开发，且投资者可申请将勘探期延长 10 年以上，旨在扭转石油产量下降趋势，降低对外依存度。

（三）世界油气上游收并购频发，并购额庞大

2024 年，全球油气并购市场继续保持 2023 年末以来的强劲势头。为增加

二叠纪盆地的勘探能力及石油产量，1 月 4 日，美国阿帕奇石油公司（APA. US）与卡隆石油公司（Callon Petroleum）签订协议，以 45 亿美元收购 Callon，并购后 APA 原油产量提升至 50 万桶/日。1 月 11 日，切萨皮克能源（Chesapeake Energy）宣布以 74 亿美元收购西南能源（Southwestern Energy），合并后公司市值达 170 亿美元，取代美国最大化石燃料生产商殷拓集团（EQT）成为美国市值最高的天然气生产商。2 月 12 日，页岩气生产商 Diamondback Energy 宣布将收购其竞争对手 Endeavor Energy Resources，交易额达 260 亿美元。3 月 11 日，殷拓集团（EQT）和能源公司 Equitrans Midstream 宣布达成一项最终合并协议，将创建一家企业价值超过 350 亿美元的垂直综合天然气公司。

三、世界油气产量稳步增长

2024 年以来，全球油气市场持续面临多重挑战和机遇，地缘政治紧张局势、能源需求转型变化均对油气市场产生深远影响。受“欧佩克+”国家减产影响，全球石油产量总体增幅有限，石油产量主要来自美国、巴西等非欧佩克国家。全球天然气产量继续保持增长态势，主要由俄罗斯、中东地区等国家推动。

（一）全球石油产量总体呈现小幅增长趋势

2024 年，受“欧佩克+”产油国不断减产影响，全球石油产量总体呈小幅增长趋势。根据《全球油气储量报告》公布的数据，2024 年全球石油产量为 10259. 4 万桶/日，同比增长 0. 5%。2024 年欧佩克国家总体践行减产策略，产量下降 130 万桶/日，非欧佩克国家推动石油产量增长，日均增产 183 万桶。

分国家来看，2024 年以来，“欧佩克+”国家不断践行自愿减产策略，石油产量平均为 4264 万桶/日。沙特阿拉伯、伊拉克、阿拉伯联合酋长国、科威特、哈萨克斯坦、阿尔及利亚、阿曼和俄罗斯等“欧佩克+”产油国宣布自 2024 年 1 月至 3 月合计自愿减产 220 万桶/日；3 月，“欧佩克+”国家宣布延续自愿减产；6 月，“欧佩克+”国家将 2023 年 4 月宣布的 165 万桶/日的额外自愿减产延长至 2025 年底。俄罗斯平均原油产量为 1053 万桶/日，沙特阿拉伯平均石油产量为 1067 万桶/日。

非“欧佩克+”国家方面，美国能源信息署公布数据显示，2024 年美国平均原油产量为 2266 万桶/日，继续保持全球第一大产油国地位。巴西、委内瑞拉等南美洲国家原油产量不断增长，巴西国家石油、天然气和生物燃料局公布数据显示，2024 年 8 月，巴西原油产量达 334 万桶/日；委内瑞拉原油产量为 93.2 万桶/日；圭亚那原油和凝析油产量平均为 52 万桶/日，环比 7 月增长 12 万桶/日。根据中国国家能源局公布的数据，2024 年，中国原油产量为 2.13 亿吨，接近历史峰值。

（二）全球天然气产量有所增长

2024 年，全球天然气产量 4.37 万亿立方米，较 2023 年增长约 900 亿立方米，增幅为 2.06%，主要由俄罗斯和中东地区产量增加推动。

欧洲方面，截至 2024 年 8 月，英国天然气产量同比下降约 13%；挪威天然气产量为 1240 亿立方米，创历史新高。俄罗斯 2024 年天然气产量有所增长，俄罗斯能源部（Minenergo）数据显示全年累计产量达 6850 亿立方米，同比上升 7.6%。

美洲方面，美国能源信息署公布数据显示，2024 年美国天然气产量累计达 1.15 万亿立方米，同比增长 7.48%。受冬季风暴、气价低迷影响，美国天然气产量自 2024 年 1 月中旬出现下降，这一趋势延续至 2024 年上半年，其中，2024 年 4 月，美国天然气总产量降至 28.78 亿米^3/日，为 2022 年 12 月以来的最低水平。

中东地区方面，2024 年，阿曼天然气累计产量为 565 亿立方米，同比下降 4.9%。2024 年前 9 个月，阿尔及利亚天然气产量稳定，累计达 1600 亿立方米。

亚洲方面，根据中国国家统计局公布的数据，2024 年中国天然气生产增长稳定，全年产量达到 2464 亿立方米，同比增长 6.2%。阿塞拜疆天然气累计产量为 503 亿立方米，同比增长 4.14%。

四、世界油气消费需求增长有限

2024 年，全球经济增长乏力，对能源需求的依赖度降低；全球能源转型持续推进，风能、太阳能等清洁能源发展迅速；全球油气需求总体不振，增长有限。

（一）全球石油消费需求增长放缓

受新兴经济体消费增长驱动，叠加航空、工业、建筑、农业等部门燃料需求旺盛，全球能源需求持续增长。伴随绿色低碳发展趋势、可再生替代能源发展趋于成熟，石油消费需求总体呈小幅增长趋势。2024 年全球石油消费需求增长 90 万桶/日，较 2023 年增量减少 150 万桶/日，增速继续放缓。

美洲、亚洲、欧洲三大地区消费表现不尽相同。2024 年美国石油和其他液体燃料消费量为 2032. 5 万桶/日，消费增长飙升至 2019 年以来最高水平；加拿大石油消费量为 241. 7 万桶/日。墨西哥石油消费量达 175. 9 万桶/日；巴西石油消费量达 326. 4 万桶/日。亚洲方面，受宏观经济整体回升影响，2024 年能源消费需求增长迅速，中国石油表观消费量为 7. 56 亿吨，成品油消费总量 3. 9 亿吨，同比下降 1. 7%；印度作为新兴经济体，石油行业增长强劲，石油消费量达 549. 4 万桶/日。欧洲方面，2024 年石油消费量达 1424. 7 万桶/日。

（二）全球天然气消费增长强劲

2024 年，全球天然气消费需求旺盛，增长强劲，天然气消费量达 4. 21 万亿立方米，较 2023 年增加 1150 亿立方米，增幅约 2. 8%，高于 2010 年至 2020 年期间 2%的年均增长率，主要受中国、印度等新兴经济体消费推动。

美洲市场，美国天然气消费呈稳定增长趋势，截至 2024 年 9 月，美国天然气消费量平均为 2. 54 亿$米^3$/日，较 2023 年同期增长 1%。

亚洲市场，上半年天然气消费需求同比增长 8%，增长额超过 300 亿立方米。受消费终端领域天然气使用量增加影响，2024 年中国天然气消费量为 4222 亿立方米，同比增长 7. 8%，增量达 305 亿立方米。受交通燃料强劲需求以及基础设施和家庭消费影响，2024 年印度石油消费需求同比增长约 4%。

欧洲市场，天然气消费需求总体呈下降趋势，2024 年 1—10 月，欧洲天然气消费量为 3332 亿立方米，同比下降 2. 5%。

五、世界油气价格总体呈震荡下行趋势

2024年初，中东地区地缘政治风险加剧，叠加红海等重要海运通道受阻，全球原油生产受限、运输不畅，国际油价总体呈上涨趋势；此后，伴随地缘政治利好动向，主要石油生产国有序增产，国际油价出现回落。天然气方面，总体保持高位震荡趋势，受夏季用气需求增长推动，国际天然气价格于2024年7月出现显著回升。

（一）国际油价总体呈先涨后跌态势

1月，国际油价总体呈上涨态势。月初，胡塞武装袭击红海船只，引发市场对红海、波斯湾等重要石油运输航道关闭的担忧，进而推动国际油价上涨；月中，受国际能源署（IEA）预测全球石油需求有所增长、美国原油库存降至低位等因素共同影响，国际油价延续上涨趋势；月底，俄罗斯、美国石油供应受到影响，且美国商业原油库存继续下降，叠加中东局势不稳定等因素，国际油价波动上升。1月西德克萨斯中质原油（WTI）、布伦特（Brent）原油期货均价分别为73.86美元/桶和79.15美元/桶，环比分别上升1.74美元/桶和1.83美元/桶。

2月，国际油价先跌后涨。月初，市场密切关注巴以和谈进展，中东地区地缘政治风险外溢出现消退迹象，国际油价出现显著下跌；月末，受“欧佩克+”考虑延长自愿减产行动影响，WTI和Brent原油期货价格有所回升。2月WTI、Brent原油期货均价分别为76.61美元/桶和81.72美元/桶，环比分别上升2.75美元/桶和2.57美元/桶。

3月，国际油价震荡上行。月初，“欧佩克+”延长自愿减产行动至第二季度，但受市场担忧消费需求影响，油价出现震荡；月末，受美国公布经济数据向好推动，叠加地缘政治利好动向，WTI、Brent原油期货价格出现上涨。3月WTI、Brent原油期货均价分别为80.41美元/桶和84.67美元/桶，环比分别上升3.8美元/桶和2.95美元/桶。

4月，国际油价不断上涨。月初，“欧佩克+”减产叠加美国制造业采购经理指数（PMI）表现好于预期，不断推升国际油价；月末出现一定程度下跌，

但跌幅有限。4 月 WTI、Brent 原油期货均价分别为 84. 39 美元/桶和 89 美元/桶，环比分别上升 3. 98 美元/桶和 4. 33 美元/桶。

5 月，受美国原油库存显著增长影响，国际油价震荡下行。5 月 WTI、Brent 原油期货均价分别为 78. 62 美元/桶和 83 美元/桶，环比分别下降 5. 77 美元/桶和 6 美元/桶。

6 月，国际油价总体保持区间震荡。月初，“欧佩克+”会议结果不及预期，市场对自 10 月起的增产计划担忧加剧，同时受美国制造业数据不佳影响，油价出现大幅下跌；月末，国际油价出现震荡回升。6 月 WTI、Brent 原油期货均价分别为 78. 7 美元/桶和 83 美元/桶，WTI 原油期货均价环比上升 0. 08 美元/桶，Brent 原油期货均价与上月持平。

7 月，国际油价总体呈上涨趋势，但涨幅有限。月初，美国商业原油库存大幅下降、地缘政治不确定性增加等因素共同导致油价上涨。7 月 WTI、Brent 原油期货均价分别为 80. 48 美元/桶和 83. 88 美元/桶，环比分别上升 1. 78 美元/桶和 0. 88 美元/桶。

8 月，国际油价震荡下行。月初，日本央行加息、市场对美国经济衰退担忧共同导致油价下跌；月中，市场对地缘局势担忧有所放缓，国际油价继续保持下行。8 月 WTI、Brent 原油期货均价分别为 75. 43 美元/桶和 78. 88 美元/桶，环比分别下降 5. 05 美元/桶和 5 美元/桶。

9 月，国际油价持续下降。全球宏观经济持续走弱引发需求担忧，叠加利比亚石油供给中断有所恢复，国际油价继续保持下滑趋势。9 月 WTI、Brent 原油期货均价分别为 69. 37 美元/桶和 72. 87 美元/桶，环比分别下降 6. 06 美元/桶和 6. 01 美元/桶。

10 月，国际油价有所回升。月初，中东局势持续恶化，伊朗向以色列发动大规模导弹袭击，国际油价大幅反弹；月末，中东地缘政治风险外溢有所缓解，国际油价出现震荡下跌。10 月 WTI、Brent 原油期货均价分别为 71. 55 美元/桶和 75. 4 美元/桶，环比分别上涨 2. 18 美元/桶和 2. 53 美元/桶。

11 月，国际油价承压下跌。中东地缘政治紧张局势缓解、特朗普再次当选美国总统、美元汇率走高等因素支撑原油产量增长，进一步导致原油市场价格承压。11 月 WTI、Brent 原油期货均价分别为 69. 99 美元/桶和 72. 38 美元/桶，环比分别下降 1. 56 美元/桶和 3. 02 美元/桶。

12 月，国际原油价格小幅上涨。美国加大对伊朗制裁、韩国短暂戒严，中国放松货币政策、欧盟对俄罗斯石油出口实施新一轮制裁引发市场对供给担忧，原油价格出现小幅上涨。12 月 WTI、Brent 原油期货均价分别为 70. 12 美元/桶和 73. 1 美元/桶，环比分别上涨 0. 13 美元/桶和 0. 72 美元/桶。

2024 年 WTI 国际原油价格如图 1 所示，2024 年 Brent 原油期货价格如图 2 所示。

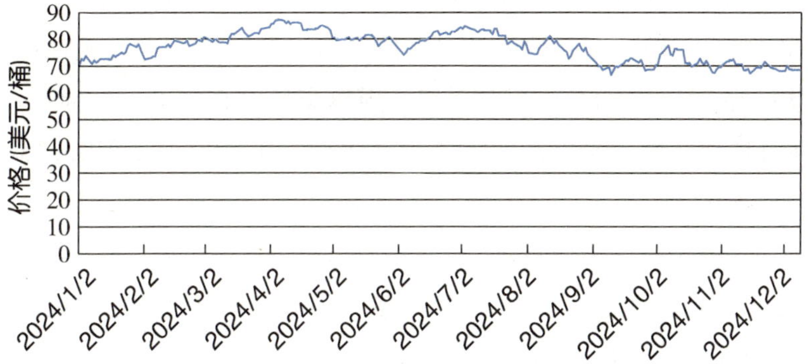

图 1　WTI 国际原油价格

数据来源：Fusion Media Limited

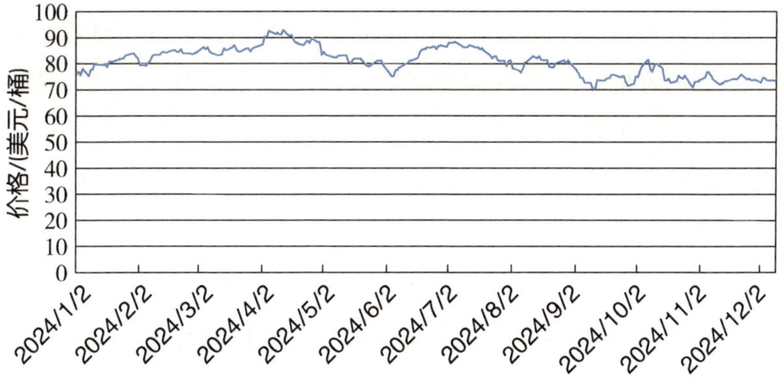

图 2　Brent 原油期货价格

数据来源：Fusion Media Limited

（二）国际天然气价格总体呈高位震荡态势

2024 年 1—3 月，国际天然气价格总体下行。美国方面，受气候温和影响，本土用气需求明显下降，供暖天然气量减少叠加天然气产量增加，共同推动天然气价格回落。欧洲方面，受气温波动影响，天然气消费量经历先增后降，与此同时，欧洲储气库库存总体处于高位，市场供大于求，一定程度上限制了天然气价格回升。亚洲方面，气候温和导致天然气消费量低于预期，叠加日本重启核电、韩国增加煤电发电量等因素，天然气价格出现下滑。1—3 月，美国亨利中心（Henry Hub，简称 HH）天然气均价为 2 美元/百万英热单位，环比 12 月均价下降 22.18%；荷兰天然气虚拟交易中心（Title Transfer Facility，简称 TTF）现货均价为 8.7 美元/百万英热单位，环比 12 月下降 15.2%；普氏日韩 LNG（JKM）期货价格为 9.4 美元/百万英热单位，环比 12 月下降 21.34%。

4 月，国际天然气价格回升。受地缘政治局势日趋紧张、中东航运限制加剧、LNG 项目延误等共同影响，美国、欧洲、亚洲天然气价格出现不同程度上涨。美国方面，受第一季度天然气价格低迷影响，天然气生产商不断削减产量；下旬，美国大部分地区气温回升，市场预计制冷需求将出现攀升，且天然气库存增长低于预期，共同推动天然气价格回升，HH 现货价格月环比上涨 11.17%。欧洲方面，随着中东地缘政治局势不断升级，市场对供应中断的担忧情绪加剧，叠加欧洲天然气注库速率有所放缓，TTF 现货价格月环比上涨 4.49%。亚洲方面，气候温和导致消费需求疲软，但受 LNG 运输船舶短缺、俄罗斯最大 LNG 生产商诺瓦泰克暂停北极 2 号项目生产等因素影响，市场对东北亚天然气供给中断担忧加剧，天然气价格大幅上升，JKM 期货价格月环比上涨 7.36%。

5 月，国际天然气价格继续保持上行。美国方面，天然气日均产量下滑约 3%，本土气温持续上升导致制冷需求大幅增加，供需收紧，气价上涨显著，HH 现货价格月环比上涨 31.12%。欧洲方面，挪威天然气管道进入检修高峰期，输气量受到一定限制，叠加欧洲整体库存水平低于上年同期水平，引发市场担忧，天然气价格继续走高，TTF 现货价格月环比上涨 20.85%。亚洲方面，受澳大利亚 Gorgon LNG 工厂其中一条生产线停运、马来西亚 Bintulu 项目生产设施故障影响，叠加用气需求不断增长，天然气价格继续上涨，JKM 期货价格月环比上涨 15.72%。

6 月，国际天然气价格总体保持高位，各地区表现各异。美国方面，多州气温持续升高推动用气需求不断增加；6 月下旬，美国最大化石燃料生产商 EQT 能源表示将增加产量，天然气价格总体震荡下行，HH 现货价格月环比下降 5.28%。欧洲方面，受储气量持续上涨、西北欧地区天气温和、可再生能源发电稳定等因素共同影响，欧洲天然气价格总体出现震荡，TTF 现货价格月环比上涨 3.07%。亚洲方面，受异常高温天气影响，居民用气需求不断增加；随着澳大利亚 Gorgon LNG 工厂恢复生产、市场供应不断恢复，天然气价格出现震荡波动，JKM 期货价格月环比上涨 5.9%。

7 月，国际天然气价格出现不同程度下降。美国方面，受此前气价高涨影响，美国天然气生产商纷纷停止减产，天然气日产量持续回升，叠加天然气库存增幅远高于市场预期，气价出现下跌，HH 现货价格月环比下降 18.08%。欧洲方面，气候温和、可再生能源发电稳定等共同抑制了用气需求；供给方面，挪威天然气供应平稳，LNG 进口量保持高位，总体供给较为充足，TTF 现货价格月环比下降 0.35%。亚洲方面，尽管受高温天气影响，亚洲各国用气需求旺盛，但主要天然气消费国库存充足且市场供应充足，共同推动天然气价格出现下行，JKM 期货价格月环比下降 1.27%。

8 月，国际天然气价格震荡上行。美国方面，多州气温持续升高，居民、商业用气量增长显著，叠加飓风“黛比”的潜在影响，共同推动气价走高，HH 现货价格月环比上涨 4.9%。欧洲方面，中东地区地缘政治冲突加剧，乌克兰袭击并占领俄罗斯重要天然气输送中转站 Sudzha，引发市场对欧洲天然气供应担忧，TTF 现货价格月环比上涨 13.95%。亚洲方面，受中东、俄乌地缘政治紧张局势升级影响，市场对供应担忧加剧；8 月下旬，亚洲主要天然气消费国用气需求减弱，JKM 期货价格月环比上涨 12.58%。

9 月，美国气价上涨，欧洲、亚洲气价回落。美国方面，飓风“弗朗辛”席卷墨西哥湾，导致美国天然气产量下降，日产量维持在 1010 亿立方米至 1015 亿立方米，HH 现货价格月环比上涨 32.21%。欧洲方面，居民和商业用气需求有所缓和，叠加天然气库存充足、地缘政治外溢风险减弱等因素，气价出现震荡下跌，TTF 现货价格月环比下降 0.39%。亚洲方面，主要天然气消费国气温下降，用气需求减少，且市场供应总体充足、稳定，JKM 期货价格月环比下降 6.05%。

10 月，受中东地缘政治冲突升级影响，国际天然气价格震荡上行。美国方面，地缘政治冲突叠加本土天然气需求预期增长，共同推动气价上涨，HH 现货价格月环比上涨 6.51%。欧洲、亚洲方面，10 月下旬，受寒流侵袭、天气转凉影响，采暖需求预期上涨，同时受地缘政治影响，气价上涨显著，TTF 现货价格月环比上涨 11.56%，JKM 期货价格月环比上涨 4.17%。

11 月，国际天然气价格总体保持上涨态势。美国方面，政府宣布将对大型石油和天然气生产商征收甲烷税，叠加部分 LNG 项目延期，天然气供应量下降，美国 HH 期货价格环比上涨 8.57%。欧洲方面，进入采暖季后供暖用气需求剧增，欧洲采购天然气的积极性增加，助推天然气价格走高，荷兰 TTF 现货、期货价格环比分别上涨 7.97%、6.83%。亚洲方面，11 月中下旬开始亚洲地区迎来大面积降温，供暖用气需求增加，JKM 期货价格月环比上涨 9.20%。

12 月，国际天然气价格继续走高。全球气温下降明显，采暖用气需求大幅提升。12 月美国 HH 现货价格月环比上涨 9.67%；欧洲方面，荷兰 TTF 期货价格月环比上涨 2.25%；亚洲方面，JKM 期货价格月环比下降 4.59%。

2024 年美国亨利中心天然气价格如图 3 所示。

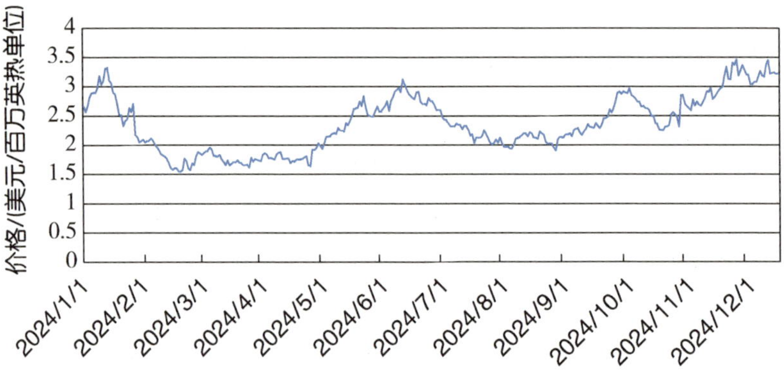

图 3　美国亨利中心天然气价格

数据来源：Fusion Media Limited

六、世界石油炼制产业总体发展平稳，利润有所下滑

2024 年，全球石油化工产品产能持续增长，但总体增幅有限。其中，中东地区原油加工增长突出。受经济恢复缓慢、石油产品出口需求收缩等因素影响，全球炼厂开工率有所下降，全球炼油毛利进一步下滑。

（一）全球原油加工量小幅增长，各地区表现不同

2024 年，受消费需求拉动、国际炼油能力不断提升等因素影响，全球原油加工继续保持增长趋势，全球炼厂原油加工量同比增加约 100 万桶/日，达 8340 万桶/日，增量主要来自中国、中东、非洲等，各地区表现不同。

受炼油厂产能下降影响，2024 年美国炼油厂原油加工量出现下滑，截至 2024 年 12 月 13 日，美国炼厂平均原油加工量为 1661. 1 万桶/日。受俄乌冲突导致的加工中断及出口禁令影响，2024 年俄罗斯原油加工量为 2. 665 亿吨，同比下降 2. 02%。

2024 年，中国原油加工量呈现“前高后低”态势，1—3 月原油加工同比增长 3. 8%，4 月以来下降显著，7 月降幅达 7. 2%，11 月以来原油加工环比小幅增长。2024 年中国原油加工量达 7. 08 亿吨，同比下降 1. 6%。

受新增炼油产能推动，中东地区原油加工量不断增长。2024 年尼日利亚丹戈特炼油厂（Dangote Refinery）投产以提升产能，产能可达 65 万桶/日；5 月 29 日，中东地区最大的炼油厂之一——阿祖尔炼油厂全面投入运营，全面投产后可实现产能 61. 5 万桶/日，可将科威特日炼油能力提升 66%。

（二）全球炼厂开工率有所下降

受经济复苏疲软、石油产品（如柴油）出口需求回落等因素影响，全球炼厂开工率出现下降，由 2023 年的平均 80%降至 2024 年的 78. 8%，各地区表现存在差异。

2024 年，欧洲 16 国炼厂开工率平均达 82. 29%，较 2023 年同比上涨 1. 2 个百分点。其中，法国炼厂开工率平均达 81. 13%，较 2023 年同比上涨 1. 85 个百分点；德国炼厂开工率平均达 83. 19%，较 2023 年同比上涨 0. 34 个百分

点；意大利炼厂开工率平均达 68.42%，基本与 2023 年持平；英国炼厂开工率平均达 83.03%，较 2023 年同比上涨 1.73 个百分点。2024 年上半年，俄罗斯炼厂频繁遭遇无人机袭击，炼厂开工受限，7 月开始环比回升，8 月其境内主力炼厂和港口均未受到袭击。

美国受飓风影响，开工率小幅下降，2024 年炼厂平均开工率为 89.49%，较 2023 年下降 0.28 个百分点。2024 年中国炼厂平均开工率为 78.1%，同比下降 0.8 个百分点。印度作为亚洲第二大炼油国，炼厂开工率整体保持较高水平，2024 年 10 月，印度炼油厂平均开工率为 86.7%，达到 2024 年 3 月以来的最高水平。

（三）全球炼油毛利进一步下滑

2024 年，全球炼油能力不断提高，石油产品需求相对疲软，电动汽车、生物燃料、LNG 占比不断提升，削弱了市场对精炼运输材料的需求，炼厂加工利润继续下滑，9 月全球月均炼油利润率降至 2020 年以来的最低水平。

美国墨西哥湾炼油毛利平均为 15.78 美元/桶。欧洲鹿特丹地区炼油毛利平均为 7.64 美元/桶。新加坡炼油毛利平均为 4.85 美元/桶，较 2023 年水平平均下滑 2~9 美元/桶。中国炼油厂综合炼油利润不断缩减，炼油行业效益不佳，炼化一体化利润理论年均值同比下降 19.68%。

七、2025 年世界油气产业发展展望

展望 2025 年，地缘政治、大国外交不确定性进一步增加，将加剧国际油价震荡变化，油气行业投资和开发活动将变得更加谨慎。技术创新发展为油气供应提供保障，但其生产活动依旧受到地缘政治波动、能源行业转型以及主要产油国政策的影响。全球经济增长缓慢和能源转型加快可能会抑制石油需求增长。受供需失衡、地缘政治风险加剧影响，国际油价总体将保持震荡下行。天然气、海洋油气在油气领域的重要性日益凸显，预计 2025 年全球海洋油气的勘探活动将加快，天然气消费需求、海洋油气产量将有所增长。

（一）地缘政治局势不确定性加剧，油气企业以更加审慎态度开展投资开发活动

2024年以来，国际地缘政治局势持续恶化。俄乌冲突形势依然严峻且激烈程度不断提升，俄乌双方均在为冲突长期化做准备，且西方国家对乌支持不断，冲突短期内难以解决；中东政局动荡频发，以色列与武装团体哈马斯、黎巴嫩、伊朗等战争冲突频发，未来极有可能与更广泛的阿拉伯世界产生冲突，引发市场对油气供应担忧，进而影响全球油气市场。2024年11月5日，美国前总统唐纳德·特朗普赢得美国大选，开启"特朗普2.0"时代，其政策的不可预测性可能对全球政治经济格局产生重大冲击，特别是增加俄乌冲突、中美关系和中东地区未来发展走向的不确定性，加深全球不稳定和紧张局势，进一步导致国际局势复杂化、紧张化。在地缘政治局势严峻、国家间冲突频发、大国外交不确定性加剧背景下，预计2025年各国将更加重视能源安全，油气企业也将花费更多精力评估国别风险和地域风险，对上游勘探开发及投资活动产生较大影响。

（二）技术创新推动石油产能稳步增长，石油生产受地缘政治、能源转型、主产国政策等因素共同影响

传统油气勘探生产方式已难以满足当前对能源安全、能源环境保护的高要求，技术创新成为推动石油产能增长、油气生产低碳化的重要抓手，许多头部油气公司持续开展生产数字化、低碳化转型。道达尔能源与谷歌合作开发人工智能解决方案，利用计算机视觉技术、自然语言处理技术不断改善油气勘探和生产的地下数据分析，有效提高地质和储层评价的有效性和效率；埃克森美孚利用微软云技术、大数据分析和物联网技术持续优化其在二叠纪盆地的页岩油气业务。2025年，全球能源转型将继续推进，能源企业将加大对清洁低碳化、高效化生产技术的投资，预计人工智能、非常规油气资源开采技术、数字化平台应用、绿色低碳技术等石油领域重要创新发展将继续在全球范围内推动石油产能增长，在保障石油生产能力的同时促进石油行业数字化、智能化和绿色低碳转型。

2025 年，地缘政治、大国外交不确定性进一步加剧，“特朗普 2.0”时代俄乌冲突走向、中东地区冲突外溢风险将极大影响全球油气产量。能源转型背景下，全球油气消费需求将在一定程度上受限，进而影响上游勘探开发及生产活动。预计 2025 年，全球主要石油生产国仍聚焦于中东、俄罗斯、美国等地，各国将继续调整生产策略，中东地区将继续优化油田开发、提升原油开采效率以稳定既有产量，俄罗斯将注重开发远东地区并持续寻求能源出口多元化，美国将继续创新页岩油开采技术并稳步提升页岩油产量。

（三）全球经济恢复疲软、能源转型步伐加快，石油消费需求增长受限

2024 年以来，受经济增长乏力、能源转型等因素影响，全球市场尤其是中国市场石油消费需求远低于市场期望。

预计 2025 年全球经济增速仍将保持低迷，能源转型步伐持续加快，进而限制石油消费需求增长。亚太地区新兴经济体难以出现高增长态势，中国等石油消费大国面临需求不振，特朗普上台后将可能延续“美国优先”政治立场、继续实行贸易保护主义政策，为全球经济恢复带来极大不确定性。预计 2025 年欧盟经济恢复乏力，将继续保持停滞状态，且欧盟地区能源转型步伐加快，难以为石油消费需求增长提供动力。

（四）石油供需差距拉大和地缘政治不确定性加剧，国际油价将波动下行

预计 2025 年，技术创新将继续保障全球石油基本供应能力，受能源转型、地缘政治不确定性影响，全球石油消费需求增长有限，全球石油市场将面临供给过剩，油价承压。地缘政治因素对国际油价的影响不容小觑，预计 2025 年全球石油供应链将面对更多风险，中东石油主产国政治局势、俄乌冲突走向、中美外交关系、美伊关系存在极大不确定性，均可能导致石油供应中断或短期供给不足，进而导致全球油价短期出现震荡，2025 年国际油价总体将呈震荡下行走势。

（五）天然气在全球油气市场中地位不断提升，天然气消费需求继续增长

2024年，受中国、印度等亚洲新兴市场需求拉动，全球天然气消费需求旺盛。许多国家页岩气开采技术迎来突破，2024年4月，中国石化在贵州省的首个常压页岩气试验井组完成试气，在常压页岩气勘探方面取得新突破，开采技术的不断成熟使天然气更具有竞争力。油气行业将继续在全球能源结构中扮演重要角色，并将更加注重油气资源的高效利用与绿色转型，天然气作为相对清洁、高效的能源资源受到市场青睐，尤其在中国能源结构转型中扮演至关重要的角色，天然气作为过渡能源将在未来长期发挥重要作用。预计2025年天然气消费需求将延续增长趋势，全球能源公司将持续加强对天然气勘探投资。

（六）海洋油气成为增产主力，全球海洋油气勘探加速、产量稳步增长

海洋油气资源开发潜力巨大，是全球油气产业的关键补充区域。深海区域正逐渐成为油气勘探和开发的热点区域。国际能源公司持续加大海洋油气尤其是深海油气勘探开发力度。英国石油公司在北非和南美开展深水勘探作业；埃克森美孚对圭亚那斯塔布鲁克区块的第6个深水石油开发项目进行投资，并将在项目所在海域部署一座浮式生产储油卸油装置；道达尔能源对安哥拉深水石油项目Kaombo进行投资并将部署超大型浮式生产储油卸油装置，计划于2028年投产；巴西国家石油公司将2024—2028年的五年勘探开发规划投资设定为约735亿美元，主要用于推动深海油气增储上产。2024年，全球海洋油气勘探开发投资约2096亿美元，连续4年保持增长态势，年均复合增速11%，海洋油气发现引领全球油气新增储量增长，总体贡献了全球油气新增探明储量的80%。预计2025年，全球主要能源公司将继续增加海洋油气勘探开发投资，海洋油气产量将继续增长。

国内篇

2024年是中国“十四五”规划实施的关键之年，国内油气产业在能源安全保障与绿色低碳转型背景下实现了稳步发展。全球经济环境呈现稳中有进态势，中国全年实际国内生产总值(GDP)首次突破130万亿元，达1349084亿元，消费潜力持续释放，高技术产业快速增长，为油气产业高质量发展提供了良好的宏观环境。在一系列政策支持下，油气企业积极推进油气与新能源融合发展，增强油气开发技术创新能力，加大国内资源的勘探开发力度，油气产量持续上升，油气管道智能化、信息化和国产化水平进一步提高。通过深化数字化和智能化转型，国内油气企业进一步提升了生产经营效率与资源管理水平，进一步夯实了国家能源安全和应对全球经济波动的根基。

展望2025年，中国油气产业将在深化体制机制改革、推动智能化生产以及促进产业结构优化等方面持续发力。随着油气资源开发技术不断进步、天然气基础设施建设的提速，以及炼化产业向低碳化、高端化方向转型，油气产业在保障能源供应安全的同时将更注重环保与可持续发展。此外，随着油气管网运营改革的推进和天然气交易中心的深化发展，管道网络智能化、信息化水平将不断提升，进一步提高油气产业链的运行效率和稳定性。这些努力将为中国油气产业在全球市场中的竞争力提升提供坚实支撑，为实现国家能源战略目标作出重要贡献。

中国宏观经济分析与展望

2024 年，中国经济总体平稳、稳中有进，生产需求平稳增长，就业物价总体稳定，民生保障扎实有力，新质生产力稳步发展，全年经济增长预期目标顺利实现。全年实际国内生产总值（GDP）首次突破 130 万亿元，达 1349084 亿元，经济总量跃上新台阶。随着一系列促消费政策举措落地见效，中国消费潜力不断释放，高技术产业投资动力强劲，新动能领域保持较快增长。面对全球经济下行和海外需求总体收缩等多重挑战，中国经济表现出较强的增长韧性，居民收入保持稳定增长，高技术产业投资增势良好，对外贸易稳中向好，进出口贸易规模先降后升。2024 年油气产业政策着力于增强能源安全，油气与新能源融合发展，能源绿色低碳转型。展望 2025 年，油气产业政策将注重继续推进油气产业与新能源产业的融合发展，推动油气产业数字化和智能化，持续优化油气资源管理体制，积极参与国际能源治理。

一、2024 年中国宏观经济分析

2024 年，中国经济稳中有进。根据国家统计局发布的数据，2024 年 GDP 为 1349084 亿元，按可比价格计算，同比增长 5.0%。随着国内宏观政策调控力度加大，生产需求持续恢复，消费领域价格平稳运行，全年居民消费价格指数（CPI）同比增长 0.2%，生产领域价格降幅总体趋于收窄，全年工业生产者出厂价格指数（PPI）同比下降 2.2%。居民收入稳定增长，城乡居民收入相对差距进一步缩小。固定资产投资规模持续扩大，高技术产业投资增势良好。对外贸易规模保持增长，全年进出口贸易规模呈持续向好态势。随着培育壮大发展新动能力度不断加大，高技术产业发展迅猛，新动能领域保持高速增长态势。

（一）经济运行稳中有升，经济增长预期目标顺利实现

2024 年，中国经济社会全面恢复常态化运行，宏观政策持续显效发力，

经济发展呈现稳中有进、持续向好的态势。在复杂多变的国内外形势下，中国经济展现出强大的韧性和活力。全年实现国内生产总值 1349084 亿元，比 2023 年增加 88502 亿元。按可比价格计算，比 2023 年增长 5.0%。分产业看，第一产业增加值 91414 亿元，增长 3.5%；第二产业增加值 492087 亿元，增长 5.3%；第三产业增加值 765583 亿元，增长 5.0%。三次产业增加值占 GDP 的比重分别为 6.8%、36.5%和 56.7%，对经济增长的贡献率分别为 5.2%、38.6%和 56.2%，三次产业协同发力推动中国经济平稳运行。

2024 年，面对外部压力加大、内部困难增多的复杂严峻形势，在以习近平同志为核心的党中央坚强领导下，各地区各部门深入贯彻落实党中央、国务院决策部署，坚持稳中求进工作总基调，完整准确全面贯彻新发展理念，加快构建新发展格局，扎实推动高质量发展，国民经济运行总体平稳、稳中有进，高质量发展取得新进展，特别是及时部署出台一揽子增量政策，推动社会信心有效提振、经济明显回升，经济社会发展主要目标任务顺利完成。

（二）全年 PPI 低位回升，CPI 基本稳定

2024 年，PPI 下降 2.2%，降幅比 2023 年收窄 0.8 个百分点。分月看，1—7 月，受国际原油和有色金属等价格上行、国内工业生产持续恢复及上年同期对比基数较低等因素影响，PPI 同比降幅由 1 月的 2.5%波动收窄至 7 月的 0.8%。8 月，国际大宗商品价格下行，PPI 环比下降 0.7%，降幅有所扩大。9 月起，随着宏观政策特别是一揽子增量政策落地实施，国内工业品需求逐步恢复，PPI 环比降势明显趋缓，11 月 PPI 环比止降转涨，上涨 0.1%，10 月起同比降幅稳步收窄。

2024 年，CPI 同比总体平稳，国内消费市场供给总体充裕，CPI 上涨 0.2%，涨幅与 2023 年相同。分月看，受春节错月影响，1 月、2 月 CPI 同比波动较大，1 月下降 0.8%，2 月上涨 0.7%。3—6 月，消费市场运行总体平稳，CPI 同比涨幅在 0.1%~0.3%。7 月、8 月，受暑期出行增加和高温多雨天气等因素影响，CPI 同比涨幅分别扩大至 0.5%和 0.6%。9 月，出行需求回落，加之国际油价下行，CPI 同比涨幅回落至 0.4%。10—12 月气温较往年同期偏高，食品供应充足，CPI 同比涨幅逐步回落至 0.1%。

（三）居民收入平稳增长，农村居民收入增长快于城镇居民

2024年，国民经济平稳增长，就业总体稳定，居民收入实现同步增长，居民消费支出稳定增长。全国居民人均可支配收入41314元，比2023年名义增长5.3%，扣除价格因素，实际增长5.1%；从收入来源看，工资性收入较快增长，经营净收入、财产净收入和转移支付收入保持增长。前三季度，全国居民人均可支配收入30941元，同比名义增长5.2%，扣除价格因素，实际增长4.9%。按常住地分，城镇居民人均可支配收入41183元，同比名义增长4.5%，实际增长4.2%；农村居民人均可支配收入16740元，同比名义增长6.6%，实际增长6.3%。2024年，就业形势总体稳定，城镇调查失业率平均值为5.1%，较2023年下降0.1个百分点，保障了居民工资性收入增长。全国居民人均工资性收入23327元，比2023年名义增长5.8%，快于全国居民收入增速0.5个百分点。2024年，居民节假日旅游出行、文化娱乐活动需求旺盛，批发零售业、住宿餐饮业、交通运输业等行业经营形势良好，带动全国居民人均经营净收入6908元，比2023年增长5.6%，快于全国居民收入增速0.3个百分点，其中居民人均三产经营净收入增长9.3%。2024年，在各类惠民生政策支持下，全国居民人均转移净收入7644元，比2023年增长5.3%，与全国居民收入增速持平。受养老金标准调整和领取人数增加带动，居民人均养老金或离退休金增长7.2%。2024年，全国居民人均财产净收入3435元，增长2.2%，慢于全国居民收入增速3.1个百分点，其中农村居民人均转让承包土地经营权租金净收入增长10.0%。

2024年，农村居民收入增长继续快于城镇居民，城乡居民收入相对差距缩小。分城乡看，城镇居民人均可支配收入54188元，比2023年名义增长4.6%，扣除价格因素，实际增长4.4%；农村居民人均可支配收入23119元，比2023年名义增长6.6%，扣除价格因素，实际增长6.3%。农村居民收入名义和实际增速比城镇居民分别快2.0个和1.9个百分点。2024年，城乡居民收入比由2023年的2.39降至2.34。

（四）固定资产投资规模扩大，高技术产业投资增长较快

2024年全国固定资产投资（不含农户）514374亿元，比2023年增长

3.2%；扣除房地产开发投资，全国固定资产投资增长7.2%。分领域看，基础设施投资增长4.4%，制造业投资增长9.2%，房地产开发投资下降10.6%。全国新建商品房销售面积97385万平方米，下降12.9%；新建商品房销售额96750亿元，下降17.1%。分产业看，第一产业投资增长2.6%，第二产业投资增长12.0%，第三产业投资下降1.1%。民间投资下降0.1%，扣除房地产开发投资，民间投资增长6.0%。高技术产业投资增长8.0%，其中高技术制造业、高技术服务业投资分别增长7.0%、10.2%。高技术制造业中，航空、航天器及设备制造业，计算机及办公设备制造业投资分别增长39.5%、7.1%；高技术服务业中，专业技术服务业、科技成果转化服务业投资分别增长30.3%、11.4%。12月，固定资产投资(不含农户)环比增长0.33%。新型能源体系加快规划建设，绿色能源投资大幅增长。2024年，电力、热力、燃气及水生产和供应业投资比上年增长23.9%，对全部投资增长的贡献率为45.9%，拉动全部投资增长1.5个百分点。其中，太阳能发电、风力发电、核能发电、水力发电投资合计增长29.3%。

(五) 对外贸易较快增长，贸易结构持续优化

2024年，中国对外贸易展现较强韧性，进出口总值稳中有增，全年货物贸易进出口总值达438468亿元，同比增长5%；民营企业进出口增长态势突出，增速达9.4%，占进出口总额的比重为55.0%，比2023年同期提高2.1个百分点，成为推动外贸增长的重要力量。对共建“一带一路”国家的进出口呈现良好发展态势，进出口增长6.4%，占进出口总额的比重为50.3%，进出口额合计22.07万亿元。前三季度，货物进出口总额323252亿元，同比增长5.3%。其中，出口186147亿元，增长6.2%；进口137104亿元，增长4.1%。进出口相抵，贸易顺差49043亿元。9月，进出口总额37480亿元，同比增长0.7%。其中，出口21653亿元，增长1.6%；进口15827亿元，下降0.5%。总体来看，中国对外贸易规模稳中有增，进出口呈现逐季抬升的趋势。外贸经营主体活力增强，有进出口实绩的外贸企业近70万家，数量再创新高，内生增长动力更趋强劲。

（六）服务业持续增长，现代服务业发展良好

2024 年，服务业增加值 765583 亿元，比上年增长 5.0%，对国民经济增长的贡献率为 56.2%，拉动国内生产总值增长 2.8 个百分点，服务业增加值占国内生产总值比重为 56.7%，比 2023 年上升 0.4 个百分点。第四季度服务业明显回升，服务业增加值 204081 亿元，同比增长 5.8%，比第三季度加快 1.0 个百分点，对国民经济增长的贡献率为 57.5%，拉动国内生产总值增长 3.1 个百分点，服务业增加值占国内生产总值比重为 54.6%，比 2023 年同期上升 0.8 个百分点。12 月，服务业生产指数同比增长 6.5%，比 11 月加快 0.4 个百分点，为全年最高点。1—11 月，规模以上服务业企业营业收入同比增长 8.2%，增速连续 2 个月加快，其中租赁和商务服务业，信息传输、软件和信息技术服务业等行业保持较快增长。1—11 月，规模以上服务业企业利润总额同比增长 4.3%，比 1—10 月明显加快。

现代服务业引领作用增强。2024 年，信息传输、软件和信息技术服务业，租赁和商务服务业，金融业增加值比上年分别增长 10.9%、10.4%和 5.6%，共拉动服务业增加值增长 2.3 个百分点，为新质生产力加速发展和更好服务实体经济提供有力支撑。第四季度，三者增加值同比分别增长 9.6%、11.0%和 6.5%，共拉动服务业增加值增长 2.4 个百分点，比上年同期上升 0.2 个百分点。12 月，三者生产指数同比分别增长 8.8%、9.5%和 9.3%。

二、2024 年中国宏观经济对油气产业的影响分析

中国经济的稳定增长成为油气产业发展的关键驱动力。宏观经济多维向好，犹如强劲引擎，不仅拉动油气需求稳健增长，为行业注入旺盛活力，而且带动投资持续上扬，筑牢产业根基，促进产业升级的加速转型，引领油气产业迈上绿色、低碳、高效的新征程，全方位彰显中国经济在油气产业发展进程中的核心影响力与深远战略意义。

（一）中国宏观经济增长拉动油气需求增长

中国经济的持续增长有力地拉动了石油消费。2024 年全国规模以上工业

增加值同比增长 5.8%，较 2023 年提升 1.2 个百分点，全部工业增加值完成 40.5 万亿元，为石油化工产品构筑了稳定的需求根基。在消费领域，2024 年社会消费品零售总额达 487895 亿元，同比增长 3.5%。消费结构持续优化，如汽车等消费热点对经济增长的拉动作用显著，这也间接带动了石油相关产品的消费。2024 年新能源汽车零售量达 1089.9 万辆，同比增长 40.7%，年渗透率达 47.6%，尽管新能源汽车在一定程度上改变了能源消费结构，但庞大的汽车保有量以及其他燃油依赖型产业的稳定发展，使得石油消费依然维持在较高水平。

宏观经济稳步增长推动了天然气需求上升，使得工业用气和居民用气需求增加。全国天然气表观消费量 4260.5 亿立方米，同比增长 8%。工业领域，受经济向好驱动，工业燃料天然气需求约为 1800 亿立方米，同比增长约 8.5%。传统高耗能产业积极推进用能结构优化，新兴产业迅速崛起，企业开工率不断提升，这些因素共同促使工业领域天然气用量持续增长。居民需求达 1100 亿立方米，同比增速约 7.5%。随着城市燃气配送网的进一步完善，天然气逐步替代其他燃气。2024 年新增气化人口超 2000 万人，城市居民对天然气的依赖程度进一步加深。虽然北方地区“以气代煤”供暖改造节奏有所放缓，但南方采暖需求的增长以及壁挂炉的热销，带动了全国采暖用气的上升。电力生产需求约为 760 亿立方米。光伏、新能源汽车等产业的蓬勃发展拉动了用电需求，进而带动了发电用气的增长。化工化肥领域需求维持在 300 亿立方米左右，与 2023 年基本持平，主要用于甲醇、合成氨和制氢等化工生产环节。

（二）中国宏观经济增长带动油气投资增长

2024 年国内生产总值 1349084 亿元，按不变价格计算，同比增长 5.0%，经济的稳定增长使得油气企业对未来市场预期较为乐观，愿意增加上游勘探开发投资。《中国油气勘探开发发展报告 2024》显示，2018 年以来，中国油气上游资金投入力度持续加大，勘探开发年平均投资超过 3500 亿元。全国能源系统及油气企业坚决实施“大力提升油气勘探开发力度七年行动计划”，勘探新发现一批亿吨级、千亿立方米级大型油气田，呈现了高位增储的良好态势。

国内加大对海洋油气资源的勘探开发，海洋原油新增产量在全国原油新增产量中的占比不断提高。2024 年，中国油气总产量首次超 4 亿吨油当量，为全国油气增产保供稳价发挥了“压舱石”作用。其中，原油产量达 2. 13 亿吨，接近历史峰值，天然气产量 2464 亿立方米，连续 8 年增产百亿立方米。海洋油气总产量突破 8500 万吨油当量，再创历史新高。页岩油产量突破 600 万吨，同比增长 30%以上。页岩气产量达 250 亿立方米，保持持续稳定增长。

中游基础设施建设投资加大。为了满足油气资源的运输和调配需求，2024 年中国油气管道工程建设领域中游项目投资持续加大，全年中国油气管道工程建设中游项目完成投资达 5300 亿元，相较于 2023 年的 4710 亿元同比增长 12. 5%。中游的油气管网、储气库等基础设施建设不断推进，如西气东输三线天然气管道(吉安—福州段)工程、银川市民用天然气输配(三期)工程等都在稳步建设中。宏观经济的发展为基础设施建设提供了资金和市场需求，促使油气行业加大对中游环节的投资，完善油气输送网络，提高油气资源的调配能力和供应保障水平。以天然气管道为例，随着相关投资的不断增加，中国天然气管道网络化程度进一步提高，有效增强了不同地区之间的天然气调配能力，为保障能源供应稳定发挥了重要作用。

（三）中国宏观经济的稳定增长促进油气产业升级

炼化行业转型加速。国家低碳发展政策的推进，促使炼化行业加快与新能源融合发展，截至 2024 年底，中国的炼化行业呈现明显的产能扩张态势。全国原油一次加工能力已上升至大约 9. 56 亿吨/年，与 2023 年的 9. 25 亿吨/年相比增长了 3. 33%，炼油行业继续向“减油增化”目标迈进，基础化工原料迎来扩能高峰期。炼化企业通过技术创新和产业升级，提高产品附加值，生产更多高品质、高性能的化工产品，满足市场对高端石化产品的需求，提升行业的整体竞争力，推动油气产业向绿色、低碳、高效方向转型。

三、2025 年中国宏观经济展望

2025 年，中国宏观经济有望在多重因素交织下保持稳定发展态势。消费作为经济增长的关键支撑力，持续展现蓬勃活力，进一步巩固中国经济向好局面。PPI 有望延续稳定增长态势，CPI 预计维持在合理区间温和波动，保障国内物价水平的总体平稳。固定资产投资仍将保持稳中有进的发展态势。其中，制造业投资在产业升级和技术创新的双重驱动下，将继续保持较高的增长速度，特别是高端制造业、绿色产业等领域的投资将成为亮点，有力促进产业结构优化。在国际贸易领域，中国出口凭借完备的产业体系、强大的产业竞争力以及多元化的市场布局，有望保持一定的韧性，出口额仍有潜力实现高于全球平均水平的增长；进口则将根据国内产业需求和资源配置的动态变化而调整，为国内经济发展提供有力保障。政策层面继续发挥积极引导作用，为经济增长注入源源不断的动力。增长政策的持续优化和落实，进一步激发服务消费的内生潜力，如旅游、教育、医疗等服务领域消费有望迎来新的增长高峰。数字技术将以前所未有的深度和广度赋能经济各个环节，催生出更多的新业态、新模式，推动新就业形态规模持续扩大，为经济增长和社会稳定创造有利条件。

（一）中国经济增长有望在结构优化与创新驱动下持续稳健扩张

2025 年，中国经济增长将在结构优化与创新驱动下持续稳健扩张。内需市场的进一步挖掘、消费升级趋势的延续以及投资有效性的提升，成为经济增长的核心动力。在产业升级转型和区域协调发展战略的深入推进下，中国经济有望突破传统增长瓶颈，在高质量发展道路上实现更具韧性和可持续性的扩张，对全球经济增长的贡献率也将保持在 30%。

（二）PPI 持续为正，CPI 保持温和增长

2025 年，随着全球产业链供应链的逐步修复和国内市场供需关系的进一步平衡，PPI 有望在合理区间内保持稳定增长态势，大概率持续为正；CPI 将继续保持温和增长，主要得益于稳定的农产品供应、有效的货币政策调控以及服务业价格的合理波动。物价稳定将为居民生活和企业生产经营创造良好的宏观经济环境，保障经济增长在稳定物价的前提下顺利推进。

（三）固定资产投资持续上扬，制造业投资加速推进

2025 年，固定资产投资将呈现持续上扬趋势。国家在基础设施建设方面

的长期规划和战略布局持续发力，尤其是新型基础设施建设的投资将加速推进。制造业投资在科技创新投入增加、绿色转型加速以及高端制造升级的带动下，将维持较高增速。传统制造业智能化改造和新兴制造业崛起，将吸引大量资金流入，进一步增强制造业的竞争力和产业链稳定性。

（四）进出口有所改善，贸易合作进一步深化

2025年，进出口形势将有所改善，进出口降幅有望进一步收窄。随着全球经济的缓慢复苏和贸易保护主义的逐渐缓和，国际市场需求将有所回升。中国企业凭借在全球产业链中的优势地位和持续提升的产品质量与技术含量，将进一步拓展国际市场份额。“一带一路”倡议等多边和区域贸易合作将持续深化，贸易创新发展和新业态新模式的涌现，将推动中国对外贸易朝着更加多元化、高质量的方向发展。

（五）稳增长政策持续发挥关键作用，服务消费内生动能加速积聚

2025年，稳增长政策将持续发挥关键作用，政策的精准性和协同性进一步增强。通过财政政策和货币政策的有机结合，积极引导资源向重点领域和薄弱环节倾斜。在政策的有力支持下，服务消费的内生动能将加速积聚。教育、医疗、文化娱乐、旅游等服务行业将在品质提升、创新发展的基础上，不断拓展消费市场，满足人民群众日益多样化、个性化的消费需求，成为拉动经济增长的重要力量。

（六）数字技术赋能经济增长更加凸显，新模式就业规模持续壮大

2025年，数字技术对经济增长的赋能作用将更加凸显。大数据、人工智能、区块链等前沿技术在各行各业的深度应用，将引发生产方式、商业模式和管理模式的深刻变革。数字产业化和产业数字化进程加速，催生大量基于数字技术的新产业、新模式和新就业形态。新模式就业规模将持续壮大，为就业市场提供更多灵活多样的选择，也为经济增长注入新活力和创新力。

中国油气产业政策分析与展望

2024年，中国油气产业政策着力于增强能源安全、油气与新能源融合发展、能源绿色低碳转型。展望2025年，油气产业政策将继续推动油气勘探开发与新能源融合发展，积极扩大油气企业开发利用绿电规模，以油气促进新能源高效开发利用；大力支持油气产业，通过综合运用物联网、大数据、云计算、人工智能等新技术，实现数字化转型和智能化发展；深化油气资源管理体制改革，完善勘查区块退出机制，推动区块退出与油气勘探发现之间互动良性发展；以保障国家能源安全为己任，全力推动增储上产，为经济恢复向好提供重要动能，在国际能源治理中发挥更大作用。

一、2024年中国油气产业政策

2024年是中国深入实施“四个革命、一个合作”能源安全新战略十周年，也是“十四五”规划目标任务实现的决胜年。全年的能源工作尤为关键，重点是持续推动能源产业向绿色低碳方向转型升级，致力于实现能源高质量发展，确保国家能源安全与稳定。

（一）油气产业规划政策

2024年油气产业规划政策着力于保障能源安全，大力提升油气勘探开发力度，加强能源产供储销体系建设，助力油气在新型能源体系中发挥更大作用。政策持续推动油气行业与新能源的融合发展，探索形成多能互补、融合发展新模式。

1. 油气产业建设发展综合政策

2024年3月18日，国家能源局发布《关于印发〈2024年能源工作指导意见〉的通知》（国能发规划〔2024〕22号）。《2024年能源工作指导意见》指出要扎实做好2024年能源工作，持续推动能源高质量发展。一是坚持把保障国家能源安全放在首位。供应保障能力持续增强、能源结构持续优化以及质量效率稳步提高。二是持续夯实能源保障基础。强化化石能源安全兜底保障、提高区域协同保障能力。三是大力推进非化石能源高质量发展。四是深化能源利用方式变革。强化能源行业节能降碳提效。加强对能效在基准水平以下炼油企业的用能管理，开展炼油行业节能降碳典型案例汇编，引导企业应用先进技术提升能效。推进煤炭、油气行业与新能源融合发展，降低单位产品生产能耗和二氧化碳排放量。支持煤制油气项目与新能源耦合发展和碳捕集、利用与封存规模化示范应用。加大能源资源与伴生矿产协同开发技术研发力度。五是推进能源技术创新。持续完善能源科技创新体系。扎实推进“十四五”能源领域科技创新规划项目落地实施，做好后续跟踪评价。加快能源技术攻关和成果转化。依托能源领域战略科技力量推进关键技术装备创新，组织开展第四批能源领域首台（套）重大技术装备申报和评定，加快示范应用。深入论证油气等领域重大科技项目。六是持续推进能源治理体系和能力现代化。健全完善能源法律法规。推动全国人大常委会审议通过《中华人民共和国能源法》。推动天然气基础设施建设与运营管理办法、油气管网设施公平开放监管办法。强化能源市场监管。加强油气管网设施公平开放监管，提高油气管网设施运行效率。充分发挥 12398 能源监管热线民生通道作用，推动解决群众急难愁盼问题。七是务实推进能源国际合作。提升开放条件下能源安全保障能力。

2024 年 3 月 27 日，工业和信息化部等七部门印发《推动工业领域设备更新实施方案》，推动工业领域大规模设备更新，有利于扩大有效投资，有利于推动先进产能比重持续提升，对加快建设现代化产业体系具有重要意义。重点任务一是实施先进设备更新行动，更新升级试验检测设备。在石化化工等重点行业，围绕设计验证、测试验证、工艺验证等中试验证和检验检测环节，更新一批先进设备，提升工程化和产业化能力。重点任务二是实施本质安全水平提升行动，推动石化化工老旧装置安全改造。妥善化解老旧装置工艺风险大、动设备故障率高、静设备易泄漏等安全风险，提升行业本质安全水平。

2024 年 6 月 19 日，中华人民共和国国家发展和改革委员会令第 21 号公布《天然气利用管理办法》（以下简称《办法》），旨在规范天然气利用，优化消费结构，提高利用效率，促进节约使用，保障能源安全。《办法》规定国产天然气(包括常规气，页岩气、煤层气、致密气等非常规天然气，煤制气等)、进口天然气(包括进口管道气、进口 LNG 等)利用均纳入管理办法。天然气利用坚持产供储销体系协同，供需均衡、有序发展；坚持因地制宜、分类施策，保民生、保重点、保发展；坚持绿色低碳，促进天然气在新型能源体系建设中发挥积极作用。对优先类用气项目，鼓励地方各级人民政府及相关部门在规划、用地、融资、财税等方面给予政策支持。

2. 油气产业标准政策

2024 年 2 月 6 日，国家能源局综合司发布《关于下达 2023 年能源领域行业标准制修订补充计划的通知》(国能综通科技〔2024〕16 号)。补充计划项目共计 9 项，标准含修订与制定类型，标准类别涉及安全、管理、方法、工程建设、产品，计划完成年限为 2025 年底。

2024 年 2 月 7 日，国家能源局综合司发布《关于印发〈2024 年能源行业标准计划立项指南〉的通知》(国能综通科技〔2024〕17 号)，进一步提升能源行业标准立项工作的计划性、导向性，做好能源行业标准计划立项工作。《2024 年能源行业标准计划立项指南》围绕能源行业管理和产业发展需要，总体上坚持需求导向、强化体系引领、提升标准质量、加强国际合作。油气立项重点方向包括油气勘探开发、油气储运及基础设施、炼油及替代燃料以及碳捕集、利用与封存。

2024 年 6 月 28 日，国家能源局综合司发布《关于公开征求 2024 年能源领域拟立项行业标准制修订计划及外文版翻译计划项目意见的通知》，重点就标准制定计划的立项必要性与可行性、标准名称和适用范围是否科学合理等征求意见。

2024 年 7 月 25 日，国家能源局综合司发布《关于下达 2024 年能源领域行业标准制修订计划及外文版翻译计划的通知》(国能综通科技〔2024〕115 号)，2024 年能源领域行业标准制定计划共计 774 项、标准修订计划共计 422 项、外文版翻译计划共计 49 项。其中油气相关标准修订计划共计 115 项，标准类别以方法为主。标准化项目中，中国石油天然气集团有限公司共计管理 100 项能源项目，计划完成年限根据不同标准设置为 2025 年或 2026 年底。中国石油化工集团有限公司 15 项能源项目，标准类别包括方法和产品，计划完成年限设置为 2026 年底。油气相关外文版翻译计划中，中国石油天然气集团有限公司共计管理7项能源项目，计划完成年限根据不同标准设置为2025年或2026年底。

2024年9月24日，国家能源局公告(2024年第3号)批准384项能源行业标准、32项能源行业标准外文版。相关标准由石油工业出版社负责出版，包括页岩油储层渗吸参数测定方法、页岩萃取物质谱分析方法等。外文版由石油工业出版社负责出版的共计4项，主要包括LNG接收站运行规程、井中地震资料采集技术规程、油气输送管道工程水平定向钻穿越设计规范、油气管道内检测技术规范。

（二）油气产业绿色低碳政策

2024年的油气产业政策聚焦低碳方向，鼓励油气田与新能源融合发展，以解决油气田生产储运过程中的碳排放控制问题，推进新能源电力对油气田火电的替代，实现“零碳”油气田。

1. 油气产业低碳转型指导政策

2024年2月29日，国家发展改革委等部门发布《关于印发〈绿色低碳转型产业指导目录(2024年版)〉的通知》(发改环资〔2024〕165号)，结合绿色发展新形势、新任务、新要求，修订形成《绿色低碳转型产业指导目录(2024年版)》(以下简称《目录》)，进一步加强国际国内交流，推广支持相关产业发展的经验做法，推动绿色标准国际合作，逐步建立《目录》与相关国际绿色标准之间的互认机制。《目录》明确了油气相关的能源绿色低碳转型目录。一是非常规油气装备制造包括百万道级地震采集系统、多维高精度成像测井系统、深井自动化钻机、旋转导向钻井系统、深井超深井连续管作业装备、水下生产系统、11000吨半潜式起重铺管船、页岩水平井快速钻井装备、长寿命耐油井下动力钻具、埋深超过3500米页岩储层水平井分段压裂装备、钻井液及压裂返排液处理处置装备等制造。二是海洋油气装备制造包括半潜式钻井平台、钻井船、自升式钻修井/作业平台、半潜式生产平台、浮式生产储卸装置、起重铺管船、大型起重船/浮吊、水下勘测机器人、水下采油树、泄漏油应急处理装置等水下系统及作业装备等制造。三是能源产业数字化智能化升级包括油气田、油气管网、油气储备库等领域设备设施、工艺流程的智能化升级，建设智能调度体系，建设智慧能源平台和数据中心，开展智能调度、能效管理、负荷智能调控等智慧能源系统技术示范，建设充电基础设施监管与运营服务平台，厂站智能运行、作业机器人替代、大数据辅助决策等技术应用。四是原油、天然气清洁生产包括在原油、天然气生产过程中采用先进工艺技术与设备，从源头削减污染，提高资源利用效率，减少或者避免污染物的产生和排放，以减轻或者消除对人类健康和环境的危害。相关活动需符合《陆上石油天然气开采工业大气污染物排放标准》(GB 39728)、《陆上石油天然气开采业清洁生产技术指南》(SY/T 7292)、《陆上石油天然气开采业绿色矿山建设规范》(DZ/T 0317)等标准规范要求。五是非常规油气资源开发包括页岩油气、致密油气等非常规油气资源开发。六是油气田甲烷采收利用包括应用液化处理、吸附处理、压缩处理等技术采收油气田甲烷，以及将其管输用于其他油井供能、废水脱盐处理供能、发电等。

2024 年 3 月 17 日，国家发展改革委发布《关于印发〈节能降碳中央预算内投资专项管理办法〉的通知》(发改环资规〔2024〕338 号)，旨在加强和规范节能降碳专项中央预算内投资管理，提高中央资金使用效益，调动社会资本参与节能降碳的积极性。重点支持内容包括重点行业和重点领域节能降碳项目。支持石化、化工等重点行业重点领域节能降碳改造，重点用能单位和园区能源梯级利用、能量系统优化等综合能效提升，供热基础设施节能升级改造与综合能效提升，中央和国家机关节能改造等。

2024 年 3 月 26 日，国家发展改革委等部门发布《关于支持内蒙古绿色低碳高质量发展若干政策措施的通知》(发改环资〔2024〕379 号)，支持内蒙古大力发展以绿色低碳为鲜明特征的新质生产力，进一步推动内蒙古绿色低碳高质量发展。一是加快能源绿色低碳转型，加大油气资源绿色开发和增储上产力度。加强含油气盆地地质勘查，推进老油气区深度挖潜，加大非常规天然气勘探力度。实施巴彦、吉兰泰等油田增产工程，苏里格、大牛地、东胜等气田稳产工程，呼伦贝尔、锡林郭勒等煤层气开发利用工程。支持油气勘探开发与新能源深度融合发展。加大天然气中氦气等共伴生资源的综合利用。二是构建绿色低碳现代产业体系，推动传统产业转型升级，高质量建设鄂尔多斯煤制油气战略基地。

2. 油气产业低碳转型行动方案

2024 年 5 月 27 日，国家发展改革委等部门发布《关于印发〈炼油行业节能降碳专项行动计划〉的通知》（发改环资〔2024〕731 号），明确到 2025 年底，全国原油一次加工能力控制在 10 亿吨以内，炼油行业能源资源利用效率进一步提升，能效标杆水平以上产能占比超过 30%，能效基准水平以下产能完成技术改造或淘汰退出。到 2030 年底，炼油行业布局进一步优化，能效标杆水平以上产能占比持续提升，主要用能设备能效基本达到先进水平。炼油行业能源资源利用效率达到国际先进水平，生产过程绿电、绿氢消费占比明显提升，炼油行业绿色低碳发展取得显著成效。重点任务包括：一是优化产业结构和布局。严格控制炼油产能规模，禁止以重油综合利用、原料预处理、沥青装置等名义变相新增炼油产能。二是推进生产系统节能增效。优化炼油加工流程，推动常减压、催化裂化、重整、焦化、加氢等炼油核心工艺换热网络集成。三是加快用能设备更新和节能技术应用。大力推动炼油企业生产设备更新，强化用能设备运行分析，加快推广应用能效达到节能水平及以上的锅炉、电机、变压器等通用用能设备。四是实施清洁低碳能源替代。稳步提升炼油企业用能电气化水平，有序推动电驱系统替代蒸汽透平驱动。五是推进跨行业耦合提效。推动炼油与钢铁、水泥、新能源、储能等行业联动发展，深化蒸汽、电力、燃料气等能源资源系统链接，探索新型供电方式。六是加快推进数字化赋能。强化炼油企业用能数据计量监测。鼓励规模以上炼油企业建立数字化能源管理中心，应用数据加工、智能机控、数字孪生等专业技术，构建覆盖电力、蒸汽、氢气、燃料气、循环水的数字化能源资源管理平台。

2024 年 7 月 14 日，国家发展改革委、市场监管总局、生态环境部发布《关于进一步强化碳达峰碳中和标准计量体系建设行动方案（2024—2025 年）的通知》（发改环资〔2024〕1046 号），落实《建立健全碳达峰碳中和标准计量体系实施方案》各项任务部署，充分发挥计量、标准作用，有效支撑中国碳排放双控和碳定价政策体系建设。一是提高工业领域能耗标准要求。修订提高钢铁、炼油、燃煤发电机组、制浆造纸、工业烧碱、稀土冶炼等重点行业单位产品能源消耗限额标准，全面提升能效水平，基本达到国际先进水平。修订完善能源计量、监测、审计等节能配套标准。二是加强能源计量监督管理。

组织各地区对建筑建材、石化化工、能源、钢铁等传统行业以及数据中心、公共机构等重点领域开展能源计量审查，帮助用能单位解决节能减排降碳计量难题，不断提升用能单位能源计量管理水平和能力。

3. 油气产业低碳转型双控政策

2024年8月2日，国务院办公厅发布《关于印发〈加快构建碳排放双控制度体系工作方案〉的通知》(国办发〔2024〕39号)，建立能耗双控向碳排放双控全面转型新机制，加快构建碳排放总量和强度双控制度体系，积极稳妥推进碳达峰碳中和、加快发展方式绿色转型。“十五五”时期，实施以强度控制为主、总量控制为辅的碳排放双控制度，建立碳达峰碳中和综合评价考核制度，加强重点领域和行业碳排放核算能力，健全重点用能和碳排放单位管理制度，开展固定资产投资项目碳排放评价，构建符合中国国情的产品碳足迹管理体系和产品碳标识认证制度，确保如期实现碳达峰目标。以石化、化工等工业行业等领域为重点，聚焦燃油等重点产品，探索重点行业领域碳排放预警管控机制，完善企业节能降碳管理制度，开展固定资产投资项目碳排放评价，加快建立产品碳足迹管理体系。

(三) 油气产业监管政策

2024年的油气产业政策旨在保障能源安全，深入践行能源安全新战略，更好统筹发展和安全，提升能源安全保障能力；坚持公平开放，推动油气管网设施公平开放，打破自然垄断，促进市场主体多元化发展，促进油气产业高质量发展。

1. 油气产业能源监管政策

2024年1月9日，国家能源局发布《关于印发〈2024年能源监管工作要点〉的通知》(国能发监管〔2024〕4号)，围绕推动能源高质量发展一条主线，锚定保障能源安全和推动绿色低碳转型两个目标，创新开展过程监管、数字化监管、穿透式监管、跨部门协同监管“四个监管”，以更大担当和作为助力能源高质量发展，为中国式现代化提供坚强能源保障。一是坚持底线思维，着力强化能源安全保供监管。督促落实能源安全保供责任。把能源安全保供作为能源监管的首要任务，督促地方政府相关部门和能源企业履行保供主体责任、落实保供政策。推动国家能源规划、政策和项目落实落地。强化过程监管，持续跟踪跨省跨区油气管道等项目推进情况。二是坚持公平公正，着力强化自然垄断环节监管。建立健全油气自然垄断环节监管制度。创新建立跨部门协同监管机制，加强与反垄断、国资等部门的协同，形成监管合力。对有关能源央企落实“十四五”能源规划、保障能源安全等情况开展监管，推动企业聚焦主责主业。加强油气管网设施公平开放监管。修订出台《油气管网设施公平开放监管办法》，开展油气管网设施公平开放专项监管，重点检查油气管网设施运营企业落实信息公开和报送、独立核算、服务合同履约、公平开放服务等情况，完善相关投诉及纠纷处置机制和程序，督促相关企业完善管理制度，促进油气市场体系建设，规范油气市场秩序，维护市场成员合法权益。

2. 油气产业能源监管落地政策

2024 年 6 月 27 日，国家能源局综合司发布《关于公开征求〈能源监管投诉处理办法（征求意见稿）〉〈能源监管举报处理办法（征求意见稿）〉意见的通知》，进一步规范能源监管投诉举报处理工作，着力提升投诉举报处理质量效益。国家能源局设立 12398 平台，通过 12398 能源监管热线、微信公众号、App、电子邮件、传真等方式，统一接收国家能源局及其派出机构监管职责范围内的举报事项。

2024 年 11 月 1 日，国家能源局印发《12398 能源监管热线投诉处理办法》（国能发监管规〔2024〕86 号），进一步规范能源监管投诉处理工作，保障自然人、法人或者其他组织合法用能权益。主要内容包括总则、投诉处理、投诉办理、异议申诉、监督管理等。能源监管投诉处理坚持依法、及时、高效、为民的原则。国家能源局负责指导监督全国能源监管投诉处理工作。

二、2025 年中国油气产业政策展望

2025 年，能源稳定供应的基石将更加稳固，能源治理现代化水平显著提升，绿色低碳转型取得实质性进展，能源国际合作更加务实有效，从而积极实现油气产业的高质量发展。

（一）继续增强能源安全保障能力

能源供应稳定性直接关系经济活动的连续性和效率，保障能源安全是确

保经济稳定增长的前提。一是夯实能源安全保障。继续夯实国家能源安全保障基石，增强保障和结构优化能力，提高区域协同保障能力，确保能源供应的稳定性和可靠性。这包括通过科技赋能促进国内产业结构、能源产销绿色低碳转型，加大节能低碳和清洁生产技术装备研发、应用，推进工艺流程更新升级。二是推动原油稳产和天然气增长。在关键能源产量上，继续坚持原油稳产和天然气增长，提高能源生产效率，提升能源系统韧性，减少能源进口依赖。这涉及推动绿色油气田建设，大力推进碳捕集、利用与封存技术，建设“近零”排放油气田示范区。三是融合科技革命和产业变革。新一轮科技革命和产业变革迅猛发展，重大颠覆性技术不断涌现，科技成果转化速度不断加快。在保障能源安全的前提下推动能源结构调整优化，推动能源科技实现高水平自立自强。四是能源科技自立自强。锚定高水平科技自立自强，加强科技创新特别是原创性、颠覆性科技创新，持续提升产业链供应链自主可控水平，瞄准能源科技自立自强，深入实施创新驱动发展战略，完善能源科技创新体系，以科技创新引领新型能源体系建设。

（二）持续推进能源治理现代化

能源高质量发展大力推进能源治理现代化，通过深化改革、健全制度、规划引领、法治保障、落实监管等多种手段，形成能够持续推进能源治理体系和能力现代化的新型生产关系。2025 年，一是健全和完善能源法律法规体系。《中华人民共和国能源法》的出台，集中规定了能源发展的大政方针、根本原则和重要制度，为能源安全提供了法律保障，确立了能源开发利用、储备调节、供应服务、应急管理等制度，从法律层面建立了保障能源安全的体系。二是强化油气管网设施的公平开放监管。油气管网设施运营企业必须公平、无歧视地向符合条件的经营主体开放，确保油气管网设施的公平接入和使用。这有助于提高油气管网设施利用效率，促进油气安全稳定供应。三是深化能源市场改革。推动能源领域自然垄断环节独立运营和竞争性环节市场化改革，依法加强对能源领域自然垄断性业务的监管和调控，支持各类经营主体依法按照市场规则公平参与能源领域竞争性业务。四是构建自然垄断环节价格监管体系。能源法要求区分自然垄断环节和竞争性环节，构建科学有效、协同联动的能源监管体制机制，对自然垄断环节要充分发挥政府监管作用。

（三）加快构建低碳能源体系

能源行业的深刻变革将为经济社会的全面绿色转型提供强劲动力。加快构建一个清洁、低碳、安全且高效的能源体系，切实以较低的能源消耗和碳排放有效支撑经济社会高质量发展已成为当务之急。2025 年，一是构建清洁、低碳、安全且高效的能源体系。在保障能源安全的同时，加快绿色发展，通过采用先进的环保技术和节能减排措施，降低开采过程中的碳排放和环境污染，实现经济效益、社会效益和环境效益的协调发展。二是加强油气勘探开发与新能源的融合发展。大力推动油气勘探开发与新能源融合发展，积极扩大油气企业开发利用绿电规模。加快开发利用地热、风能和太阳能资源，积极推进环境友好、节能减排、多能融合的油气生产体系，努力打造“低碳”“零碳”油气田。三是促进油气领域与新能源、新产业的深度融合和协同发展：油气田企业加快从生产单一化石能源的传统油气田向生产“油气+风光电热氢等新能源”的综合性能源公司转型，为企业高质量发展积蓄了绿色动能。通过多能互补、新能源就地开发利用，油气田企业在替代自用油气、实现增供的同时，降低自身用电成本以扩大“特殊油气”开发规模，有效提升油气供给能力。

（四）积极推动共建国际能源合作

国际形势趋于复杂，全球能源市场波动加剧和供应链不确定性增加，实现开放条件下能源安全保障面临新挑战。2025 年，一是推进计量和标准领域国际合作。持续推进应对气候变化计量、标准领域国际合作，这包括开展国际标准适用性分析，特别是在电动汽车、新型电力系统、生态碳汇等关键领域提出国际标准提案，加强新领域新技术的国际合作。二是释放国际能源资源潜力。依托“一带一路”能源合作伙伴关系，中国将聚焦全球能源治理变革，释放能源资源潜力，与合作伙伴共同打造高水平的国际能源合作平台。通过深化能源转型务实合作，提升能源可及性，促进绿色能源合作。三是加强能源转型政策和经验交流。中国将基于双多边合作机制，持续加强能源转型政策和经验交流，秉持构建人类命运共同体理念，推动建立公平公正、均衡普惠的全球能源治理体系。

中国油气市场发展分析与展望

2024年是中国实施“十四五”规划的关键之年，也是经济发展与能源转型的关键一年。2024年，国内原油产量上升、进口量下降，进口格局稳定，原油加工量下降，全年油价呈震荡态势；国内成品油产量上升、进口量提高、出口量呈下降趋势，成品油需求呈低速增长状态，价格以震荡偏弱为主；天然气需求持续增长，产量不断提高，进口量呈上升趋势。展望2025年，中国原油需求保持平稳态势，原油探勘开发技术不断增强，中国原油产量上升；成品油产量保持增长态势，需求增速放缓，进口量减少、出口量下降；天然气需求持续上升，供应能力稳步提升。

一、2024年中国原油市场发展分析与2025年展望

2024年中国原油产量21282.3万吨，同比上升1.8%，产量持续上升；原油进口量55348.6万吨，同比下降1.9%，进口原油依存度为72.2%，同比下降0.8%；原油加工量70843万吨，同比下降1.6%，如图1所示。预计2025年，中国原油年产量将持续上升并保持相对稳定，原油需求和消费量保持平稳态势，对外依存度相对下降，国际原油价格呈震荡态势。

（一）2024年中国原油市场发展分析

2024年，中国加大国内油气勘探开发力度，提高采收率，各季度数据显示产量同比均有所上涨。中国加快绿色低碳转型，原油消费量增幅放缓，同时受国际因素影响，原油进口量同比下降。国际地缘政治紧张，经济复苏相对乏力，国际原油市场价格呈震荡态势，先升后降。

1. 原油产量上升，总体趋势平稳

2024年原油产量为21282.3万吨，同比增长1.8%。其中，第一季度产量为5348.1万吨，同比增长2.3%；第二季度产量为5356.6万吨，同比增长

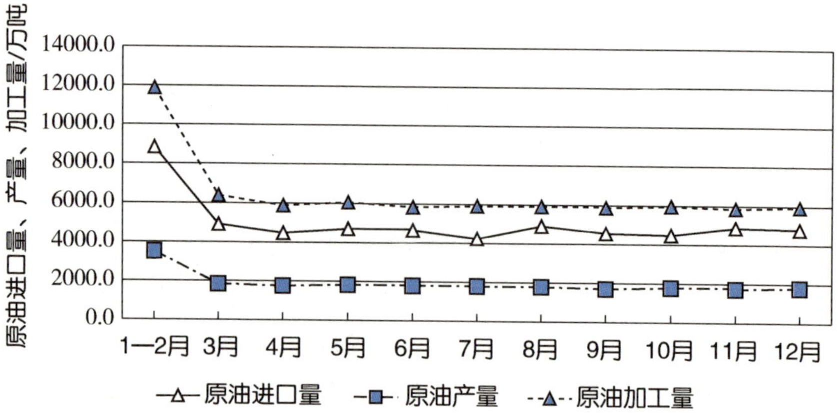

图1　2024年中国原油进口量、产量和加工量数据

数据来源：国家统计局，中国石油和化工经济分析月度报告

1.5%；第三季度产量为5282.2万吨，同比增长2.2%；第四季度产量为5295.4万吨，同比增长1.2%。

中国经济持续回升向好支撑原油需求提高，中国加大国内油气勘探开发，提高采收率，推动老油气田稳产，加大新区产能建设力度，保障持续增储上产；积极扩大非常规资源勘探开发，推进油气供应安全，稳油增气提升油气资源供给能力，促进原油产量稳步提升，进而保障经济社会发展和民生用能需求。

2. 原油进口量下降，进口格局稳定

2024年中国累计原油进口量达55348.6万吨，同比下降1.9%；累计原油出口量达209万吨，同比增长47.1%。其中，第一季度原油进口量13736万吨，同比上涨0.7%；第二季度原油进口量13814.1万吨，同比下降5.3%；第三季度原油进口量13692.7万吨，同比下降3.7%；第四季度原油进口量14105.8万吨，同比增长0.92%。

2024年，中国加快推动绿色低碳转型，提高可再生资源使用率，随着电动车的普及和工业升级，中国原油加工消费量增幅放缓；受俄乌冲突、“欧佩克+”减产等多种因素的影响，原油进口量出现一定程度的锐减。2024年，中国原油进口5.53亿吨，较2023年同期缩减1.9%，进口格局大体不变，延续多元且不均衡的整体特点，但细分区域出现调整，进口主要集中在中东及欧洲地

区，自亚太及南美地区的进口量逐步提升，而自非洲及北美地区的进口量相对较少。全年来看，俄罗斯仍保持着中国第一大供应国地位。中国从俄罗斯进口 10847.13 万吨原油，从沙特进口 7863.88 万吨原油，原油进口依赖程度下降，对外依存度为 72.2%，如图 2 所示。

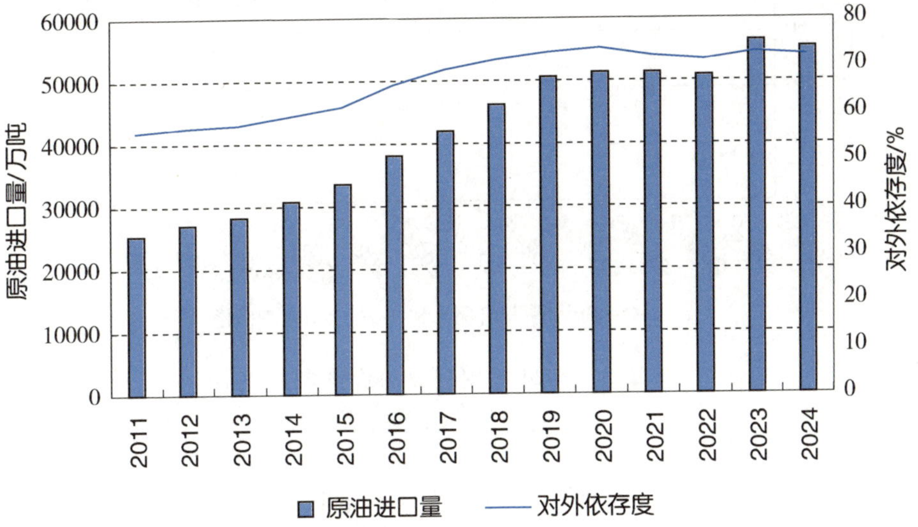

图 2　2011—2024 年中国原油进口量和对外依存度

数据来源：中华人民共和国海关总署，中国石油和化工经济分析月度报告

3. 原油加工量下降，需求减少

2024 年原油加工量 70843 万吨，同比减少 1.6%。第一季度原油加工量 18246 万吨，同比增加 2.42%；第二季度原油加工量 17762 万吨，同比下降 3.6%；第三季度原油加工量 17118 万吨，同比下降 10.5%；第四季度原油加工量 17717 万吨，同比下降 1.54%。

石油产品出口配额的降低减少了中国的炼油活动，配额的减少抑制了炼油厂的需求，进而影响原油加工量。中国能源结构的调整和新能源行业快速发展，成品油消费速度下滑，重卡领域的“油转气”进程加快，特别是新能源及 LNG 重卡替代加速，使得对原油加工产品的需求减少。

4. 原油市场价格呈震荡态势，先升后降

从全年国际油价走势来看，油价先升后降，如图 3 所示。第一季度，油

价上升，但幅度较小；第二季度，油价回升后继续回落；第三季度，油价先涨后跌；第四季度，油价震荡下行。

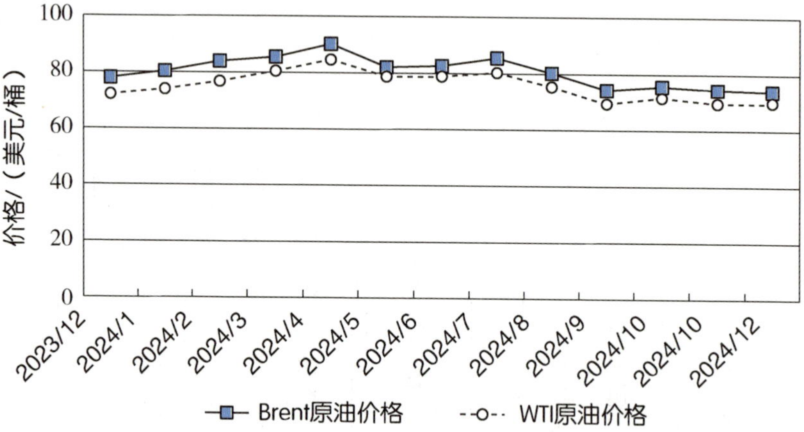

图 3　2024 年国际原油价格走势

数据来源：国家统计局

第一季度，国际原油价格上升，中东局势与俄乌局势持续升温，巴以双方的矛盾难以解决，停火协议始终难以达成；乌克兰加强对俄罗斯石油基础设施的攻击，袭击许多大型炼油厂，导致市场对于俄能源供应减少的担忧升温，从而对油价起到提振作用。3 月，“欧佩克+”继续减产，地缘政治局势恶化，美国原油库存下降，美国、中国等消费大国原油需求上升，在供应端收紧和消费需求提升共同影响下，国际原油价格呈现震荡上行态势。第二季度，原油市场价格呈现“上升—下跌—上升”的状态。4 月，地缘政治局势再度升温，乌克兰频繁袭击俄罗斯炼油厂；“欧佩克+”坚持减产到 6 月底；在供应端疲软和消费需求提升的双重推动下，全球原油市场价格表现强劲。5 月，中东地缘政治“溢价”缓解，美国经济数据回落、原油库存增加，市场预期美联储降息将进一步推迟，市场担忧高利率对经济和需求的压制延续，一系列因素推动原油期货价格呈现震荡下行走势。6 月，“欧佩克+”重申减产保价立场，以色列与黎巴嫩对峙关系紧张，中东局势的不稳定性有所加强，国际原油价格上升。第三季度，油价呈现先升后降的态势。7 月，北半球处于驾驶旺季，原油需求较高，支撑油价上涨。然而，由于石油季节性需求峰值已过、美国就业数据未达到预期、欧佩克下调对未来石油需求的预期等因素，国际原油价格下降。第四季度，国际油价呈现震荡下行态势。10 月，中东地区地缘冲突再度升级，国际原油价格受此影响呈现上涨走势。随后由于中东地缘政治紧张局势缓解、美元汇率走强、美国原油产量增长预期，以及国际能源署（IEA）、欧佩克接连下调全球石油需求增长预测等一系列因素打压市场气氛，国际油价下跌。

（二）2025 年中国原油市场发展展望

供给方面，得益于勘探开发技术的增强，尤其是海洋原油和页岩油的开发，原油产量将保持增长势头。需求方面，中国经济结构不断调整，服务业、高新技术产业比重增加，传统重工业比重下降，原油需求呈平稳态势。进口方面，由于中国原油产量增长和节能减排措施的实施，原油进口量下滑，对外依存度下降。价格方面，“欧佩克+”增产计划、美国政策变化和全球经济形势可能使原油价格呈小幅下降走势。

1. 原油勘探开发技术增强，产量保持增长势头

根据《“十四五”现代能源体系规划》的设定目标，2025 年中国的原油年产量需要回升并稳定在 2 亿吨水平。这一政策导向为原油产量的增长提供了明确的指引和支持。

海洋原油逐步成为中国能源上产的重要增长极，2024 年 6 月，中国海上最大自营油田——绥中 36-1 油田累计生产原油突破 1 亿吨，随着海洋勘探和开发技术的不断进步，未来海洋原油产量有望继续保持增长；页岩油的勘探开发也在稳步推进中，2024 年 10 月，山东省的胜利济阳页岩油国家级示范区，单井峰值日产油 262.8 吨，刷新了国内页岩油单井日产最高纪录，预测资源量有望达到 105 亿吨，页岩油作为新的增长点，将为原油产量的稳定增长提供有力的支撑。

2. 原油进口量下滑，对外依存度下降

随着中国勘探技术的进步和油田开发力度的加大，中国原油产量将继续保持稳定增长；中国经济转向高质量发展，在新能源汽车和可再生能源的推广下，对传统石油的依赖度有所下降；为了应对气候变化和中国国内能源安全，将采取一系列节能减排的措施，包括限制高耗能产业的扩张，间接减少

原油消耗；受到地缘冲突大环境的影响，中东地区的冲突和不确定性导致市场对于原油供应量的担忧加剧，进而影响原油价格，中国考虑到成本压力，原油进口量下滑，对外依存度将会下降至 72%。

3. 产业加快绿色转型，原油需求保持平稳态势

中国经济结构在逐步调整，服务业和高新技术产业的比重在逐渐增加，传统重工业的比重相对下降，这种结构调整会对中国原油需求量产生一定的影响。国家“双碳”目标的推进以及节能减排政策的持续实施，促使各行业不断提高能源利用效率，降低对原油等传统能源的依赖；新能源汽车的渗透率不断提升，可再生能源在交通、工业等领域的应用逐渐扩大，将在一定程度上抑制原油需求的增长，预计 2025 年原油需求保持平稳态势。

4. 原油价格呈现震荡态势，油价小幅下降

欧佩克成员国将在 2025 年 4 月增产石油，由此带来的供应过剩担忧将进一步打压油价。在“欧佩克”多次将自愿减产延期之际，美国总统特朗普反对新能源绿色转型，要废除数十项环境法规和政策，计划通过提高美国石油产量来降低汽油价格。虽然美联储已经开启降息周期，但从流动性宽松传导到需求企稳需要一定时间。在流动性逐步转化为经济动能之前，增长可能维持向下的惯性趋势，甚至存在非线性下行风险。预计 2025 年原油价格将呈现震荡态势，油价小幅下降。

二、2024 年中国成品油市场发展分析与 2025 年展望

2024 年中国成品油总产量为 41917. 1 万吨，同比增长 0. 3%；成品油进口量为 66. 1 万吨，总体呈上升趋势；成品油出口量为 3676. 7 万吨，同比下降 12. 4%。预计 2025 年，随着中国经济结构转型及“双碳”目标的推进，炼油技术的不断进步和产能进一步释放，成品油产量将继续增加，进口量将会减少，出口规模缩小。

（一）2024 年中国成品油市场发展分析

2024 年炼油企业生产效率提升，成品油产量整体保持增长态势。由于中国经济结构加快绿色转型、采取节能减排措施等因素，成品油消费保持低速

增长状态；受国内成品油需求增加及国际市场油价波动等因素影响，成品油进口量同2023年相比小幅增加。国内成品油价格主要受到国际原油价格影响，国际原油价格呈现震荡态势，国内成品油价格震荡偏弱。

1. 成品油产量上升，总体趋势稳定

2024年成品油产量为41917.1万吨，同比增长0.3%。其中，第一季度，产量为10838.3万吨，同比增长6.7%；第二季度产量为10651.2万吨，同比下降0.3%；第三季度产量为10135.9万吨，同比下降3.4%；第四季度产量为10291.7万吨，同比下降2.17%。总体而言，中国成品油市场需求仍保持增长，随着技术的升级与优化，炼油企业的生产效率提高，产品质量更加稳定，成品油产量增长。2024年成品油产量数据如图4所示。

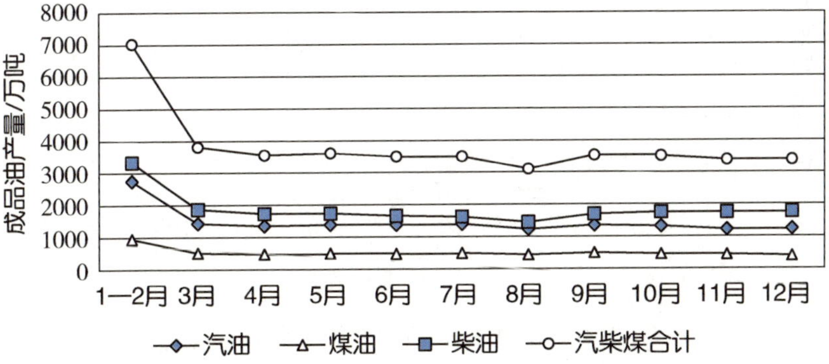

图4　2024年成品油产量趋势

数据来源：中国石油和化工经济分析月度报告

2. 成品油进口量上升，出口量呈下降趋势

2024年成品油进口总量66.1万吨，同比增长8.5%。其中，第一季度进口量4.9万吨，同比下降44.3%；第二季度进口量1.5万吨，同比下降92%；第三季度进口量24.4万吨，同比增长133.03%；第四季度进口量35.4万吨，同比增长54.27%。

2024年成品油出口总量为3676.7万吨，同比下降12.4%。其中，第一季度出口量1017.6万吨，同比下降21.5%；第二季度出口量969.8万吨，同比增长29.2%；第三季度出口量899.5万吨，同比下降21.8%；第四季度出口量789.8万吨，同比下降21.1%。2024年成品油进出口量数据如图5所示。

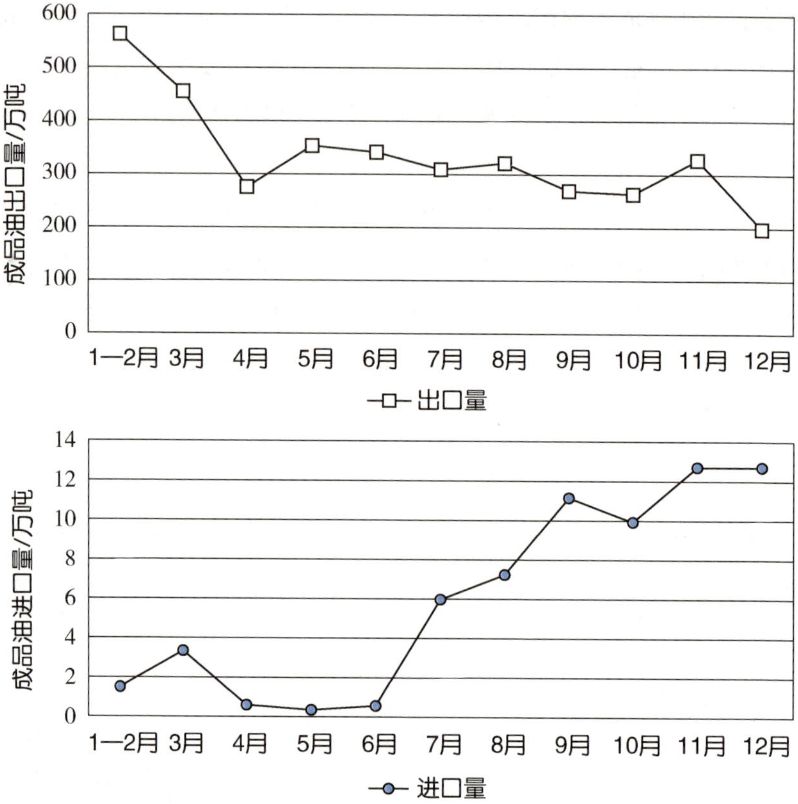

图 5　2024 年成品油进出口量趋势

数据来源：中国石油和化工经济分析月度报告

2024 年中国成品油进口量同比小幅上升，从全年来看进口量先降后升，第三季度和第四季度涨幅明显。中国工业生产加速、居民消费信心增强及旅游业复苏等因素提高了国内对于成品油的需求；另外，国际市场的部分地区成品油供应相对充足且价格具有一定的吸引力，这提高了企业的进口积极性，因此成品油进口量同比增加。2024 年中国成品油出口量同比下降，从中国炼厂调整柴汽比的策略来看，柴油的供应明显受到影响，更多的精炼石油资源被用来满足中国市场的需求。而海外市场同样没有呈现出乐观的迹象，尤其是东南亚市场的需求疲软，加上来自中东和印度的柴油竞争，形成了供需两端宽松的局面。特别是在全球能源价格波动及国际市场套利机会减少的情况下，中国成品油的出口利润也多处于低位，难以形成良好的激励机制。

3. 成品油表观消费量相对稳定，呈低速增长态势

2024 年成品油表观消费量同比上升，中国宏观经济基本向好，民众出行意愿得到满足，汽油和煤油消费量增加。成品油表观消费总量 38306.5 万吨，同比增加 1.7%。2024 年中国成品油表观消费量数据如图 6 所示。

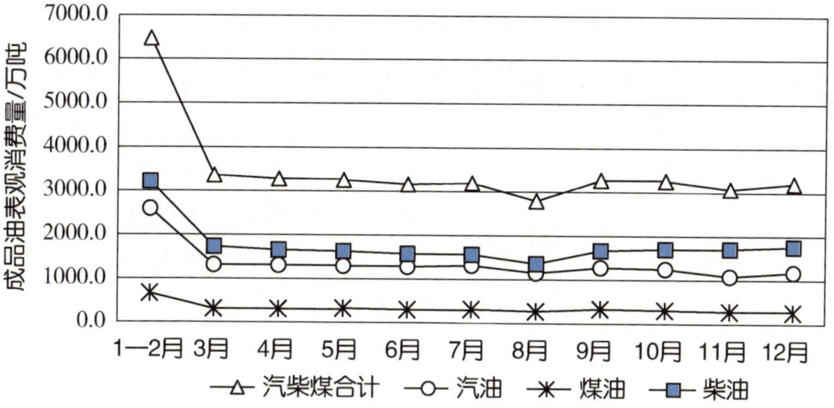

图 6 2024 年成品油表观消费量趋势

数据来源：中国石油和化工经济分析月度报告

分品类看，汽油表观消费量总计 15038.2 万吨，同比增长 3.5%；柴油表观消费量总计 19551.4 万吨，同比下降 1.4%；煤油表观消费量为 3716.8 万吨，同比增长 12.7%。在经济增长和能源需求的支撑下，成品油消费量保持相对稳定状态。

2024 年汽油、煤油使用量同比上升，但柴油相对下降。据中国公安部统计，2024 年汽车新注册登记 2690 万辆，同比增长 9.53%，带动了汽油使用量提升。航空出行方面，在春运期间民航客运量高涨，3 月开始东南亚国家对中国游客免签的政策拉动了出境游高潮，对航煤消费形成持续利好。柴油方面，主要应用领域的需求无明显改善迹象，虽然基建项目加快落地但房地产施工尚无明显好转；LNG 重卡销量继续创历史新高，在价格优势的加持下，LNG 对柴油的替代量进一步增加；入夏以后南方降雨明显增多，夏季后期进入“拉尼娜”状态，中东部降水量较大，相关领域的柴油需求进一步降低。

4. 成品油价格震荡偏弱，波动较大

国际原油市场价格波动、供需关系紧张程度和地缘政治因素都会影响成

品油价格。2024 年，全球经济增速放缓难以对成品油需求形成有力支撑，能源结构调整，油价下行压力加大。全年国内成品油价格共调整 25 次，其中上调 9 次、下调 9 次、搁浅 7 次，全年汽、柴油每吨价格分别下降 130 元和 125 元。2024 年汽柴油价格具体调整情况如表 1 和图 7 所示。

表 1　2024 年汽柴油价格调整情况

时　间	详　情
1 月 3 日	国内汽、柴油价格每吨分别提高 200 元和 190 元
1 月 17 日	国内汽、柴油价格每吨均降低 50 元
1 月 31 日	国内汽、柴油价格每吨均提高 200 元
2 月 19 日	国内汽、柴油价格不做调整
3 月 4 日	国内汽、柴油价格每吨分别提高 125 元和 120 元
3 月 18 日	国内汽、柴油价格不做调整
4 月 1 日	国内汽、柴油价格每吨分别提高 200 元和 190 元
4 月 16 日	国内汽、柴油价格每吨分别提高 200 元和 195 元
4 月 29 日	国内汽、柴油价格每吨均降低 70 元
5 月 15 日	国内汽、柴油价格每吨分别降低 235 元和 225 元
5 月 29 日	国内汽、柴油价格不做调整
6 月 13 日	国内汽、柴油价格每吨分别降低 190 元和 180 元
6 月 27 日	国内汽、柴油价格每吨分别提高 210 元和 200 元
7 月 11 日	国内汽、柴油价格每吨分别提高 110 元和 105 元
7 月 25 日	国内汽、柴油价格每吨分别降低 145 元和 140 元
8 月 8 日	国内汽、柴油价格每吨分别降低 305 元和 290 元
8 月 22 日	国内汽、柴油价格不做调整
9 月 5 日	国内汽、柴油价格每吨均降低 100 元
9 月 20 日	国内汽、柴油价格每吨分别降低 365 元和 350 元
10 月 10 日	国内汽、柴油价格每吨分别提高 140 元和 135 元
10 月 23 日	国内汽、柴油价格每吨分别提高 90 元和 85 元
11 月 6 日	国内汽、柴油价格每吨分别降低 145 元和 140 元
11 月 20 日	国内汽、柴油价格不做调整
12 月 4 日	国内汽、柴油价格不做调整
12 月 18 日	国内汽、柴油价格不做调整

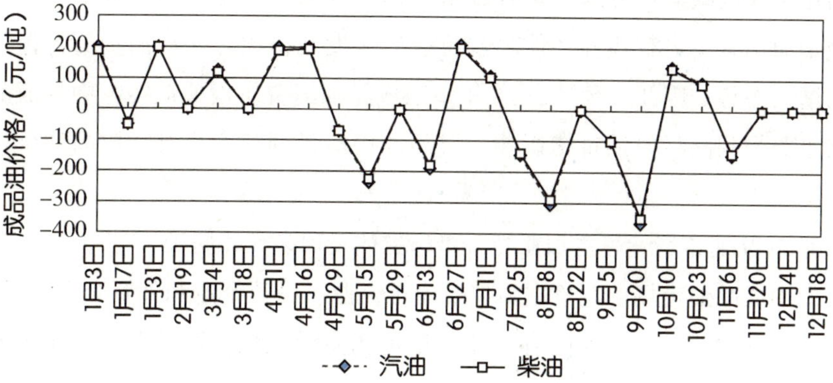

图 7　2024 年成品油价格调整趋势

数据来源：中华人民共和国国家发展和改革委员会

（二）2025 年中国成品油市场发展展望

随着中国炼油产能不断提升和原油产量增长，成品油产量将保持增长态势。由于新能源汽车发展、运输方式转变等因素影响，柴油和汽油消费量将下降，煤油消费量仍将保持增长，成品油消费量增速将放缓，预计 2025 年成品油价格小幅下降。成品油市场主体呈现多元化特征，市场竞争将更加激烈，成品油企业将采用多种经营策略提高自身竞争力。

1. 成品油产量保持增长态势，进口量减少

发展改革委等部门发布的《关于促进炼油行业绿色创新高质量发展的指导意见》指出，到 2025 年中国原油加工能力控制在 10 亿吨以内，千万吨级炼油产能占比 55%左右。随着国内经济持续增长和交通运输业蓬勃发展，市场对成品油的需求不断增加，对成品油产量提高形成一定的拉动作用。综合分析中国炼油产能仍有一定的增长空间，但增速可能会放缓。由于国内原油产量不断提高，炼厂能力提高，成品油供应增加，并且伴随着能源结构转型升级，成品油进口量将减少。

2. 成品油消费量增速放缓，价格小幅下降

随着新能源汽车快速发展，尤其是电动汽车普及，预计汽油消费量将呈现下降趋势，燃油汽车能效提升和轻量化也会降低汽油消费量；铁路运输、

水路运输等低碳运输方式一定程度上可以替代公路运输，但在农业、机械等方面柴油仍有不可替代性；伴随着民航产业发展，预计煤油消费量将保持一定的增长态势。因此，预计2025年中国成品油消费量增速放缓，中国成品油价格主要受到国际原油价格影响，成品油供给量预计会上升，成品油价格小幅下降。

3. 成品油市场竞争更加激烈，市场主体呈现多元化特征

中国成品油市场的竞争主体包括国有企业、民营企业和外资企业。其中，中国石油和中国石化两大国有企业占据市场主导地位。民营企业近年来发展迅速，通过灵活的经营策略和价格优势，逐渐在市场中占据了一席之地。外资企业如壳牌、bp等也通过合资方式进入中国市场，虽然市场份额相对较小，但在品牌、技术和管理方面具有一定优势。中国成品油企业需要提高产品质量、优化服务体验、加强品牌推广以吸引更多消费者；拓宽销售渠道，提高市场份额；加强技术研发和创新营销策略，提升市场竞争力。

4. 严厉打击行业违法行为，市场监管力度进一步提高

在市场秩序维护方面，成品油市场整顿行动将持续深入推进，针对非标油品违规充当发动机燃料销售、企业偷逃税款以及成品油偷运走私等违法行为予以坚决打击，绝不姑息，净化市场环境，保障合法经营者权益与消费者安全。成品油生产企业需严格遵守国家和地方质量标准，根据国家要求制订实施方案，合理安排生产节奏，加快制订油品升级计划，不断优化炼油结构，提高炼油能力和质量等级。

三、2024年中国天然气市场发展分析与2025年展望

2024年，中国天然气表观消费量为4244.2亿立方米，同比增长8%，增幅较2023年有所增长。中国天然气产量继续保持增长态势，达2463.7亿立方米，同比增长6.2%。天然气进口量1840.7亿立方米、同比增长9.9%，对外依存度为42%、同比上升1%。市场机制逐步发挥作用，推动价格市场化改革进程。基础设施建设稳步推进，从管道到储气设施再到数智化建设，全方位为市场高效运行提供支撑，促进资源调配和供应稳定性。

2025年，天然气市场将在供应、需求、价格机制和市场竞争合作等多方

面持续演变。供应能力进一步提升，中国资源开发与国际合作协同优化供应格局。需求增长动力强劲，区域差异也将促使需求发展各具特色。价格形成机制趋向市场化，政府将加强调控与监管确保市场有序。市场竞争合作将全面升级，企业创新与产业链协同发展，拓展国际合作空间，但也需应对新能源竞争等挑战，实现高质量可持续发展。

（一）2024 年中国天然气市场发展分析

2024 年，中国天然气产量继续增长，各季度增产态势稳定，为能源供应提供了坚实基础。进口量总体呈上升趋势，对外依存度也相应变化，反映出中国天然气市场与国际市场的紧密联系及在能源供应上的多元化需求。表观消费量持续中高速增长，体现出宏观经济发展对能源的强劲需求。出口量相对平稳，在国际市场上保持一定份额。价格方面，波动明显且受多种因素综合作用，市场机制在价格调整中逐渐发挥作用，各地根据供需情况调整价格。基础设施建设稳步推进，为市场高效运行提供了有力保障，在应对市场波动和保障能源安全方面发挥着关键作用。

1. 天然气产量持续增长，进口量呈现同比上升趋势

2024 年，国内天然气产量达 2463.7 亿立方米，同比增长 6.2%，连续 8 年保持增产 100 亿立方米以上。第一季度产量为 631.9 亿立方米，同比增长 5.2%；第二季度产量为 603.7 亿立方米，同比增长 6.8%；第三季度产量为 594.7 亿立方米，同比增长 7.9%；第四季度产量为 633.4 亿立方米，同比增长 4.6%。在国家政策和天然气基础设施快速开发的支持和重视下，各季度天然气生产量都保持较快的增长速度。

国际天然气价格虽有波动，但总体趋于平稳，中国天然气市场持续向好，需求增加，使得中国天然气进口量有所上升。全年天然气总进口量为 1840.7 亿立方米，同比增长 9.9%。第一季度进口量为 456.7 亿立方米，同比增长 22.6%；第二季度进口量为 445.6 亿立方米，同比增长 6.8%；第三季度进口量为 481.1 亿立方米，同比增长 10.5%；第四季度进口量为 457.3 亿立方米，同比增长 1.6%。中国天然气全年对外依存度达 42%，同比增长 1%。中国需持续重视能源安全，全方位加强国际合作。2024 年月度天然气产量

与进口量如图 8 所示。

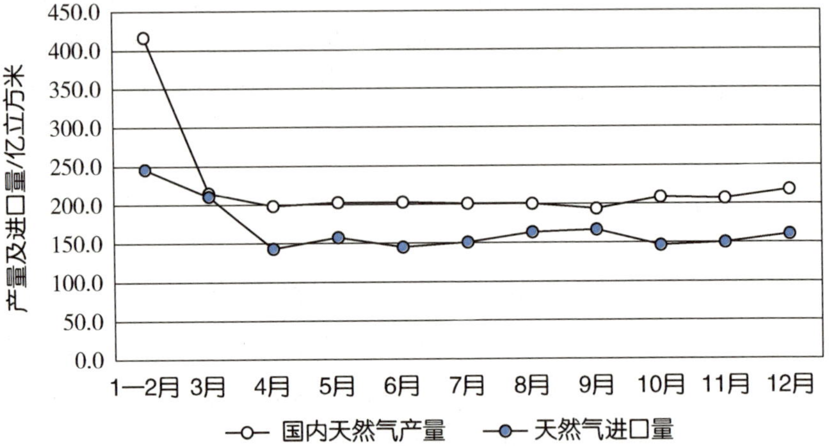

图 8　2024 年中国月度天然气产量与进口量

数据来源：中国石油和化工经济分析月度报告

2. 天然气需求量继续增长，出口量略有下降

中国宏观经济持续向好，天然气需求保持中高速增长。2024 年中国天然气表观消费量为 4244. 2 亿立方米，同比增长 8%。第一季度表观消费量为 1076. 9 亿立方米，同比增长 12. 4%；第二季度表观消费量为 1034. 6 亿立方米，同比增长 6. 8%；第三季度表观消费量为 1059. 9 亿立方米，同比增长 9. 4%；第四季度表观消费量为 1072. 8 亿立方米，同比增长 3. 8%。

2024 年天然气出口总量为 60. 2 亿立方米，同比下降 7. 3%。第一季度出口量为 11. 7 亿立方米，同比下降 20. 9%；第二季度出口量为 14. 7 亿立方米，同比增长 14. 8%；第三季度出口量为 15. 9 亿立方米，同比下降 9. 1%；第四季度出口量为 17. 9 亿立方米，同比下降 8. 2%。2024 年月度天然气表观消费量与出口量如图 9 所示。

3. 价格波动受多因素影响，市场机制逐步发挥作用

2024 年天然气价格波动明显。年初，受冬季供暖需求和国际市场价格传导影响，价格上涨，部分北方地区涨幅达 10%。例如，东北地区因供暖需求集中爆发，加上国际天然气价格上升带动进口成本增加，导致当地天然气价格上扬。据统计，黑龙江省 1 月居民用气价格较上年同期上涨了 0. 8 元/米^3，工业

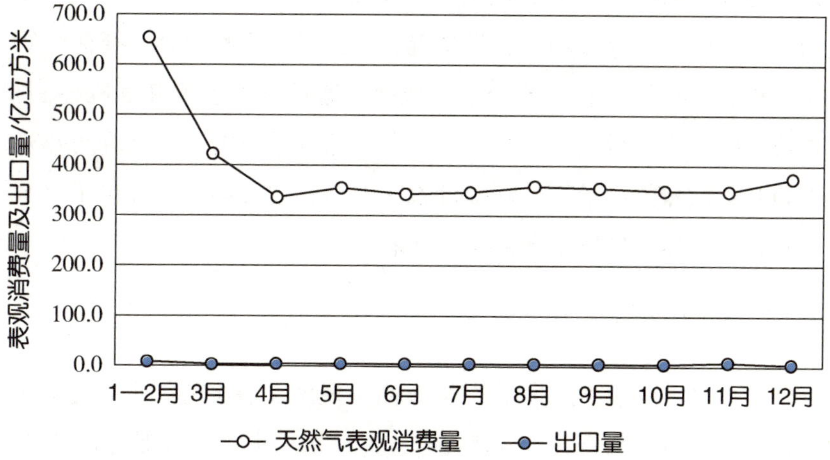

图9　2024年月度天然气表观消费量与出口量

数据来源：中国石油和化工经济分析月度报告

用气价格上涨了1.2元/米³。进入第二季度，随着供暖季结束，需求回落，价格趋于平稳。夏季，市场供应相对宽松，价格保持稳定。但国际市场因素仍有影响，如中东地区某产气国因设施维护减产，引发国际市场价格波动，通过进口渠道传导至中国部分地区，不过整体影响有限。

国家持续推进天然气价格市场化改革，完善上下游价格联动机制。如浙江等地根据市场供需及时调整门站价格，引导市场合理消费。例如浙江省在5月根据市场情况，将居民用气门站价格下调了0.3元/米³，促进了居民用气消费。同时，市场竞争加剧促使企业优化成本、调整价格策略，市场机制在价格形成中的作用愈发重要。随着市场主体多元化发展，民营和外资企业进入市场，竞争促使企业通过技术创新、管理提升等方式降低成本，从而影响价格走势。

4. 基础设施建设稳步推进，支撑市场高效运行

2024年，中国天然气基础设施建设稳步推进，为市场高效运行提供了有力支撑。在管道建设方面，全国新增天然气管道里程超过4000千米，增强了区域间的互联互通能力，助力加快构建布局优化、覆盖广泛、功能完备的“全国一张网”。特别是中俄东线天然气管道的全线贯通，年输气能力达380亿立方米，为国家能源稳定供应提供了重要保障。

地下储气库和沿海 LNG 接收站的建设加快，提升了中国天然气储备和调峰能力，有效应对季节波动与突发情况，增强了供应稳定性。智能化管道建设推进，提高了管道运行的安全性和效率。通过智能监测和远程控制技术，管道的应急响应能力得到了加强，保障了天然气供应的连续性和可靠性。在市场竞争日益激烈的背景下，基础设施完善为各类市场主体提供了公平竞争平台，促进了天然气价格市场化改革的深入。

（二）2025 年中国天然气市场发展展望

2025 年，中国天然气市场将在多方面呈现出发展态势。供应能力上，中国产量将因技术进步与资源开发而提升，进口格局优化且基础设施持续完善。需求方面，受能源转型驱动，总量增长且结构优化，各领域及区域需求各异。价格机制趋向市场化，波动受多种因素影响但总体平稳。市场竞争加剧，企业提升竞争力，产业链上下游及国际合作加强。同时，行业面临新能源竞争、市场波动和环境减排压力等挑战。为此，需通过技术创新、风险管理和绿色转型等策略有效应对。总体而言，天然气市场有望在机遇与挑战中不断发展，为国家能源结构调整和经济社会发展持续发挥重要作用。

1. 供应能力稳步提升，格局持续优化

2025 年，中国天然气供应能力将在多方面因素推动下稳步提升，供应格局也将进一步优化。中国天然气产量预计持续攀升，非常规天然气资源开发将是关键增长点。技术进步促使页岩气、煤层气开采效率提高，深海天然气开采也有望取得新突破。塔里木、鄂尔多斯、四川和海上四大生产基地产能释放，将确保资源稳定供应，企业间的区域协同合作也将加强，保障全国均衡供气。进口方面，规模与格局将有所调整。尽管国内产量增加，但市场需求增长使进口仍为重要补充，中国将拓展与新兴产气国合作，降低地缘政治风险，确保供应稳定与价格合理。

基础设施建设持续推进，“全国一张网”更加完善，更多的天然气管道互联互通项目将投入使用，进一步优化天然气管网布局。新管道的建设将加强资源富集地区与消费中心地区之间的连接，提高天然气的输送能力和调配效率。智能化管道建设也将升级，保障运行安全。储气设施扩容升级，地下储

气库和LNG储罐能力提升，有效应对季节波动与突发情况，增强供应稳定性。

2. 需求增长动力强劲，结构逐步优化

在能源转型加速的背景下，天然气需求增长动力充足且结构不断优化。在国家“双碳”目标的推动下，能源转型进程加速，能源转型驱动需求增长，天然气作为相对清洁的化石能源，在能源消费结构中的地位将进一步提升。天然气在新兴产业如氢能源制备、数据中心冷却等领域的应用有望增加，为天然气需求增长提供新动力。

消费结构方面，天然气发电稳定增长，与新能源协同互补。企业通过提高效率和与新能源协同，如“风光气储”一体化项目，优化电力供应结构。城镇燃气需求随城镇化和生活水平提高而持续扩张，居民、商业及分布式能源用气均增加，老旧小区改造和新城区建设也将推动供暖、供气设施普及。交通领域，天然气汽车在商用车领域应用推进，但面临新能源汽车竞争，而在船舶动力领域有望取得进展。

需求增长存在区域差异。东部地区注重能源结构优化和新兴产业应用；中部地区因产业转移和城镇化，工业与城市燃气需求快速增长；西部地区在资源开发外输同时，本地需求也稳步上升；东北地区在产业调整和清洁供暖推动下，天然气需求将稳步增长。各区域将因地制宜发展需求。

3. 价格形成机制进一步完善，波动趋势平稳

2025年天然气价格形成机制将持续完善，市场主导作用愈发凸显。政府减少直接干预，上下游价格联动机制更灵敏，能及时反映供需变化。市场竞争充分，促使企业优化成本、提升效率，稳定价格，新进入企业将推动价格合理化。

价格波动受多种因素影响。国际市场上，LNG供应宽松或地缘政治冲突、油价波动等，都将间接影响中国天然气价格。中国供需平衡仍是关键，产量增长若满足需求，价格稳定或略降，否则可能上涨，冬季高峰时供应保障至关重要。政府将加强政策调控与监管。鼓励储气设施建设，给予补贴优惠，缓解供需矛盾对价格影响。严格查处价格违法行为，保障消费者权益，还将通过税收、补贴等引导合理消费，促进能源结构优化和供需平衡。

4. 市场竞争加剧、合作加强，推动行业发展

随着市场改革深入，天然气市场竞争与合作将全面升级。市场主体多元

化，各类企业竞争激烈。民营企业发挥灵活优势，外资企业带来技术经验，国有大型企业也将创新求变。企业将加大技术研发投入，在勘探、生产、应用等领域创新，提升竞争力，优化服务质量。

产业链上下游合作将加强。上下游企业通过长期合同、合资合作，建立紧密关系，保障供应稳定与安全。在勘探开发、储气设施建设和技术研发等多领域合作，实现资源共享、优势互补，提高产业链效率。

国际合作也将拓展市场空间。企业将投资海外项目、参与国际贸易，获取资源与份额，还将推动跨境管道建设，促进区域能源融合。加强技术与标准交流合作，提升国际影响力与话语权。

中国油气勘探产业发展分析与展望

2024年，中国在油气勘探领域继续保持良好发展势头，投资力度进一步加大，技术创新稳步推进，成功攻克了多个深层和超深层勘探技术难题。陆上常规油气资源和非常规油气资源开发进展顺利，海上油气资源勘探再创佳绩，多个区域发现了优质储量，实现了资源储备的稳步提升。这些技术与资源上的新进展，使中国油气勘探能力进一步提升，资源储量进一步夯实。在非常规油气领域，页岩气、煤层气等资源开发成果尤为突出。依托先进的勘探与开发技术，2024年页岩气、煤层气等非常规油气的产量和储量持续增长，有效满足了国内日益增长的能源需求。中国持续加强数字化、智能化的勘探技术应用，提升了油气勘探的效率和精度，为产业高质量发展注入新动能。这些成就标志着中国油气勘探技术水平进一步提高，为国家能源安全和油气产业未来发展奠定了坚实基础。

一、2024年中国油气勘探产业发展分析

2024年，中国油气勘探产业继续保持稳步增长，陆上、海上及常规和非常规油气资源等多个领域再获丰硕成果。通过持续技术创新和资源投入，中国在多个关键勘探区域实现了油气资源储量的新突破，显著提升了国家油气探明储量。在非常规资源方面，页岩气和煤层气勘探取得显著进展，为多样化能源供应提供了有力支撑。海上勘探深入推进带来了优质油气田的发现，推动了沿海区域能源开发快速发展。这些勘探成就，不仅夯实了中国油气产业发展基础，还为未来的开发与生产开辟了新的增长空间，进一步增强了国家能源安全保障能力。

（一）陆上常规油气资源勘探成果

2024年，中国石油行业在勘探开发领域持续发力，多个油田勘探取得重

要突破，为国家能源安全注入新动力。面对勘探难度增加和资源接替矛盾等挑战，各油田依托科技创新和一体化部署，稳步推进增储建产任务。辽河油田、河南油田、中原油田、江汉油田及胜利油田等多个油田，不仅在传统领域实现技术突破，还通过优化勘探方式和推进效益开发，不断开辟新的资源阵地，全面展现了中国石油工业的强劲韧性和发展潜力。一批油田的最新成果在能源领域中发挥了关键作用。

1. 中国石油

2024 年 5 月 28 日，中国石油辽河油田外部流转区块天然气勘探首次试气点火成功。辽河油田外部流转区块宜庆黄龙地区 3 口预探井多个层系试气均点火成功，火焰黄红，高度 0.5~5 米。这是宜庆黄龙地区流转到辽河油田以来，天然气勘探首次试气点火成功，展示了该区多个层系均具有勘探潜力。黄龙地区北邻宜川地区，天然气成藏条件相比宜川地区整体较差，矿权流转以来未能取得突破。在钻探过程中，西部分院与庆阳公司紧密结合，开展地质工程一体化钻探跟踪，试气井在地质上依据储层分类评价结果优选射孔井段，工程上依托优选结果优化射孔压裂方式，确保储层充分改造。下一步，科研人员将持续做好试气跟踪，开展气井产能特征评价，为该区增储建产提供有力支撑。

2. 中国石化

2024 年 1 月 9 日，中国石化河南油田新领域勘探实现开门红。新年伊始，河南油田部署在南阳凹陷的张页 1 井自喷日产油 13.3 立方米，部署在旬宜探区的东湾 1XHF 井日产油 7.8 立方米，标志着南阳凹陷夹层型页岩油和旬宜探区致密油新领域勘探实现开门红。该油田坚持“稳定东部、发展西部、突破旬宜、油气并举、常非并进”总体勘探思路，深入推进两大新领域勘探工作。在 2023 年夹层型页岩油勘探实现突破的基础上，精细开展选区选层评价，优选区域部署了南阳凹陷第一口页岩油风险探井——张页 1 井，系统评价南阳凹陷页岩油勘探潜力，该井完钻并压裂后钻遇良好油气显示，初步落实地质储量千万吨。旬宜探区致密油勘探坚持“近源勘探”工作思路，在长 73 亚段部署东湾 1XHF 井，压裂后获得工业油流，初步落实地质储量 500 万吨，取得致密油勘探开发新成效。

2024年7月3日，中原油田文西地垒带勘探取得新突破。中原油田在东濮凹陷葛岗集洼陷带部署实施的马3001斜井开始试油，为国家能源安全再添“底气”。东濮凹陷葛岗集洼陷带，属于地质构造上的概念，应对的是鲁豫交界处。而中原油田正位于东濮凹陷之上，过去，受限于工程技术、产业技术等难题，这里的部分油气资源难以获得规模勘探开发。现在，随着中原油田科技攻关“加速度”，东濮凹陷的勘探新突破、难动用储量开发等成果越来越多。在葛岗集洼陷带部署实施的马3001斜井，就是“老油区”挖潜增效的新成果。马3001斜井日产量相当可观：油量高达62.8立方米，气量达4.32万立方米，油气当量106.0立方米，中原油田的专家刘爱永初步评估葛岗集洼陷带的石油资源量达1.1亿吨，油气资源勘探潜力巨大。本次突破开启了东濮凹陷勘探新篇章，为类似地质条件下油气资源的勘探提供了宝贵经验和示范效应。

2024年7月25日，江汉油田新增探明石油储量创历史新高。江汉油田2024年首批新增探明石油储量顺利通过自然资源部评审，潭口、浩西、浩口、周矶等4个区块新增石油探明地质储量508.57万吨，超额完成年度常规油三级储量任务，为端稳能源饭碗打牢了坚实的资源基础。经过多年勘探开发，江汉油田凹陷已进入中高勘探程度阶段，面对储量区块破碎分散、油气藏类型复杂、隐蔽性强，资源接替矛盾凸显等诸多难题，统筹规划至关重要。在确定探明储量区块后，江汉油田成立联合攻关团队，制定了“先易后难、逐个击破、有序推进”的工作思路，全面梳理勘探新发现、保有储量区块，分析升级潜力，遵循油气储量国家标准及行业规范要求，及时优化调整储量申报方案，最终圆满完成任务。潭口区块作为近十年来江汉老区提交的规模最大的储量区块，构造、岩性复杂，单井产量差异大，储量提交难度大。为规模提交探明储量，江汉油田超前全面部署，开展针对性的老井复查试油、部署实施大斜度井提高产能、进行注水井组稳产攻关矿场试验，分层次稳步推进，保障潭口区块探明储量顺利提交。

2024年8月19日，胜利油田规模效益增储取得新突破。胜利油田新增探明储量3776万吨，落实4个千万吨级规模阵地，济阳页岩油、东部常规、西部常规展现新进展和好苗头。2024年初以来，胜利油田勘探系统对标价值勘探先进指标，制订资源接替增储规划，分类分级建仓建库，统筹“探评建”一体化运行，强化“速度、质量、成本”联动优化，规模效益增储取得新突破、新进展。近年来，在勘探程度和难度逐渐增加的情况下，胜利油田对勘探思路、勘探方式进行了优化调整，最突出的变化是更加注重培养规模储量。围绕勘探转型发展面临的基础认识不足等问题，胜利油田勘探系统持续开展“基础工作深化年”活动，优化完善十大勘探攻关项目组，勘探领域分级排序，性价比高的区块优先勘探，按照“剩余资源、认识程度、技术适用性、地面可行性、储量经济性”等工作思路，细化管理，稳步实现增产增效。胜利油田 2024 年首批新增探明储量中，渤南北带砂砾岩—义 282 块成为最大的规模增储阵地。研究人员深化沉积、油藏特征研究，通过勘探开发、地质工程一体化评价部署，上报探明储量 2760.43 万吨。胜利油田勘探系统组建探井生产运行协调小组，强化大运行体系建设，推行物探、钻井、试油“项目化”管理，加强地质物探、地上地下、勘探开发、地质工程、钻井试油“一体化”运行，非生产时间降低 18.5%，探井成功率达 77.2%。2024 年 7 月，位于准噶尔盆地腹部的董斜 19 井，峰值日产油 116.11 吨、天然气 4.3 万立方米，创造了胜利西部探区油气日产最高纪录。

（二）陆上非常规油气资源勘探成果

2024 年，页岩气与页岩油领域不断突破深层与超深层勘探技术瓶颈，实现了多领域高质量增储，共同见证了中国油气资源勘探的新高度。

1. 页岩气

2024 年 6 月 11 日，四川盆地深层页岩气勘探获重大突破。中国石化部署在资阳市的资阳 2 井完钻井深 6666 米，测试获日产 125.7 万立方米工业气流，日无阻流量 306 万立方米，成为四川盆地时代最古老、产量最高的页岩气井；部署在乐山市的金页 3 井完钻井深 5850 米，测试获日产 82.6 万立方米工业气流。上述探井目标储层均为寒武系，多井、多地获得高产页岩气，标志着四川盆地寒武系页岩气勘探取得突破，证实了深层、超深层寒武系页岩具备规模增储潜力，对推动中国页岩气勘探开发具有重要意义。四川盆地海相页岩气是中国天然气产量增长的重要阵地，主要有志留系龙马溪组、寒武系筇竹寺组、二叠系吴家坪组等主力海相页岩层系。

2. 页岩油

2024 年 1 月，中国石化国内上游实现油气勘探开门红。中国石化勘探战线持续聚焦拓保矿权、勘探突破、规模增储三大核心任务，组织勘探管理提质增效工作研讨，集中开展济阳与复兴页岩油、川北致密气等重点项目统筹部署，专题组织准噶尔超深探井试油分析、元深 1 井钻后评价，现场督导綦页深 1 井压裂、塔里木盆地地震采集等现场安全生产，多措并举全力打好勘探进攻仗，多项工作亮点纷呈，为年度工作全面展开奠定坚实基础。成功竞得新疆与湖北地区新区块。主动应变，与国家部委及地方政府紧密沟通，落实矿权出让意愿，强化战略选区评价，精心组织竞标方案，成功在新疆、湖北地区竞得 4 个新区块。攻坚五大盆地取得 7 项油气突破。中国石化勘探分公司在复兴探区取得页岩油高产突破，侏罗系凉高山组压裂试获日产油 108 立方米、气 1.5 万立方米，新落实拔山寺向斜北部页岩油气资源量超亿吨油当量。勘探分公司在綦江探区页岩气勘探试获日产气 20.45 万立方米，深层页岩气攻关取得积极进展，评价盆缘复杂构造区资源量近 3000 亿立方米。西南油气分公司持续攻关川西须家河组，东扩新场丰谷地区，在须二段试获无阻流量日产气 55.9 万立方米，落实控制储量 300 亿立方米。西北油田按照“走滑断裂控储控藏”思路，在塔北于奇探区奥陶系试获轻质高产油流，常规测试日产超百吨，实现超重质油区晚期聚集轻质油藏勘探重大突破。江汉盆地潜江凹陷潜四下亚段碳酸盐岩钻探井压裂试获日产超百立方米油流，继潭口地区突破后，新发现一个千万吨级资源阵地。南襄盆地风险勘探核三段页岩油战略领域，压裂试获工业油流，落实基质型页岩油资源量超亿吨。鄂尔多斯盆地旬宜探区延长组长 72 和长 73 亚段均试获工业油流，中生界致密油实现“小步快走”。

（三）海上油气资源勘探成果

2024 年 3 月 8 日，在南海珠江口盆地发现中国首个深水深层大油田——开平南油田，探明油气地质储量 1.02 亿吨油当量。该油田是全球核杂岩型凹陷最大的商业发现，位于南海东部海域开平凹陷，距离深圳市约 300 千米，平均水深超过 500 米，最大井深 4831 米，油品性质为轻质原油。发现井钻遇油气层 100.6 米，测试平均日产油气超过 1000 吨油当量，刷新了中国深水深层油气测试产量纪录。开平凹陷地质条件复杂，断裂纵横交错，勘探难度极大，中国海油在新的地震资料基础上，深化烃源岩分布和油气成藏规律的认识，明确油气富集区，重新评价资源量，2023 年以来在开平南地区密集部署探井，其中 4 口探井测试获得高产工业油流，证实了开平凹陷烃源潜力，成功发现了开平南亿吨级油田。相比于浅水、中浅层传统勘探领域，中国深水深层领域的勘探程度很低，是未来油气储量和产量增长的重要接替区。近年来，中国大力加强科研攻关，创新地质认识，推动海洋深水深层油气地质理论和工程技术不断取得突破，逐步取得渤中 26-6 亿吨级深层油田、宝岛 21-1 深水深层气田等规模油气发现。开平南亿吨级油田的发现，进一步揭示了中国深水深层领域巨大的勘探潜力。

2024 年 7 月 3 日，中国石化在北部湾盆地获高产油气井。中国石化部署在南海北部湾盆地涠西探区的海 3 斜井测试获高产工业油气流，折算日产原油 738 立方米、天然气 28 万立方米，油气当量达 1010 立方米，创北部湾海中凹陷油气日产最高纪录。该井突破进一步证实了涠西探区的勘探开发潜力，对涠洲油田进一步扩大增储建产规模提供了有力支撑。据介绍，北部湾盆地是中国沿海六大含油盆地之一，油气资源丰富。此前，中国石化在北部湾盆地涠洲油田取得突破，储量达千万吨级，2024 年正处于产能建设阶段。海 3 斜井所在的海中凹陷北部是涠洲油田增储扩产的目标区域，于 2024 年 3 月部署实施。该井作业深度 4600 米，其中水平位移 1300 米，井底温度 150℃，井底压力达 73 兆帕，是中国石化在涠西区块井深最深、温压最高的探井。钻井过程中，作业人员先后克服了大段难钻含灰地层、易垮塌密集煤层等难题，最终取得成功。

2024 年 7 月 15 日，中国海油宣布在渤海获重大勘探突破。龙口 7-1 油气田位于渤海东部海域，平均水深约 26 米。发现井 LK7-1-1 共钻遇油气层约 76 米，完钻井深约 4400 米。经测试，该井日产天然气近百万立方米，日产原油约 210 立方米，创造了渤海油田天然气测试产能的最高纪录。近年来，渤海油田持续在中深层变质岩潜山获得重大发现。本次中生界火山岩的成功钻探，不仅展示了渤海中生界火山岩广阔的勘探前景，也进一步表明中国海油在中深层勘探认识与技术上的重要突破，对中国海上类似领域的勘探具有重要指导意义。

2024 年 8 月 7 日，中国在南海探获全球首个超深水超浅层大型气田。中国海油在海南东南海域发现的陵水 36-1 气田新增探明储量顺利通过国家有关部门评审备案，探明天然气地质储量超 1000 亿立方米，成为全球首个超深水超浅层大型气田。2018 年，中国海油启动“七年行动计划”，明确到 2025 年建成“南海万亿大气区”。陵水 36-1 的勘探实践，验证了将超深水超浅层气资源从影响钻完井作业安全的“灾害气”变成具备开发价值的清洁能源的可能性，对中国乃至全球类似海域条件的资源勘探开发具有指导意义。陵水 36-1 气田勘探取得成功，进一步完善了中国自主建立的中国特色深水复杂油气资源勘探开发技术体系，气田储量的落实也补上了“南海万亿大气区”建设版图的最后一块拼图。

（四）油气资源勘探技术进展

2024 年，中国油气勘探领域不断涌现新技术，为油气勘探注入了新活力，推动行业朝着更高效准确的方向迅速发展。在勘查技术和物探技术等方面取得了令人瞩目的新进展，为提升勘探效能和准确性注入了新动力。

1.“深海一号”引领海南海洋油气勘探开发关键核心技术攻关

2024 年 5 月，长期处于高产稳产状态的“深海一号”能源站累产天然气已突破 80 亿立方米大关，同在陵水海域的“深海一号”二期项目也迎来建设高峰期。“深海一号”二期项目是中国首个深水高压项目，采用“水下生产系统+浅水导管架处理平台+深水半潜式平台远程操控系统”模式开发，作业水深虽不及一期工程，但是地层复杂程度和施工作业难度却是有过之而无不及。该项目要在水深近千米、地层压力高达 69 兆帕的区域安全高效钻成 12 口水下气井，还要建成一端连通浅水区天然气处理集群、另一端连接超深水区控制枢纽的复杂水下生产系统，短时间内实现项目相关的多个任务目标，堪称创举。为解决难题，中国海油组织动员多方技术力量参与“深海一号”二期项目建设，围绕深水油气开发项目组创建新联合体开展核心技术攻关，成功研发投用全球首套深水水下自动发球管汇等新型装备，实施国内海上最高压力井钻井、大口径海底油气长输管道铺设等重大作业，把国内海洋工程装备制造研发和深海油气勘探开发作业能力提升到了新高度。同时，一批科研机构在这期间也应运而生。中国海油南海油气能源院士工作站、海南省深海深层能源工程重点实验室、海上高温高压油气勘探开发实验室和海南省石油学会等科技创新平台在海南相继成立并投入运行，借助“深海一号”等重大项目贯彻“向海图强”发展理念，实施海上地热能应用等前瞻性科研项目，把海上油气产区转化成孕育新质生产力的新蓝海，让科研工作逐步延伸拓展到传统海洋油气勘探开发技术的“远端”。

2. 东方物探填补国内横波三维地震勘探技术空白

2024 年 8 月，中国石油在北京举办物探技术现场试验项目验收会，东方物探公司的“横波震源三维地震勘探技术现场试验”项目高分通过验收。作为重大工程技术现场试验项目，这个项目定型和完善了世界上最大吨位的横波可控震源，填补了国内横波三维地震勘探技术空白，实现了“从 0 到 1”的重大突破，有力提升了东方物探的技术竞争力。“横波震源三维地震勘探技术现场试验”项目是青海油田和东方物探合作的首个九分量三维生产科研项目。技术团队持续攻关，全面实现了现场试验的所有目标：规模化试验采集了 82.5 平方千米的 2 个水平正交方向激发的横波资料；创新形成了直接激发横波地震资料宽频高精度采集、各向异性处理、构造解释、地震储层预测等关键技术配套；开发完成了横波分裂分析处理等横波资料成像及解释软件，让高品质横波资料在精细构造解释、地震沉积学描述、流体预测和井震一体化井位优化调整等方面发挥了重要作用。“横波震源三维地震勘探技术现场试验”项目为横波三维矢量地震勘探技术带来了实质性突破，新获得的地震资料分辨率较以往提高了 2 倍以上，为多维度精细解剖低幅度构造、锁定有利含气圈闭目标提供了强有力的技术支撑。

二、2025 年中国油气勘探产业展望

2025 年，中国油气行业将不断深挖勘探潜力，加大油气勘探力度，提升资源保障能力，为经济社会高质量发展提供有力支撑。

（一）总体趋势

2025年是《大力提升油气勘探开发力度七年行动计划（2019—2025）》的收官之年。过去6年里，中国从规划引领、投资落实、体制改革、绿色低碳转型、协调服务等方面综合推进了油气增储上产，勘探新发现一批亿吨级、千亿立方米级大型油气田，原油年产量由1.89亿吨提升到2.09亿吨，天然气年产量由1602亿立方米提升至2324亿立方米，连续6年增产百亿立方米以上，油气供应保障能力持续提升，转型发展动力持续增强，为推动中国经济社会健康稳定发展做出了突出贡献。

展望2025年，准确把握油气增储上产的关键环节，采取有力举措持续推进油气资源增储上产是未来工作的重心。一要牢牢把握科技创新原动力，开展油气资源高效开发的关键理论与技术难题攻关，用理论创新指导实践。二要扎实推进油气勘探开发体制机制改革，激发骨干油气企业内生动力和竞争性环节市场活力。三要稳步推进加快绿色转型，推动油气清洁高效开发利用再上新台阶。

（二）面临挑战

“十五五”规划期间是推动能源高质量发展、实现高水平安全的关键时期，高水平安全要求油气资源稳定供应。然而，油气勘探开发工作并非一帆风顺，当前中国油气勘探产业面临着绿色勘探要求、基础理论研究支撑力不足和关键技术“卡脖子”等多重困难和挑战，急需解决。

1. 对外依存度保持高位加压油气勘探工作

2024年7月10日，国家能源局组织召开2024年大力提升油气勘探开发力度工作推进会，紧紧围绕深入贯彻落实“四个革命、一个合作”能源安全新战略和大力提升油气勘探开发力度进行工作部署和动员，提出乘势而上确保完成“十四五”后两年油气储量和产量目标任务，保障国家能源安全。然而，中国油气资源高对外依存度，给加大勘探力度保证国家能源安全增加一针“压力剂”。在《大力提升油气勘探开发力度七年行动计划（2019—2025）》即将于2025年到期的时间节点上，石油企业落实增储上产主体责任，加大油气勘探开发力度，推动油气资源增储上产，充分发挥保障国家能源安全“压舱石”的作用显得尤为重要。

2. 绿色勘探提出新的挑战

绿色勘探是以绿色发展理念为指导，实施油气资源开发过程中环境影响最小化控制，实现地质找矿和生态保护双赢的一种新模式，相对于传统地质勘探而言，是一种更高水准、更高质量的地质勘探模式，是生态保护与油气资源开发成果的高度融合和有机统一。然而，多年来，由于传统思想的束缚和技术手段的制约，中国油气勘探产业存在“重勘探轻保护”倾向和趋势，在开展一轮又一轮找矿任务的同时，环境保护力度不够，可能会成为中国油气勘探领域绿色发展的短板。2025 年中国能源工作会议指出“以更高标准践行能源安全新战略”，发挥化石能源压舱石的作用，推进能源体系更加安全、清洁、高效，给油气勘探绿色发展和环境保护提出了更高的要求。如何更好地响应和践行生态文明建设和美丽中国建设的要求，实现找矿重大突破和环境保护、生态建设二者兼得，是油气勘探工作必须面对的问题。

相对于绿色矿山建设而言，绿色勘探起步较晚，相关标准规范缺失。绿色勘探工作实践近 10 年来，尽管相继出台了《绿色地质勘查工作》团体标准和《绿色地质勘查工作规范》(DZ/T 0374—2021)，但事实上标准体系并不完备，宣传工作有待加强，执行力度亟待加大。近年来，随着勘探整装技术水平的不断提升，模块化钻机相继投入使用，“以槽代探”“一基多孔”和“一孔多支”等先进钻探工艺的应用，无害化泥浆的推广，以及智能地质调查与智慧探矿新模式的探索，使得中国绿色勘探取得了显著成效。然而，这距离生态文明建设要求仍有一定的差距，一些与绿色勘探直接相关的关键性技术、装备和工艺还亟待研发、推广和应用。

3. 理论认识有待突破，关键技术装备存在差距

资源品质劣质化，油气勘探难度加大，给油气勘探理论创新和工程技术创新带来巨大挑战。与世界先进水平相比，特别是同新质生产力发展的本质内涵相比，很多领域亟待攻关。依赖大型高性能装备的页岩油气、海洋深水和陆上深层油气开发技术明显落后，深水油气生产、钻完井等装备的关键元器件及材料还主要依靠进口，部分高端工程技术仍处于跟跑状态，特别是在

可控震源控制箱体、旋转导向系统、超深井钻井、高温高压随钻测控、深水半潜式生产平台等方面存在差距，核心技术和关键部件仍存在被“卡脖子”风险。

4. 用地用海需求与管理政策之间的矛盾突出

随着资源品位持续下降和非常规资源成为开发重点，中国油气勘探开发力度不断加大。这一过程中，钻探等相关工作量显著增加，导致用地用海需求急剧上升。然而，现行土地和海域管理政策已无法满足增储上产实际需求。风电、光伏等新能源项目开发也加剧了用地用海矛盾。

（三）勘探潜力

中国油气资源勘探开发潜力大，尤其是“两深一非一老”四大领域，为中国油气自主供应能力提升提供了坚实基础。

1. 陆地油气资源勘探潜力大

2024 年上半年，陆地油气勘探在塔里木盆地、准噶尔盆地、鄂尔多斯盆地、三门峡等大型含油气盆地新区带、新类型、新层系勘探取得多项新发现，证实中国陆地油气资源蕴藏丰富，勘探潜力巨大。中国首口设计井深超万米的科学探索井——中国石油塔里木油田深地塔科 1 井钻探深度突破 10000 米，成为世界陆上第二口、亚洲第一口垂直深度超万米井。这一举措不仅有助于揭示大陆地壳组成与结构，探索地球深部系统及演化规律，还将推动形成中国特色的万米油气成藏地质理论，推动中国陆上深层和超深层油气资源储量再上新台阶。准噶尔盆地玛湖凹陷金砂 1 井风城组砂屑云岩储层新类型获突破，实现“富油”向“富油气”资源的转变，丰富了玛湖凹陷全油气系统理论；克百断裂带百 79 井石炭系获重大突破，打开浅层高效规模增储新领域。鄂尔多斯盆地东湾 1XHF 井、双龙 1HF 井获工业油流，打开了延长组长 7 段致密油立体勘探新局面。三门峡盆地豫峡地 1 井测试自喷获 17. 13 米^3/日高产工业油流，发现了油气新区新层系，打开了南华北地区油气勘探新局面。

2. 深海油气资源蕴藏量丰富

当前，全球油气勘探开发已经从常规转向非常规、从陆上转向海上、从浅海转向深海，特别是深海正在成为油气勘探开发重点领域。2024 年 2 月，亿吨级油田渤中 26-6 油田新钻探井测试产能创新高，新增油气探明地质储量超 4000 万立方米，累计探明地质储量突破 2 亿立方米，成为全球最大的变质岩油田。渤海海域秦皇岛 27-3 油田在浅层岩性油藏新增探明石油地质储量 1.04 亿吨，进一步证实渤海复杂走滑断裂带广阔的油气勘探前景。2024 年 7 月 15 日，中国海油宣布在渤海中生界潜山勘探领域获重大突破——于渤海东部海域的龙口 7-1 油气田位，发现井 LK7-1-1 共钻遇油气层约 76 米。经测试，该井日产天然气近百万立方米，日产原油约 210 立方米，创造了渤海油田天然气测试产能的最高纪录。

2024 年 3 月 8 日，中国海油宣布在南海深水深层获得开平南亿吨级油田发现，它是中国首个深水深层亿吨级油田。2024 年 6 月 6 日，中国海油宣布在南海超深水超浅气层勘探领域获重大突破。陵水 36-1 气田位于南海西部海域，探井测试无阻天然气流量日产超 1000 万立方米。陵水 36-1 的测试成功，标志着南海超深水超浅气层勘探领域获重大突破，进一步夯实了南海“万亿大气区”资源基础。

2024 年 11 月，中国颁布《中华人民共和国能源法》，并于 2025 年 1 月 1 日正式施行，明确提出“石油、天然气开发坚持陆上与海上并重”，进一步从法律意义上明确规定海洋是当前中国油气资源勘探开发的主战场之一，佐证中国海洋油气资源有较大的勘探开发潜力，用好海洋油气资源对保障中国能源供应安全意义重大。

3. 页岩气勘探取得新突破

2024 年，四川盆地盆缘复杂构造浅埋藏带丁页 11 井在五峰组—龙马溪组试获日产 20.45 万立方米高产页岩气流，发现新的规模增储富气带；兴页 9 井在侏罗系陆相页岩层系试获高产页岩油气流，日产页岩油 108.15 立方米、页岩气 1.58 万立方米，有效拓宽了盆地页岩油气勘探领域，发现了新的亿吨级原油资源阵地；资阳 2 井寒武系测试获日产 125.7 万立方米、无阻流量日产 306.0 万立方米的工业气流，成为四川盆地时代最古老、产量最高的页岩气井；金页 3 井测试获日产 82.6 万立方米的工业气流，两口探井的突破，证实了深层、超深层寒武系页岩具备规模增储潜力，对推动中国页岩气勘探开发具有重要意义。

4. 煤岩气或成为新增长动能

勘探开发实践发现，煤岩气作为一种新类型天然气资源，具有游离气占比高、存在微距运移的特点，在储层类型上与煤层气相似，在天然气赋存特征上与页岩气相似，在开发方式上与页岩气、致密气相似，是一种特殊类型的非常规天然气资源。2024 年初，中国石油天然气股份有限公司副总地质师、勘探开发研究院党委书记李国欣牵头组织煤岩气研发团队，开展“煤岩气地质特征、富集规律与开发机理研究”攻关，并根据勘探开发实践需要，综合已有研究认识，将“煤岩气”定义为“煤岩自身生成或其他气源运移而赋存于煤岩中，游离态和吸附态并存，游离气含量高，通过储层改造可快速产气并能获得工业化开采的烃类气体”。

2024 年，中国深层煤岩气勘探开发取得突破性进展，多个盆地取得战略性突破，形成了增储建产的新阵地。中国石化在延川南区块年产煤岩气 4 亿立方米，累计产气 28.8 亿立方米，实现了中—深层煤岩气商业规模开发。2024 年 8 月，中国石油在鄂尔多斯盆地新增探明煤岩气地质储量 3366 亿立方米，落实了中国首个万亿立方米煤岩气大气区，形成大吉区块和纳林河—米脂北 2 个千亿立方米储量区，煤岩气开发技术系列 1.0 基本定型。参照大吉区块万亿立方米储量可建百亿立方米年产规模，同时考虑到四川、渤海湾等盆地补充，初步预测，到 2035 年，全国有望探明煤岩气地质储量 5 万亿立方米，实现年产量规模 400 亿立方米至 500 亿立方米。煤岩气将成为天然气产量增长新动力，为中国油气资源增储上产贡献力量。

（四）政策展望

2025 年作为“十四五”规划的收官之年和“十五五”规划的编制之年，为加快构建新型能源体系、推动能源高质量发展和高水平安全，中国在推进油气勘探产业市场化改革、绿色发展和科技自立自强方面积极发力，为做好新征程上油气勘探工作、夯实油气资源增储上产任务提供指导。

1. 油气勘探产业管理改革积极推进

2024 年 3 月 12 日，自然资源部印发《关于完善矿产资源规划实施管理有关事项通知》，为落实国家资源安全战略，完善矿产资源规划管理，更好引导矿产资源合理勘查开采，助力增储上产做出了新工作安排。油气勘探产业将来可能会面临以下变化：支持能源资源基地和国家规划矿区建设，油气勘探项目的推进将会得到优先保障；健全规划动态调整机制，油气勘探企业将会拥有更大的灵活性来调整勘探规划和进度，以保证自身按时保量完成勘探任务；加强信息化管理，以数字化建设支撑油气勘探产业发展，勘探项目的透明度和管理水平将会得到进一步提升；简化审核流程，油气勘探项目行政负担将会大幅降低，项目推进效率将会得到提高；强化责任落实和监督，油气勘探实施的效果和合规性将会面临更加严厉和有效的管理和监督。

2024 年 5 月 16 日，自然资源部公布《矿业权人勘查开采信息管理办法》，明确了矿业权人勘查开采信息填报、公示、核查方面的具体要求。具体来说，油气勘探产业未来合规成本会进一步增加，企业需要投入更多资源来确保信息填报的准确性和及时性，并应对可能的核查和监管；风险管理需要加强，企业需要加强内部管理和合规审查，避免因违规行为被列入严重失信主体或异常名录；企业需要建立有效的整改和信用修复机制，以便在出现问题时能够及时纠正和恢复信用。

2. 绿色勘探势在必行

2024 年 7 月 3 日，自然资源部、国家林业和草原局联合下发《关于在新一轮找矿突破战略行动中全面实施绿色勘查的通知》，进一步明确绿色勘探的实施方向和路径，对高质量完成新一轮找矿突破战略行动目标、推进生态环境的高水平保护将产生积极而又深远的影响。油气勘探常常涉及钻探、地震勘探等活动，这些活动会对环境产生一定影响。根据绿色勘查的要求，油气勘探产业未来将需要采用更加环保的技术和设备。例如：低噪声、低振动设备，减少地震勘探过程中对周边环境和生物的干扰；无害化处理技术，对勘探过程中产生的废水、废气、废渣进行无害化处理，避免污染土壤和水源；遥感技术，利用卫星遥感等先进技术减少地面作业，降低对地表生态系统的破坏。

2024 年 7 月 11 日，国务院新闻办公室发布《中国的海洋生态环境保护》白皮书，提出在立足增强陆海污染防治协同性和生态环境保护整体性的指导下，进一步做好“精准防治海上污染”工作，这给海洋油气勘探提出了更高要求：一是严控海洋工程和海洋倾倒废物对生态环境的影响。加强海洋油气勘探开发污染防治，由国家统一行使环境影响评价审批与污染物排放监管事权；启动编制海洋工程排污许可技术规范，推动海洋工程依法纳入排污许可管理，这意味着企业需要遵守即将编制的海洋工程排污许可技术规范，确保其排污行为在法律和法规的框架内进行，企业需要遵循更严格的标准和程序。二是注重海洋突发环境事件应急体系建设，《中国的海洋生态环境保护》白皮书明确提出要进一步加强应急组织体系、响应流程、信息管理发布和保障措施等，建立起较为完备的海上溢油污染应急预案体系；同时开发全国海洋生态环境应急指挥系统，构建集通信、监测、决策、智慧、调度于一体的智能化平台，提高应对突发事件的信息化能力，这也给海上油气企业未来的绿色勘探工作指出了重点，要更加注重勘探开发活动对环境的影响，对于可能出现的环境安全事件，如海上溢油污染，借助信息化技术构建或者完善应急预案。

3. 加强油气资源勘探基础性研究和技术攻坚

2024 年 4 月 20 日，自然资源部办公厅印发《关于加强新一轮找矿突破战略行动装备建设的指导意见》，提出积极推动绿色勘查工作，解决急需关键的技术装备问题，加快构建统筹生态环境保护与找矿突破的现代化装备体系，实现找矿突破高质量发展与生态环境高水平保护相结合，为保障国家能源资源安全提供有力支撑。

2024 年 5 月 16 日，自然资源部办公厅印发《关于鼓励地勘单位和矿山企业提供勘查区块建议、促进战略性矿产勘查的通知》，明确提出要鼓励地勘单位和矿山企业利用以往地质资料或结合正在开展的地质工作，提出勘查区块建议。这对油气勘探产业加强基础研究提出了更高的要求。切实加强地质资料的管理和分析，包括以往地质工作成果、相关地质报告、勘查报告等，提交具有科学性和说服力的资料包，油气勘探产业才能够更加高效地开展勘查区块的工作。

2024 年 6 月 30 日，自然资源部发布《关于印发〈关于加强自然资源领域基础研究的若干举措〉的通知》，文件强调了聚焦战略性矿产资源成矿规律与深地资源勘探开采的基础研究。未来五年，要初步形成自然资源基础理论体系，突破一批地球系统科学理论和自然资源关键核心技术的基础问题，塑造一批基础研究高地，使基础研究支撑自然资源主责主业的能力显著增强。到 2035

年，在深地、深海与极地、卫星遥感和智能测绘等重要前沿科学领域达到世界一流水平，形成一批原创成果，关键核心技术与装备基本实现自主可控，自然资源高水平科技自立自强能力显著提升。对于油气勘探产业来说，这意味着油气勘探未来需要更加注重天然气和页岩气等油气资源成矿规律等基础理论研究，用理论突破支撑找矿成果；注重深地深海资源的勘探和开采，需要突破深地深海勘探的基础理论和核心技术；智能化测绘与地理信息安全将成为重点，油气勘探需要更多地利用大数据、人工智能等先进技术，提升勘探效率和准确性。

2024 年 12 月 15 日，2025 年全国能源工作会议中明确提出“加快推进科技自立自强，大力发展能源领域新质生产力”，要求未来油气勘探工作中要持续推进重大技术装备攻关示范，加强科技创新和标准化管理，着力破解油气勘探关键技术“卡脖子”难题。2024 年，中国石化召开“勘探开发数智技术重点实验室 2024 年度联席会议”，中国海油召开“海洋油气高效开发全国重点实验室理事会二次会议”，从实际行动上瞄准油气勘探的基础研发和技术攻坚，尤其是深海油气资源的相关研究，大力加强油气勘探实验室建设。这也意味着油气勘探产业面临油气资源品位下降、深海深地资源难开采等问题，未来会在加强基础研究和技术攻关上进一步下功夫。

中国油气开发产业发展分析与展望

2024 年，中国国内原油产量约 2.13 亿吨，同比增长 1.8%；天然气产量约 2464 亿立方米，同比增长 6.2%。中国油气产业持续加大国内油气开发和增储上产力度，通过精细化的生产经营和投资管理模式，不断实现技术突破，实现油气开发的提质、增效、降本，确保油气产业链安全稳定与高效运行。2025 年，中国油气开发产业将持续深化机制体制改革创新，加大重点地区开发投入，推进高效建产，推动油气产业高质量发展。

一、2024 年中国油气开发产业发展分析

2024 年，中国油气行业按照“稳定东部、发展西部”的发展思路，陆上原油稳步增长，油气开发技术持续突破。非常规油藏开发实现技术革新，采收率不断提升，商业化利用程度加深。通过科学规划新老油田开发建设，实现油气产量稳产增产。海上油气开发实现高效建产。海外油气项目布局更为合理。

（一）常规油气产能建设情况

2024 年，中国常规油气开发保持高位增储态势，油气产量稳步提升，科技攻关力度持续加大，为保障能源安全提供重要支撑。

1. 陆上原油产能建设情况

（1）西部地区

2024 年，以中国石油的长庆油田、新疆油田、塔里木油田、吐哈油田、青海油田为代表的西部油气田开发公司，持续推进工程技术配套迭代升级，统筹产能部署，高质量推进油气稳产增产。

长庆油田，2024 年实现油气当量约 6671 万吨，同比增加 64 万吨；原油产量 2578 万吨，实现 2500 万吨以上持续稳产。长庆油田通过实施非常规革

命、老油气田“压舱石”、采收率再提高3项引领工程，推动重建产向建产稳产并重转变，重构良性开发秩序，油田综合递减率控制在9.2%，新井平均单井日产油较2023年同期提高0.3吨。截至9月，长庆油田累计生产油气当量突破10亿吨，成为中国油气能源增储上产的重要增长极。长庆油田已成功开发36个油田，为油田高质量发展夯实资源基础。

新疆油田，2024年实现油气当量1849万吨，原油产量保持1000万吨以上。新疆油田持续优化建产模式，开发水平进一步提高，推动原油规模增储上产。通过构建冬季稳产、效益建产模式，新疆油田冬季原油日产水平保持在4.1万吨以上，油气产量再创新高。新疆油田加快吉木萨尔国家级页岩油示范区建设，截至11月8日，吉庆油田作业区累计生产原油突破100万吨，达101.1万吨。新疆油田高标准推进玛湖效益上产等重点工程项目落地，顺利启动“新能源+煤电+CCUS”一体化项目，增产势头强劲，综合型能源公司建设初见雏形。

塔里木油田，2024年实现油气当量3366万吨，同比净增13万吨；石油液体产量768万吨。塔里木油田立足自身资源优势，扎实推进重点项目建设，通过综合治理和技术攻关，落实规模效益开发，实现原油产量稳中有升。在建产稳产方面，塔里木油田积极施措，前三季度，老油气田能力提升完成措施井153口，通过措施恢复原油日产能力413吨，油井开井率较2023年提高0.18%；在安全保障方面，塔里木油田强化过程监管，完成22个场站40套装置的检修任务，完成检修项目1546项，消除隐患386项，地面工程、新能源等7个方面的重点项目扎实推进，为油田高质量发展奠定坚实基础。

吐哈油田，2024年实现油气当量157.86万吨，原油产量142万吨。吐哈油田通过周密布局和精准施策，确保油气生产稳中有序、安全可控，实现原油产量稳中有升。吐哈油田准东采油管理区通过重点区块效益建产、深挖老井潜力等措施实现原油产量稳中有升，生产运行平稳有序。截至10月15日，准东新区累计生产原油达100万吨，准东采油管理区通过对自喷井管理优化、合理配产配液、技术配套3项关键成熟技术的配套完善，以及对瓶颈技术的攻关试验，实现了非常规老井的稳定生产；通过强化室内机制研究，深入评价注入介质适应性及配伍性，提高采收率，措施有效率达87.5%。

青海油田，2024 年实现油气当量 713.7 万吨，原油产量 240 万吨。青海油田在油藏描述方面持续深化，建立动态分析机制，支撑老油田稳产上产。英东油田采用断层组合技术，实现 10 米级断层刻画，共组合断点 1540 个，组合率由 76.3%提至 80%，新钻水井 11 口，老井转注 5 口，减少无注采对应井 18 口，增加水驱动用储量 120 多万吨。青海油田将跃进二号东高点的原 9 个开发单元分级重组为 18 个开发单元，平均单井日产油 3.1 吨，阶段产能符合率达 129%。南翼山油田通过采取层系细分、井网加密、井网完善等措施，部署井位 591 口，产能 28.0 万吨，支撑南翼山油田 45 万吨上产并持续稳产。

（2）东部地区

大庆油田，2024 年实现油气当量超 3480 万吨，原油产量超 3000 万吨。大庆油田借助精细油藏描述技术，发展孪生油藏技术，统筹考量井网整体规划与重组，实现油气资源的有效动用。大庆油田采油一厂创新形成了层系重组、井网重构、流场重建的“三重”优化设计核心技术，支撑老油区开发秩序全方位深层次改造。截至 9 月 3 日，采油一厂南一西部区块原油产量突破 100 万吨，大庆油田在该区块树起立体化井网重构、一体化产能建设标杆、精细化油藏描述、智能化水驱调整、网格化三采管理、系统化套损防控、集成化数字应用、新时代开发文化的“八大标杆”，为老油田开发提供了全新范式。

胜利油田，2024 年实现油气当量 2429.8 万吨，原油产量 2359.16 万吨，同比增加 14 万吨。胜利油田统筹生产、投资、财务三方面工作，强化一体化开发运行，建立健全油气开发单位和专业化单位目标机制，充分调动各类资源要素，实现生产经营全过程相融互促。胜利油田采油管理区维护作业费减少 4032 万元，施工一次合格率同比提升 1.6%，注汽干度同比提升 0.6%，测试一次成功率提升 1.4%。济阳页岩油成为重要接替资源，全年产量达 50 万吨，提前一年完成国家级示范区产量目标。

2. 陆上天然气产能建设情况

2024 年，中国陆上天然气开发力度进一步加强，产量增长稳定，四川、新疆、鄂尔多斯等中西部地区成为天然气主要产区，关键核心技术取得突破，自主创新能力有效提升。

长庆油田，2024 年生产天然气超 500 亿立方米。长庆油田高度重视规划引领工作，通过合理配置资源，统筹新区高效建产和老区精益生产，持续推进提产攻关升级，不断深化气藏差异化管理，成功开发 14 个气田，新投产天然气井 797 口，累计生产天然气超 6650 亿立方米。长庆油田通过评价破局工程，产运销一体化协同部署，加快推动青石峁气田、庆阳气田建设，日产气量达 130 万立方米。长庆油田坚持科技创新，开展"卡脖子"技术研究项目 85 个，解决关键技术难题 12 项。稳步推进 SEC 储采平衡、页岩油气革命、采收率再提高、老油气田"压舱石"等工程。

塔里木油田，2024 年生产天然气 326 亿立方米。塔里木油田围绕天然气 5000 亿立方米增储工程等系列重点项目，强化效益开发，实现气田高效建产和新井有序投产，进一步夯实上产保供根基，加快形成油气高质量发展新格局。塔里木油田通过优化方案，精细措施作业管理，加大进攻性措施挖潜力度，积极挖掘措施增产效益潜力，气井开井率较 2023 年底提高 2.6%。推进天然气生产绿色低碳转型，实施节能技术措施项目，强化系统节能减排，开展机采、集输、处理、注水四大系统节能降耗挖潜增效。

青海油田，2024 年生产天然气 59.77 亿立方米，超产 1.77 亿立方米。青海油田通过精细化开发，实现效益建产，天然气产量已占到青海油田油气当量的 60%以上。截至 5 月 13 日，青海油田年累计天然气产量突破 20 亿立方米，达 22 亿立方米，供应能力充足。青海油田突出柴达木盆地整体研究和理论认识创新，加强开发目标优选，尽快落实后备接替领域。截至 10 月 1 日，青海油田涩北气田天然气累计产量突破 1000 亿立方米，通过老井治理、产能部署等方式，加强水侵区剩余可采储量动用，日增产气 160 余万立方米；持续优化新井层位，新投进站 26 口井，日增气 24.3 万立方米。

大庆油田，2024 年天然气产量突破 60 亿立方米，同比增产 1.55 亿立方米，连续 14 年稳定增长。大庆油田强化基础理论研究和核心技术攻关，加快技术成果转化和前沿技术布局，为油气高质量发展夯实基础。大庆油田松辽地区天然气产量稳中有升，达 50 亿立方米；6 口井新建产能 2 亿立方米，当年产量超 5000 万立方米。大庆油田重庆分公司通过精细老井深挖、创新探井试采，实现川渝探区年同比增产 1.3 亿立方米，产量首次突破 10 亿立方米，天然气产量实现七连增。

西南油气田，2024年天然气产量超447亿立方米，同比增长6.4%。西南油气田持续推进生产模式变革，充分把握数字化转型机遇，创新管理模式，提升天然气开发效率。截至9月5日，西南油气田川中北部采气管理处日产气量较2024年初增长60万立方米，创该处成立以来历史新高；截至9月7日，该处累计生产天然气突破130亿立方米。蓬莱气田累计投产6口，整体生产稳定、水侵可控，试采效果良好，中深103井区开发方案落实，实现气田上产。截至9月12日，安岳气田磨溪区块龙王庙组气藏磨溪009-X1井累计安全生产3888天，累产生产天然气突破50亿立方米。

新疆油田，2024年生产天然气约45亿立方米，同比增长12.5%。新疆油田科学统筹油藏开发，聚焦重点工程，持续优化生产运行模式，实现天然气产量稳定增长。新疆油田采气一厂通过精细气井动态管理，加大措施挖潜力度，实现时刻把控生产动态和生产进度；通过加大组织协调力度，有效解决天然气生产运行管理的各类问题。新疆油田持续优化经营模式，细化生产环节，强化责任意识，通过管理创新实现生产效率的进一步提升。

3. 海上油气产能建设情况

2024年，中国海上油气产量突破8500万吨，创历史新高。海上油气开发力度进一步加强，以增储上产、科技创新和绿色发展为抓手，持续夯实资源基础，实现海上油气开发提质增效。

在产能建设方面，中国油气产业扎实推进重大项目落地，高效推进产能建设，油气产量再创新高。新项目建产效果显著，绥中36-1/旅大5-2油田二次调整开发项目、渤中19-6气田13-2区块5井区开发项目、恩平21-4油田开发项目和乌石23-5油田群开发项目已成功投产，深海一号二期天然气开发项目和流花11-1/4-1油田二次开发项目等建设稳步推进。截至8月24日，渤中19-6气田累计生产天然气超10亿立方米，对保障国家能源安全、优化能源结构具有重要意义。渤中19-2油田于10月18日成功投产，该项目的主要生产设施为新建1座中心处理平台和4座无人井口平台，开发井59口，其中包括生产井34口、注水井25口。截至9月11日，渤南油田群累计生产油气突破1亿吨，当前该区域共建成14个在生产油气田，拥有54座海上平台，超1000口开发井，日产油气当量超27500吨。截至10月13日，深海一号大气田整体已累计产气超90亿立方米，生产凝析油超90万立方米，保持高产稳产运行状态。

在海上油气开发技术方面，中国油气产业加大数智化转型力度，实现油气开发提质、降本、增效。海上智能油气田建设加快推进，秦皇岛32-6智能油田通过创建安全管理、油藏管理等应用场景，实现平台减员20%；中国海油勘探开发数据湖平台二期实现线上运行，优化勘探开发统一数据标准体系，经营管理数据资产目录实现100%线上管理，数据治理效率平均提升约30%；深海一号智能油气田建立基于数字孪生的深水气田产供销全业务流程一体化智能调控体系，推动油气生产模式转变；持续推进勘探开发专业大模型顶层设计，梳理海上油气开发AI场景需求，谋划布局人工智能技术应用。

4. 海外油气产能建设情况

2024年，中国海外油气产能突出效益开发和规模建产，资产结构持续优化，合作水平不断提升。

中国石化发挥自身资源和专业优势，妥善优化海外能源投资，提升能源工程服务水平，为扩宽国际能源合作领域、保障能源安全作出突出贡献。2024年，中国石化全方位优化海外油气生产经营，海外原油产量384万吨，同比下降5.6%。中国石化同安哥拉国家石油公司、阿尔及利亚国家石油公司开展深度合作，进一步拓展能源合作领域。中国石化国勘公司在喀麦隆滚动勘探开发获得突破，年权益原油产量持续提升。4月24日，中国石化同哈萨克斯坦能源有限公司共同成立了中国石化哈萨克斯坦能源有限公司，该公司系中国石化首家上下游企业合资成立的海外公司，标志着中国石化海外油气合作进入高质量发展新阶段。

中国石油海外油气业务注重开发效益和规模增储，稳妥推进海外油气开发业务优化。2024年，中国石油海外油气产量达2628.2万吨，较2023年下降0.7%，占本集团油气当量产量10.8%。海外原油产量2230.2万吨，较2023年增长0.8%；可销售天然气产量50.1亿立方米，较2023年下降8.5%。中国石油科学统筹油气生产，积极推动海外油气新项目开发，持续优化海外资产结构，乍得PSA项目获得高产油流，伊拉克哈法亚天然气处理厂投产运行，卡塔尔北方气田扩容项目顺利交割。

中国海油高度重视海外油气高质量开发和高水平合作，为增储上产提供重要支撑。中国海油拥有多元的海外油气优质资产，在多个世界级油气项目持有权益，资产范围包括印度尼西亚、澳大利亚、尼日利亚、伊拉克、乌干达、阿根廷、美国、加拿大、英国、巴西、圭亚那和阿联酋等20多个国家和地区。2024年，中国海油海外油气资产占油气总资产44.2%，净产量占比32.2%。海外油气净产量为8.1万吨/日，石油液体净产量为6.8万吨/日，天然气净产量为1466.5万立方米/日。2024年5月，中国海油与莫桑比克成功签署5个区块的石油勘探与生产特许合同，拓展了海外油气产能建设潜力；巴西Mero-3项目顺利推进，海外油气合作程度进一步加深。

（二）非常规油气产能建设情况

2024年，中国油气产业非常规油气开发建产成果突出。页岩气效益开采成果显著，开采技术跻身国际前沿；煤层气开发提速增效，成为非传统油气资源开发的关键一环；致密气开采技术取得显著进步，取得众多规模效益开发成果；难动用油藏采收技术不断升级，致密油开采成本进一步缩减，稠油采收效率持续提升。

1. 非常规天然气产能建设情况

2024年，非常规天然气开发进程持续推进，政策支持力度不断加大，管理模式和开发技术进一步突破，实现对开发成本的有效控制，部分气田实现了规模化、效益化开发。

（1）页岩气

2024年，中国页岩气产量超250亿立方米，保持稳定增长。页岩气增储上产速度加快，开采技术持续迭代升级，多种开发模式齐头并进，采收率进一步提升，为油气产业升级提供稳固的战略支撑。

中国石油西南油气田页岩气产量达130.5亿立方米，积极发挥能源保供"压舱石"作用。西南油气田贯彻落实创新驱动战略，创新生产组织模式，高质量建成页岩气生产基地。西南油气田稳步推进页岩气上产工程，扎实推进深层上产，夯实川南特大型气田基础，大力推进新层系评价工作，持续优化采气工艺技术体系，截至6月28日，川南页岩气田累计产气突破800亿立方米，达801.9亿立方米，成为中国最大的页岩气生产基地。西南油气田聚焦地质工程一体化精细改造，取得深层页岩气产能突破。9月7日，泸203H11平台5口井井均测试日产量超20万立方米，平台测试日产量超100万立方米，标志着泸州深层页岩气产能建设获得重大突破；9月11日，自227井顺利获高产工业气流，为川南深层页岩气复杂构造区规模效益开发提供支撑，标志着自贡区块LMX组深层复杂构造区页岩气井产能取得突破。

中国石化涪陵页岩气田产量超85亿立方米。涪陵页岩气田聚焦超长水平井技术，在优快钻井、精准压裂方面积累了丰富经验，有效提高单井产量和开发效益，截至7月3日，累计部署立体开发调整井超500口，累计产量突破650亿立方米。截至9月18日，涪陵页岩气田白马区块深层常压页岩气日产量超140万立方米，日产量同比增加53.5万立方米，增幅达75.89%，展现出该气田常压页岩气良好的开发前景。焦页159-3HF井测试获日产气21.6万立方米，刷新白马区块深层常压页岩气单井测试产量最高纪录；焦页107-2HF井和焦页147-1HF井累计生产时间均突破1100天，累计产气量分别超4500万立方米和5300万立方米。

（2）致密气

2024年，中国致密气产量有所增长，保持良好发展态势。通过优化开发经营模式和技术攻关，致密气商业化开发利用取得长足进步，有效实现资源向产量转化。

中国石油西南油气田坚持地质工程、技术经济一体化建产思路，采用全链条跟踪评价模式，充分结合钻井轨迹和地质评价成果，持续完善致密砂岩动用参数设计，不断提高储层改造效果，优化施工细节，实现降本增效。围绕金浅8南区、金华51井区等致密气上产重点区块，西南油气田统筹推进各项工作，推进致密气快速规模效益开发再上新台阶。

天府气田坚持精细生产组织与运行管理，强化过程管理和施工组织，全力推进老井稳产和新井上产。7月17日，天府气田金浅8井区金浅827平台和金华51井区金浅19平台成功投运，为加快上产步伐奠定坚实基础。截至9月13日，天府气田致密气日产量实现从900万立方米到1200万立方米的快速突破，创历史新高。天府气田集中建设完成了金浅 8 南区和金华 51 井区线路 20 条，开工浅冷集气站 4 座，投产新井 37 口，新增日产量 280 万立方米。同时加大协调力度，恢复永浅 3 大平台，日产气量 80 万立方米。完成 20 口储量井钻前工程、开钻 18 口、完钻 15 口、压裂 10 口、获工业气井 6 口，成功率 100%。同时，天府气田东部 SXM 组低压气藏取得勘探新突破，PL1 井老井上试获气 11 万$米^3$/日。

（3）煤层气

2024 年，中国煤层气产量约 167 亿立方米，开发力度持续加大，开启了煤层气规模开发新局面。

中国石油煤层气公司年产量达 41.2 亿立方米，同比增长 20.96%。煤层气公司持续推进科技创新，基本构建了煤层气勘探开发技术体系，对鄂尔多斯盆地和同类资源开发具有示范和引领作用。煤层气公司着力推进鄂东大宁—吉县深层煤层气勘探开发示范项目，牢固树立效益开发理念，聚焦提高经济可采储量，做优做强 SEC 储采平衡工程、做精做细开发评价工程、强力推进高效建产工程。截至 6 月，大吉区块深层煤层气日产量突破 400 万立方米，达 448.7 万立方米，同比上涨 130.1%。截至 5 月 29 日，公司深层煤层气日产量攀升至 501.6 万立方米，同比提升 130%以上。5 月 6 日，大吉区块吉平 2H 井累产超 1000 万立方米，成为煤层气公司首口累产超千万立方米的深层 5 号煤水平井；5 月 9 日，吉深 14-5 井台累产突破 1 亿立方米大关，成为煤层气公司第 3 个累计产气量超亿立方米的深层煤层气井台。

华北油田锚定煤层气上产 30 亿立方米目标，落实煤层气业务探明储量、新增 SEC 储量等任务，以高效产建为核心，加大科技创新力度，坚持一体化协同，积极推进矿保增储。截至 7 月 1 日，华北油田煤层气业务年累计产气 12.6 亿立方米，产气量达 700 万$米^3$/日，实现了产量效益双增长。通过评价开发一体化设计，中深层单井产最高气量突破 2 万$米^3$/日；深挖老井潜力，全年综合递减率控制在 12.5%以内。高效推进老区开发调整、新区产能建设，煤层气产量增长 1.46 亿立方米，同比增长 13%。

华新燃气山西煤层气公司积极推进煤层气产能建设工作，按照“老井稳产，新井上量，加密井布局”的工作思路，助力增储上产、推动高质量发展。

山西煤层气公司打破“直井”开采惯用模式，建成了中国第一个以“L 形水平井”为主的开发区块，在“埋深高、储层压力高、地应力高、渗透率低”的复杂地质条件下，实现了日均单井稳产 1.5 万立方米，使煤层气规模化高效开发取得了显著成绩。山西煤层气公司里必合作区块依托自动化排采系统，持续加强排采精细化管控，新井产量显著提升，截至 8 月 27 日，该区块日产气量已突破 30 万立方米。

中联公司深入践行能源安全新战略，通过开展一系列思路创新、管理变革及技术锤炼，持续加大煤层气开发力度。中联公司全力推动陆上非常规油气中心建设，施行煤层气致密气一体化、地质工程一体化、研究实施一体化，逐步优化致密气高效勘探开发技术，持续攻关深煤层充分释放产能技术，形成跨地域、跨业务、跨组织、跨专业、跨部门的全维度协同工作模式，推动加速陆上非常规万亿立方米大气区建设。

2. 非常规石油产能建设情况

2024 年，中国非常规石油产能持续扩大，多地实现持续增产；开发技术取得显著进步，新技术应用场景不断拓展；开发模式和运营模式不断优化，降低了开发成本，提高了生产效率。

（1）致密油

致密油开采多条技术路径均有所进展，采收速度大幅提升，正逐步迈向以效益为导向的生产建设。

长庆油田通过转变开发方式，以技术创新实现致密油藏难动用储量高质量开发，具备加快发展新质生产力的基础条件。截至 7 月 1 日，试验已累计实施 258 口井，日产油达 830.1 吨，年生产能力由 7.3 万吨提升至 30.3 万吨。长庆油田创新了渗流场重构压裂驱油一体化主体技术，在中国率先开展 4½英寸小套井筒再造技术现场试验，工艺指标和效果大幅提升，引领行业内技术新方向，建成了中国首个 30 万吨级转变开发方式示范区，示范区采油速度提高 5 倍以上，采收率提升约 12%。

中国石化江苏油田，引进体积压裂理念，用软件模拟裂缝延伸形态，总结裂缝拓展规律，指导优化施工排量、压裂规模，已投产的 27 口致密油井累计增产逾 2.5 万吨。江苏油田针对部分油井套管承压不够的问题，优化管柱结构，开展力学计算分析，提高抗压强度及安全系数，确保施工安全，推动地层能量利用最大化，延长稳产期。

青海油田通过优化组织模式、创新工程技术等综合措施，突出差异化设计，优化工艺参数，推广电驱压裂，强化拉链压裂组织运行管理，推进低饱和度致密油体积压裂降本增效工程，有效拉动了致密油效益开发。风西地区致密油评价井风平 8 井实施体积压裂后，落实 N_1^2V-5-1 油层集中段展布特征，为下步滚动开发部署及储量升级提供了重要依据。

（2）稠油

2024 年，中国稠油动用程度进一步加深，规模化开发技术取得突破，稠油成为油气稳产增产的重要来源。

渤海油田规模化热采技术取得突破，为稠油超稠油规模化开发提供支持。截至 8 月，旅大 5-2 北油田依靠新工艺日增产原油约 200 吨，旅大 21-2 油田投产以来累计热采原油突破 80 万吨。渤海油田在地面规模注热方面，创新研制锅炉设备，占地面积较陆地油田同排量设备减少 25%，在井筒安全高效注采方面，实现了“注采两趟”向“注采一体”的突破。渤海油田重视基础研究，建设海上稠油热采重点实验室，围绕稠油开采核心技术进行攻关，发布并实施《渤海油田基础研究十年计划》，强化基础研究和前瞻应用。

辽河油田创新形成以中深层稠油大幅度提高采收率技术为代表的稠油超稠油开发完整技术序列，蒸汽驱、火驱等特色技术保持行业领先水平，打造并建成了国家能源稠(重)油开采研发中心。曙一区超稠油蒸汽驱是辽河稠油稳产的重要接替方向，截至 10 月，已开展 20 万厘泊试注试验，明确了重力辅助剥蚀采油作用机理，取得显著增油效果，采油速度由 1.5%提高至 2.4%。辽河油田牵头开展“稠油大幅度提高采收率关键技术研究”，聚焦稠油开发已有方式升级提效、更深更稠换代提采、绿色低碳技术转型三个方向，突破稠油采收率极限、开发界限极限、低碳节能极限。

吐哈油田鲁克沁采油管理区聚焦主业主责，多措并举，强化整体部署，通过内部调整和立体滚动评价相结合的措施，实现地质油藏、钻井采油、地面系统统筹考量，实现整体规划、分步实施，创新建立不同类型油藏可复制、可推广的高效开发调整新模式，实现稠油长期效益开发。通过抓实现场试验与科研成果转化，加快推进关键问题攻关，为厂辖区内难采储量的有效动用和已开发油藏持续提升开发效果做好技术支撑。

（三）油气开发技术进步分析

2024 年，中国油气行业注重科技创新导向，持续攻坚关键核心技术，大力发展新质生产力，持续完善创新配套措施，技术应用场景不断拓宽，有力支撑了行业转型升级。

1. 压裂技术

2024 年，中国油气行业压裂技术不断更新换代，科技自主能力持续加强，既注重原创技术创新，又注重前沿技术应用。

长庆油田多级加砂 2.0 宽缝压裂技术取得突破。该技术系长庆油田油气工业研究院自主开发，在陇东油区进行了实施。试验井的日产油量由 1 吨以下提高至 2.5 吨，达初期投产的 3.5 倍，采油速度由 0.28%提高至 0.94%，该项技术的可行性得到了验证，为类似难动用储量大幅增产提采探索了一条有效途径。该技术在现场实验中，采用了 6 级加砂 10 级暂堵，压裂排量、液量、砂量等工艺参数由小到大、由弱到强，级间压力响应特征明显，工作压力由初级 18.8 兆帕上升至末级 53.4 兆帕，停泵压力由初级 7.6 兆帕上升至末级 12.1 兆帕，缝内净压力由初级 4.4 兆帕上升至末级 8.7 兆帕。

吉林油田分簇射孔压裂技术取得突破。该技术系吉林油田油气工艺研究院油气藏改造技术研究中心开发，通过连续厚层“分簇射孔压裂替代连续射孔压裂”的技术做法，实现了压裂费用的降低。该技术可降低单井射孔投资 37.6%，全年降低产能建设油井压裂射孔费用 1200 万~1500 万元，降本增效效果显著。该分簇射孔技术每簇 0.5~1 米，每段 3~6 簇，每米 8~10 孔，现场试验结果证明分簇射孔油井压裂改造和排液生产均不受影响。分簇射孔技术已在两井油田让 11 区块扶余油层完全应用，新木、新立进行小规模试验，现场试验效果较好。

吐哈油田干粉变黏混配压裂液技术取得突破。吐哈油田在施工过程使用专门的混配装置，将聚合物干粉与水直接混配成压裂液，减少了白油、分散剂的使用，既保留了常规变黏液即配即用、黏度实时可调的特点，又降低了液体成本。在该技术指导下，9 月 17 日，萨 11-4-3 井压裂改造任务顺利完工，入井总液量 611 立方米，砂量 70. 3 立方米，最高砂比 25%，排量 7~10 米^3/分，施工过程中干粉分散情况良好，减阻、携砂性能稳定，达到设计要求，印证了干粉在线混配技术的可行性。

胜利油田耐温型干粉在线混配技术研究取得重大技术进展。2024 年 8 月，胜利石油工程井下作业公司应用耐温型干粉在线混配技术顺利完成利斜 891 井 5 段压裂储层改造任务，这是该技术首次在胜利页岩油井试验应用，创造单段配制液量最大、单段配液时间最长等多项纪录。通过自主攻关，在大分子量干粉快速水化、高黏度乳液高效分散、大排量黏度实时调节等关键技术环节反复试验论证，完成了对耐温型干粉在线混配设备关键结构优化设计，并对高黏度乳液分散技术进行三次重大改进，创新提出了分段式分散结构，耐温型干粉黏度释放速度提高 20%。

2. 非常规油藏开发技术

辽河油田稠油降黏复合驱试验成功，冷采技术获得突破。2024 年 8 月 12 日，辽河油田在奈 3 块实施的降黏复合驱 2 井组(奈 1-60-32 井、奈 1-60-24 井)已运行 12 天，累计注入药剂 774 立方米，各项施工参数均正常，标志着辽河油田首次开展稠油降黏复合驱现场试验取得突破性进展。辽河油田通过配方优选、物模实验、工艺优化，设计出既能有效封堵裂缝，又能实现双流度控制的“调剖+复合降黏驱”的实施方案，该方案采用 4 注 18 采井组，可提高采收率约 2. 3%。辽河油田研发出了一种小分子复合冷采剂，具有剩余油孔隙置换、高效降黏、流度控制等三大功效，降黏率高达 96. 1%，分散粒径降低 60%。

辽河油田“以电代气”试验取得成功，推动稠油热采绿色降碳。辽河油田攻关“以电代气”蒸汽生产技术，一是井下大功率电加热装置，二是高温电热熔盐储能注汽技术。熔盐储能注汽主要是利用高温熔盐将夜间电网谷电转化为热能存储起来，再通过持续放热把软化水加热成蒸汽。截至 2024 年 7 月，世界首座高温电热熔盐注汽试验站位于辽河油田欢喜岭采油厂的齐 40 块，已累计生产蒸汽 1. 9 万吨，替代天然气 120 多万立方米，减排二氧化碳 2680 吨。

河南油田针对致密油储层特低孔、特低渗的特点，探索形成了针对旬宜探区特色致密油的压裂 2.0 工程技术。利用“全覆盖+差异性”的布缝思路，采用小间距切割设计，并配套颗粒更小更密的石英砂支撑，实现致密油的有效动用。同时，河南油田将连续油管压裂技术应用到致密油水平井压裂领域，配套开发了“压裂、驱油、增能”三合一压驱方案，助力难采储量有效动用。截至 10 月，河南油田在旬宜探区致密油压裂施工 7 井次，增油 1.5 万吨。

新疆油田致密油开发技术取得新进展。新疆油田精细刻画地质甜点，利用地震、测井、地质建模一体化方案，提升开发效率。截至 9 月 7 日，新疆油田百口泉油田百 31 井区三叠系油藏未动用储量水平井建产取得显著成效。首批试验水平井 bHW3103、bHW3107、bHW3112，平均单井稳定生产超过 348 天，累计产油突破 2 万吨，单井日均产油超 20 吨，为新疆油田特低渗、致密砂砾岩储层非常规开发指明了方向。

3. 人工智能开发技术

在油气开发中使用人工智能技术成为中国油气行业数智化转型的新趋势，以技术有效赋能加快培育新质生产力，推动实现油气产业高质量发展。

中国海油发布人工智能模型，推动海上油气开发高水平发展。10 月 14 日，中国海油“海能”人工智能模型正式发布，该模型可为实现海油油气行业资源最优配置、提升工作效率、精益现场管理、优化商业模式、释放创新活力等提供数智支持。该人工智能模型围绕智能油气田、智能工程、智能工厂、智能贸销、智能 QHSE、智能供应链、智能管理、智能办公等 8 类 100 多个业务场景模型，聚力实现小模型和大模型兼备、专业场景和通用场景兼容、生产和经营管理全覆盖，支持油气开发上中下游业务。在上游领域，重点以智能油气田建设为目标，实现传统人工经验决策模式向以数据驱动、业务协同、智能调控的新运营模式转变；在中下游领域，通过 AI 技术融合，构建智能化贸销业务链。

西南油气田建成智能气田，实现气田安全高效开发。7 月 24 日，西南油气田铁山坡智能气田建设项目顺利通过专家组评审验收，成为中国石油首个自主开发的特高含硫智能气田。铁山坡智能气田已连续稳定运行 400 余天，全面提升特高含硫气田生产一体化智能管控能力，实现气藏、井筒、管道、站场关键参数采集覆盖率 100%，模型综合准确率超 90%，场站无人值守率

100%，有效助力特高含硫气田安全、科学、高效开发。

大港油田研制“基于人工智能与云边协同的油井智能调控技术”，实现了由“人工查井”向“智能巡检”的转变。该装备拥有自感知、自学习、自决策、自执行、自适应的超强能力，具备耐寒抗热的特点，在-30~70℃的环境下可以稳定运行，有效解决油井生产过程中井况变化跟踪分析依赖人工经验、巡检及制度调整依赖人工操作、远程调控因安全风险大难以进行等难题。

新疆油田借助AI云平台，提升油气生产效率。截至8月12日，新疆油田百口泉采油厂运用自主研发的远程智能AI云平台成功导入并执行108口低效井的间抽计划，单口低效井平均日耗电减少40千瓦·时，泵效提升9.54%。该平台利用先进的数据分析技术和AI算法，建立科学的低效井筛选模型，精准识别出需要实施间抽策略的油井，并自动调整间抽计划以匹配生产实际，有效提升了油井在生产过程中的运行效率。

4. 其他技术成果

智能分采技术。该技术由中原油田自主研发，可实现特高含水油藏的开发动用，为老油藏精细挖潜和效益开发提供技术保障。以井下智能开关器为核心的智能分层采油技术，在每套油层上安装智能开关阀，通过地面遥控指挥，让相应油层打开或关闭，实现油井生产由“统筹合采”向“智能分采”转变。截至9月，智能分采技术在中原油田39口井应用，精准识别储层产能66个，单井含水最高降低14%，累计增油2000余吨。

随钻方位电阻率边界探测系统(AMR)技术。该系统由中国石化经纬公司地质测控技术研究院自主研发，为难动用油藏开发提供技术支持。该系统可指挥钻头准确命中油气藏目标，并最大程度穿行于有效储层内，为油气田高效勘探开发提供更具经济性、适用性的解决方案。采用“地质导向+AMR边界探测+远程技术支持”的一体化施工模式，对当前作业状况进行实时跟进汇报，指导钻井轨迹入层。8月，该技术在胜利油田桩11-平6井顺利实施，获得良好效果。

非金属敷缆管智能加热无杆采油系统。该系统由华北油气工程技术院研发，实现定时定温加热、实时监测井下动态参数、高效传输电能。该系统采用非金属复合材料，可有效避免入井、生产过程中电缆、加热丝磕碰，大幅降低原油与管壁黏滞阻力，有效保障稠油长期、高效开采。该系统的成功应用，为国内外同类油藏高效开采提供有力技术支撑。9 月，该系统在泾河油田 JH2P47 井成功应用，日产油 11.34 吨，为泾河油田稠油热采探索了新路径。

二、2025 年中国油气开发产业展望

2025 年，作为“七年行动计划”的收官之年，将进一步深化油气勘探开发体制机制改革创新，聚焦重点盆地，加大资金和工作量投入，推进规模化高效建产。推进“两深一非一老”技术攻关，推动油气开发与新能源融合发展，构建多能互补的综合能源开发利用体系，打造低碳、零碳油气田示范工程。通过数字化、智能化转型升级，创新能源供需动态匹配模式，推动油气产业高质量发展，为构建新型能源体系提供有力支撑。

（一）总体思路

1. 石油开发总体思路

2025 年，中国的石油开发以推进产业高质量发展为主线，持续深化勘探开发体制机制改革创新。围绕深地、深水、非常规和老油气田的高效开发进行技术攻关。着力构建石油开发与可再生能源的协同发展体系，积极探索绿电支撑油田开发的新模式，推动油气田向“低碳”“零碳”转型。着力推动传统油气生产基地向综合能源开发利用基地转型，建立多能互补、协同发展的新格局，为实现“双碳”目标作出积极贡献。

2. 天然气开发总体思路

2025 年，中国天然气开发将继续坚持稳中求进工作总基调，以提升供给保障能力为核心目标。聚焦重点盆地，加大投资和工作量强度，通过规模化、集约化开发，加快建设天然气生产基地。加大技术创新力度，重点推广增压开采等先进技术，持续提升开发效率。同时，积极推进与新能源的融合发展，通过提高油气田电气化率、发展分布式能源等方式，优化能源供给结构，提升天然气商品量供应水平。

（二）发展目标

2025 年，中国油气开发产业以保障国家能源安全为核心，深化推进与新

能源的融合发展。根据《加快油气勘探开发与新能源融合发展行动方案（2023—2025年）》设定的目标，通过增压开采等措施，将累计增产天然气约30亿立方米；通过油气促进新能源高效开发利用，满足油气田提高电气化率新增电力需求，替代勘探开发自用油气，累计清洁替代增加天然气商品供应量约45亿立方米；通过低成本绿电支撑减氧空气驱、二氧化碳驱、稠油热采电加热辅助等三次采油方式，累计增产原油200万吨以上。聚焦“两深一非一老”领域核心技术突破，加快推进二氧化碳捕集、利用与封存工程建设，打造一批引领性的低碳、零碳油气田示范工程。通过积极推进陆上油气勘探开发自消纳风电和光伏发电，以及统筹推进海上风电与油气勘探开发，形成油气上游领域与新能源新产业融合、多能互补的发展新格局。

（三）政策展望

1. 深化油气勘探开发战略规划，强化能源安全保障体系

随着2019—2025年“大力提升油气勘探开发力度七年行动计划”进入收官阶段，结合2024年7月国家能源局“2024年大力提升油气勘探开发力度工作推进会”（以下简称“推进会”）的战略部署，预计2025年油气勘探开发领域的政策重点将进一步聚焦规划引领。“推进会”明确提出“要坚持规划先行，扎实做好顶层设计，着眼于新型能源体系的构建和油气行业的高质量发展，科学谋划油气勘探开发布局及任务”。预计这一政策导向将在2025年得到深化落实，加强政策支持力度，推动制订新一轮油气勘探开发中长期行动计划，以接续“七年行动计划”的战略成果。

在重点区域开发方面，基于“推进会”提出的“聚焦重点盆地，加大资金和工作量投入强度，强化科技攻关力度，集中立体勘探，规模高效建产，加快建立油气勘探开发基地”的要求，2025年有望出台更有针对性的区域性支持政策。这些政策将着重关注重点盆地的资源潜力评价、勘探开发投入保障、科技创新支撑等方面，通过政策引导推动形成一批油气勘探开发基地。

在体制机制创新方面，“推进会”明确提出“要高质量推进油气勘探开发体制机制改革创新，努力激发骨干油气企业内生动力和竞争性环节市场活力”。这一政策导向将在2025年持续深化，可能会出台相关政策完善油气勘探开发

市场化机制，在保障国家能源安全的前提下，通过市场化改革激发企业活力。特别是在完善油气勘探开发投资机制、风险勘探补偿机制等方面，预计将有新的政策举措出台。

2. 加快“两深一非一老”核心技术突破，构建现代化油气开发技术体系

“推进会”明确将“两深一非一老”确定为四大重点攻关领域。“推进会”要求“以科技创新为引领，持续开展‘两深一非一老’四大领域攻坚战，加快突破万米级深地、千米级深水、纳米级非常规和老油气田高效开发关键理论与技术难题”。这一政策导向将在2025年得到持续深化，加强政策支持力度，在科技创新投入、创新平台建设、产学研协同等方面出台配套支持政策。

在深地勘探开发方面，针对万米级深层油气藏勘探开发面临的高温、高压、高应力等技术难题，2025年可能会出台专项支持政策，重点支持深层地质理论创新、深层勘探技术装备研发、深层钻完井工艺攻关等方向。在深水油气开发方面，基于我国海洋油气勘探开发战略需求，预计将加强千米级深水油气勘探开发装备自主化、智能化技术攻关的政策支持力度，推动建立深水油气开发技术体系。

在非常规油气开发方面，针对纳米级致密油气藏开发效率低、成本高等问题，2025年有望出台相关政策加强非常规油气开发技术创新支持力度，重点突破储层改造、开发方式优化等关键技术。对于老油气田开发，基于《加快油气勘探开发与新能源融合发展行动方案（2023—2025年）》（以下简称《行动方案》）提出的“我国老油区已逐步进入开发后期，面临油气资源接替不足、稳产难度大、生产成本高等难题”的形势判断，2025年将可能强化政策支持力度，推动老油气田提高采收率技术创新，特别是在“低成本绿电支撑减氧空气驱、二氧化碳驱、稠油热采电加热辅助等三次采油方式”等方面加大支持力度。

3. 加强油气与新能源融合创新，推动产业高质量发展

基于《行动方案》和《中共中央 国务院关于加快经济社会发展全面绿色转型的意见》（以下简称《意见》）的政策导向，2025年油气与新能源融合发展将进入深化实施阶段。《行动方案》明确提出“到2025年，大力推动油气勘探开发与新能源融合发展，积极扩大油气企业开发利用绿电规模”的发展目标，并设定了具体的量化指标：通过油气促进新能源高效开发利用，满足油气田提高电气化率新增电力需求，替代勘探开发自用油气，累计清洁替代增加天然气商品供应量约45亿立方米；通过加大增压开采等措施，累计增产天然气约30亿立方米；通过低成本绿电支撑减氧空气驱、二氧化碳驱、稠油热采电加热辅助等三次采油方式累计增产原油200万吨以上。

在具体实施路径方面，《行动方案》提出要“积极推进陆上油气勘探开发自消纳风电和光伏发电，风光发电集中式和分布式开发。统筹推进海上风电与油气勘探开发，形成海上风电与油气田区域电力系统互补供电模式”。为确保这些目标在2025年得到实现，预计将加强政策支持力度，可能会出台促进油气企业发展新能源产业的专项政策，支持企业开展多能互补示范工程建设。

在转型升级方面，《行动方案》强调“需要依托油区及周边资源，以油气产业为基础加强新能源新材料新业务开发利用，推动传统油气生产向综合能源开发利用和新材料制造基地转型发展”。2025年可能会加强政策支持力度，推动建设一批油气与新能源融合发展示范区，打造新型综合能源产业基地。

4. 深化绿色低碳转型，加快“低碳”“零碳”油气田建设

“推进会”明确提出“要加快绿色转型，坚持因地制宜、多元融合，系统推动油气清洁高效开发利用，加快CCUS产业化发展，推动油气勘探开发助力‘双碳’目标实现”。这一政策要求与《意见》提出的“稳妥推进能源绿色低碳转型”要求高度契合，将指导2025年油气行业绿色低碳发展。

在具体实施方面，《行动方案》提出“坚持在保护中开发、在开发中保护、环保优先，加快开发利用地热、风能和太阳能资源，创新能源供需动态匹配核心技术和工作模式，积极推进环境友好、节能减排、多能融合的油气生产体系，努力打造‘低碳’‘零碳’油气田”。为落实这一要求，2025年预计将加强政策支持力度，可能会出台支持油气田绿色低碳转型的专项政策，重点支持清洁生产技术创新、节能减排技术推广、生态环境保护等领域。

在CCUS产业化发展方面，《意见》明确提出要“推进二氧化碳捕集、利用与封存项目建设”。结合“推进会”提出的加快CCUS产业化发展要求，2025年有望加强政策支持力度，在CCUS示范工程建设、技术创新、商业模式创新等方面出台配套支持政策。

5. 完善油气田智能化建设，构建数智化生产运行体系

基于《行动方案》提出的“创新能源供需动态匹配核心技术和工作模式”的要求，以及“推进会”强调的科技创新引领作用，2025 年油气田智能化建设将进入深化实施阶段。预计将加强政策支持力度，可能会出台推动油气田智能化建设的专项政策，重点支持智能化技术创新、数字化转型等领域。

在具体实施路径方面，一是推动油气田生产运行智能化升级。基于《行动方案》提出的多能互补发展要求，2025 年将重点支持建设智能化生产指挥系统，通过数字技术实现油气生产与新能源发电的协同调度，提高综合能源利用效率。二是加快油气田数据资产建设。围绕“推进会”提出的科技创新要求，预计 2025 年将加强政策支持力度，推动建设油气田大数据平台，促进勘探开发全过程数据的汇集共享和价值挖掘。

在技术创新方面，结合《行动方案》提出的“创新能源供需动态匹配核心技术”要求，2025 年可能会出台相关政策支持智能化核心技术攻关，重点突破智能传感、自动控制、人工智能等关键技术，推动形成具有自主知识产权的油气田智能化技术体系。同时，为满足“推进会”提出的“两深一非一老”技术攻关要求，预计将加强智能化技术在深地、深水、非常规、老油气田等重点领域的应用示范。

中国油气工程技术服务产业分析与展望

2024年，中国经济逐步回暖，市场预期有所改善，油气企业继续加大勘探开发力度，为国内油气工程技术服务市场的发展提供了重要支撑。展望2025年，国内油气工程技术服务公司将维持审慎的投资策略，油气工程技术服务市场竞争会进一步加剧。

一、2024年中国油气工程技术服务市场现状

2024年，中国油气工程技术服务市场总体发展态势良好，与全球油气行业复苏趋势一致。下面从行业增长态势、企业经营表现、技术创新方向以及国际化拓展4个方面，对2024年中国油气工程技术服务市场进行全面分析。

（一）中国油气工程技术服务行业步入增长周期：技术创新与保供能力双驱动

2024年，油气工程技术服务行业与全球油气行业发展趋势高度一致。全球经济环境逐步改善，油气行业活跃度上升，加之海上油气勘探的资本支出继续增长，全球油气工程技术服务市场规模持续扩大。在国内市场方面，过去十年中，中国石油消费量总体呈现增长趋势。由于油气对外依存度过高、供应来源较为单一，中国近年来积极推动“增储上产”工程，努力提升油气的保供能力。随着国内石油勘探与开采工作的持续推进，石油产量稳步提升，油气工程技术服务行业也进入了上升周期。政策方面，工业和信息化部等七部门于2024年1月发布的《关于推动未来产业创新发展的实施意见》提出，以深部作业需求为核心，推动一系列高端资源勘探开发装备的研发，如超深层智能钻机工程样机、深海油气水下生产系统和深海多金属结核采矿车。这些设备的研发旨在带动关键技术的突破，进一步提升油气行业的核心技术水平。

（二）中国油气工程技术服务行业经营分化加剧：稳中有升与挑战并存

2024年，中国油气工程技术服务企业的经营状况呈现出分化趋势。在行业景气度波动与市场环境变化的影响下，行业内主要企业采取了差异化的应对策略。中海油服积极迎合油气行业的发展趋势，通过优化国际市场布局和开展高价值项目，推动了各项核心技术的应用与转化。中海油服物探工程勘察业务于2024年1月获得首个北美合同(框架协议和订单模式)，标志着公司物探工程勘察业务成功进入北美市场。杰瑞股份在海外市场拓展和技术创新方面表现亮眼，尽管国内业务受订单减少影响，但整体盈利能力保持增长，全球化战略成效显著。2024年9月，杰瑞股份与巴林国家石油公司达成协议，签署7个天然气增压站的工程总承包合同。该项目合同总金额(含税)达3.16亿美元，涵盖27台压缩机单元，全部由杰瑞负责设计、制造和供货。中油工程继续强化其在能源工程领域的综合服务能力，通过技术创新和数字化转型，不断提升服务效率和质量。2024年上半年，中油工程研发费用同比增加48.93%，表明公司加大在科技创新和产品升级方面的投入，以适应市场变化和提升竞争力。

（三）中国油气工程技术服务行业创新活力显著：技术创新与协同合作驱动可持续发展

2024年，中国油气工程技术服务行业展现出显著的创新活力，特别是关键技术突破和行业整体改善。随着全球对能源转型和可持续发展的重视，油气工程技术服务行业正逐步朝更加智能化、环保化和高效化的方向发展。技术创新方面，2024年，技术创新取得了多项重要突破。例如，中海油服于2024年10月成功应用自研的水下井口回收技术，这项技术在恩平区块的首次应用中提升作业效率超30%。此进展不仅提高了深水弃井作业的效率，还增强了中国在国际市场的竞争力。此外，杰瑞环保科技有限公司在2024年10月的北京国际风能大会上推出了全球首个针对退役风电叶片和光伏组件的循环利用解决方案，显著提高了资源回收率，有效解决了传统处理方式中的效率低和环境污染问题，进一步推动了环保与可再生能源技术的结合。此外，2024 年的行业发展还体现出数字化技术的深入应用。虚拟现实（VR）和增强现实（AR）技术逐渐被引入培训和操作中，以提升工人的技能和安全意识，降低事故发生率。在协同合作方面，2024 年行业内的合作愈加频繁，尤其在技术交流和知识共享方面。企业通过联合研发、技术合作和行业联盟的方式，共同攻克技术难题，提升行业整体技术水平。这种协作不仅促进了资源高效配置，也加快了新技术落地和应用，为推动行业可持续发展奠定了基础。

（四）中国油气工程技术服务行业国际布局提速：抓住高油价机遇拓展全球市场

2024 年，中国油气工程技术服务行业的海外业务发展势头强劲，多个企业纷纷扩展国际市场，签署了重要合同，呈现出持续增长趋势。例如，石化油服于 2024 年 6 月与沙特阿美签署了近 80 亿元的合同，涉及沙特国家天然气管网三期管道项目群的采购与施工。中曼石油于 2024 年 10 月公告，其全资子公司与伊拉克中部石油公司签署了 EBN 区块和 MF 区块的开发生产合同。根据初步评估，EBN 区块的石油地质储量约为 4.64 亿吨、溶解气约 854 亿立方米，而 MF 区块的原始石油地质资源量约为 12.58 亿吨、溶解气约 508 亿立方米，这表明中曼石油海外资源开发潜力巨大。受益于海外油气端资本开支提升，国内企业发力重心正逐步向国际市场转移，杰瑞股份、海默科技、中曼石油、博迈科等公司正在积极探索国际市场以提升国际影响力。随着全球市场的进一步开拓，这些企业不仅在技术和产品质量上获得了客户认可，更在油价高位运行的背景下，把握了良好的出海机遇，为未来的发展奠定了坚实基础。

二、2024 年中国油气工程技术服务产业问题

作为国家能源体系的支柱，2024 年中国油气工程技术服务行业正处于一个重要的转型期。国内外发展环境的变化，为行业带来了发展机遇，也带来包括技术设备创新、市场竞争结构和融资门槛等多方面挑战。

（一）创新短板：高端装备不足与智能化转型滞后

2024年，中国油气工程技术服务企业在技术装备、智能化转型和国际化水平上依然与国际先进水平存在差距。尽管近年来在国内市场取得了显著进展，尤其在中国石油、中国石化和中国海油等国有公司的带动下，通过持续的技术研发和投入显著增强了服务能力，但在高端设备和技术上，依然难与斯伦贝谢和哈里伯顿等国际巨头抗衡。

在高端钻探设备方面，国外油气工程技术服务企业已普遍应用自动垂直钻井系统、高性能测井设备和智能油田管理软件，而中国市场对此类先进设备的引入与应用尚处于起步阶段。在环保技术上，国际企业积累了丰富的创新经验，已在减少碳排放和废弃物处理等领域掌握了多项先进技术，中国油气工程技术服务企业虽然也在探索环保创新，但整体发展仍显滞后。

在智能化和数字化转型方面，国际油气工程技术服务企业通过大数据、云计算和人工智能的应用，逐步实现作业的自动化和运营优化，显著提升了生产效率。相比之下，中国油气工程技术服务企业尽管已加大了智能化投资，但整体应用的深度和效果仍与国际市场存在显著差距。

（二）结构短板：民营企业抗风险能力不足与市场竞争劣势

在国家政策支持与国有油气工程技术服务公司业务需求持续增长的背景下，民营油气工程技术服务企业的抗风险能力显得相对薄弱。许多民营企业由于规模小、业务单一，能够跨市场提供综合服务的公司寥寥无几，在与国有企业竞争中处于明显劣势。民营企业在市场风险抵御能力上的不足，进一步限制了其业务拓展和市场竞争力提升，导致在行业发展中逐渐被边缘化。

目前，中国油气勘探与开发业务主要集中于中国石油、中国石化和中国海油三大石油公司。这三家国有企业占据了绝大部分市场份额，油气工程技术服务公司的服务对象也主要集中于上述公司及其下属子公司，导致行业集中度极高。民营油气工程技术服务公司普遍规模较小，抗风险能力差，在产业链上与国有大型油气工程技术服务公司相比，处于竞争弱势，议价能力相对较低。

由于历史原因，中国油气工程技术服务行业内，国有油气工程技术服务企业占据了70%~80%的市场份额，民营企业与外资企业仅占20%~30%。国有企业在行业内基本维持着垄断地位，使得民营企业难以获取足够的市场份额。中国民营油气工程技术服务企业多为专注于特定业务领域的专业型公司，这使它们在服务内容和范围上受到限制。

由于国有能源集团较高的入网壁垒，民营企业必须依靠在细分领域内的专业化技术水平来获取业务机会。然而，它们的战略规划通常跟随“三桶油”的步伐，缺乏独立的市场拓展策略，这种依赖性降低了民营企业的市场灵活性。

（三）融资短板：高门槛与资金压力

油田技术服务行业的高门槛和复杂性造成了显著的行业壁垒，这一行业不仅涉及多个领域的技术应用，还有较高标准的技术要求与综合性，施工方案、作业工艺、设备选型及维修技术均需依赖丰富的实践经验。此外，油气工程技术服务通常属于资本密集型行业，相关设备的高造价和较长的采购周期意味着企业必须具备强大的资金实力。在这一背景下，油气工程技术服务公司往往需承担大额的资金垫付，尤其是在服务规模扩大时，对垫资能力的要求也随之增加。尽管国内油气工程技术服务公司的下游客户通常拥有良好的商业信誉，但行业内严格的结算制度和较长的结算周期，显著增加了服务提供商的营运资金压力。这种资金周转的不畅，限制了企业的灵活性和市场应对能力，进一步削弱了它们的竞争地位。与此同时，高门槛的行业特性使新入局者面临诸多挑战，许多潜在的民营油气工程技术服务企业因缺乏必要的技术能力与资金支持，难以有效进入市场，导致行业内竞争的单一化和不平衡。技术的快速迭代与更新，要求企业不断进行研发投资以保持竞争力，这对资金的持续投入提出了更高要求。

三、2025年中国油气工程技术服务行业展望

2025年是中国的石油工程技术服务行业实现“十四五”节能减排目标的关键阶段，必须大力推动低碳化转型和高质量发展。通过技术创新、绿色转型、

市场整合和人才培养，为可持续发展和经济增长做出更大贡献。

（一）智能化驱动技术创新，全面提升作业效率与安全性

2025 年，技术创新与智能化的融合将成为中国石油工程技术服务行业的主要推动力。随着人工智能、物联网、大数据和云计算等技术的迅速发展，油气工程技术服务企业将逐步实现生产环节的智能化。自动化钻井系统和无人机勘探监测等技术的广泛应用，使得油田的勘探、开采和生产过程可以在实时数据分析的基础上进行优化。这种转型不仅能提高作业效率，还能显著降低安全风险。例如，通过物联网技术，企业可以实时监控设备状态，提前识别潜在故障，减少停机时间，从而提高整体作业效率。此外，深度学习与人工智能的结合，能够有效提升油田开发中的资源预测能力，帮助企业更准确地评估油气储量。这将引导企业在资源配置和开发策略上做出更为精准的决策，从而实现成本的有效控制与效益最大化。

（二）绿色转型加速，环保技术与可持续发展成为核心

2025 年，随着中国政府对可持续发展目标的持续推进，环保政策的严格程度将不断提升。油气工程技术服务行业将面临更加严格的环保法规与标准，企业必须融入绿色发展理念。在这一背景下，企业应当积极研发与应用环保技术，如采取低碳钻井技术、废弃物处理和资源回收等措施，以减少对生态环境的影响。通过采用新型环保材料和技术，企业可以实现污染物的减排和资源的高效利用。绿色转型不仅是政策需要，更是市场竞争的必然选择。随着消费者与投资者对可持续发展日益重视，企业在品牌建设与市场拓展中也应将环保理念作为核心要素。因此，油气工程技术服务企业需加强环境管理体系建设，推动企业内部的环保文化，确保绿色技术有效应用，实现经济效益与环境保护的双赢。

（三）市场整合深化，竞争格局向差异化与专业化发展

预计 2025 年，油气工程技术服务市场竞争将进一步加剧，市场参与者数量持续增加，资本进入速度将更快。在这种背景下，市场整合与竞争格局将

发生深刻变化。一方面，许多中小型企业将在激烈的竞争中面临生存压力，可能通过合并、收购等方式实现资源整合，提升市场份额。另一方面，行业龙头企业将通过加强品牌建设、提升服务质量和技术创新等手段，进一步巩固其市场主导地位。这种整合趋势将导致市场参与者服务水平与竞争策略差异化，油气工程技术服务企业需要根据市场变化调整自身战略，聚焦核心竞争力。例如，通过细分市场、提供专业化服务和个性化解决方案，企业可以在竞争中占据独特的市场位置。建立与客户的长期合作关系，增强客户的忠诚度，将成为企业维持竞争优势的重要手段。

（四）国际化布局拓展，新兴市场与“一带一路”成为增长引擎

2025年，在全球能源需求结构发生变化的背景下，中国油气工程技术服务企业将迎来新的国际化机遇。新兴市场如印度、非洲等地的油气资源开发潜力巨大，吸引了大量外资和技术进入。油气工程技术服务企业需要积极拓展国际市场，加大对这些地区的投资力度，通过与当地企业的合作，快速进入市场。与此同时，国际合作项目的增加也将为企业提供丰富的经验和技术积累。随着“一带一路”倡议的推进，中国油气工程技术服务企业可以借助政策与市场的双重优势，提升其在全球市场中的地位和影响力。

（五）人才战略升级，技能提升与多元化团队建设齐头并进

预计2025年，油气工程技术服务企业面临的人才短缺问题将愈加突出。随着行业技术的迅速进步，企业需要高素质的人才以应对复杂的市场需求。当前，国内石油院校在油气工程技术服务人才培养上仍显不足，导致企业在人才储备上面临压力。因此，油气工程技术服务企业必须加大在人才培养与引进上的投入，建立完善的职业发展体系，通过内部培训、职业晋升机制等方式来提升员工的专业能力。积极与高校合作，开展校企合作项目，培养适应市场需求的人才。大力引进国际优秀人才，提升团队技术水平和多样性，增强企业创新能力和市场竞争力。

中国炼化产业发展分析与展望

2024 年，中国炼化产业总体增速明显放缓，整体运行朝着一体化、扩展新发展领域方向发展。炼化企业油转化、油转特已成为主要趋势。目前，炼化产业依然存在产能过剩、绿色转型进展缓慢、高端产品供需不平衡、国际竞争加剧与市场不确定性增加的问题和挑战。预计 2025 年，炼化产业向低碳发展的步伐将进一步加快，产能结构和生产力布局不断优化，技术创新驱动炼化产品走向高端化、差异化，智慧、清洁、安全、高效的智能炼厂建设将继续加速。

一、2024 年中国炼化产业发展状况

2024 年，在“双碳”目标推动下，炼化行业产能扩张放缓、监管加强，总体来看，炼化产能较 2023 年小幅上升。

据中国石油和化学工业联合会数据统计，2024 年中国原油表观消费量达 75480. 23 万吨，同比下降 0. 3%，对外依存度为 71. 8%。天然气表观消费量 4244. 12 亿立方米，同比增长 8%，对外依存度为 42%。成品油表观消费量 38306. 5 万吨，同比上升 1. 7%，其中汽油表观消费量 15038. 2 万吨，同比增长 3. 5%；柴油表观消费量 19551. 4 万吨，同比下降 1. 4%；煤油表观消费量 3716. 8 万吨，同比增长 12. 7%；合成树脂表观消费量 13768 万吨，同比增长 0. 8%；合成橡胶表观消费量 1298 万吨，同比下降 3. 1%；乙烯表观消费量 3708. 5 万吨，同比增长 1. 2%；烧碱表观消费量 4059. 4 万吨，同比增长 4. 3%。

2024 年，中国炼油产业原油加工产量 21282. 3 万吨，同比增长 1. 8%。成品油产量 41917. 1 万吨，同比增长 0. 3%，其中生产汽油 16011. 2 万吨，同比增长 1. 6%；生产柴油 20340. 2 万吨，同比下降 4%；生产煤油 5565. 7 万吨，同比增长 14. 9%。2024 年化工产业重要产品中，乙烯产量 3493. 4 万吨，同比

增长 0.7%；硫酸产量 10369.9 万吨，同比增长 6.9%；烧碱产量 4365.7 万吨，同比增长 5.5%；合成树脂产量 12751.6 吨，同比增长 4.3%；合成橡胶产量 921.9 万吨，同比增长 1.4%；化肥产量 6006.1 万吨，同比增长 8.5%。

（一）炼化产业利润同比下降

根据中国石油和化学工业联合会数据，2024 年中国炼化产业主营业务利润同比下降：从每百元营业收入成本看，炼油板块增加 2.16 元；从亏损面和亏损额看，炼油板块亏损面为 35%、亏损企业亏损额更是大幅增加 119.6%；从应收账款和票据看，炼油板块增加 1.4%；从存货占用资金量看，炼油的库存占用资金占营业收入的 10%左右。化工板块营业收入 9.76 万亿元、同比增长 4.6%（2023 年同比下降 2.7%），实现利润 4544.4 亿元、同比下降 6.4%（2023 年同比下降 31.2%）。从每百元营业收入成本看，化工板块增加 0.58 元；从亏损面和亏损额看，化工板块亏损面为 23.6%、亏损企业亏损额增加 4.4%；从应收账款和票据看，化工板块增加 8.4%；从存货占用资金量看，化工的库存占用资金占营业收入的 10%左右；从营业收入利润率来看，化工板块营业收入利润率为 4.66%，为历史低点。

（二）炼化产业监管进一步加强

2024 年，国家陆续出台多项炼化政策。5 月 23 日，国务院印发《2024—2025 年节能降碳行动方案》，提出截至 2025 年底，炼油行业能效标杆水平以上产能占比超过 30%，能源基准以下产能完成技术改造或淘汰退出。5 月 27 日，国家发展改革委等部门联合印发《炼油行业节能降碳专项行动计划》，提出到 2025 年底，全国原油一次加工能力控制在 10 亿吨以内，能效标杆水平以上产能占比超 30%。2024—2025 年，通过实施炼油行业节能降碳改造和用能设备更新形成节能量 200 万吨标准煤、减排二氧化碳约 500 万吨。推动炼化产业碳达峰，严控新增炼油能力。7 月 2 日，工业和信息化部等部门联合印发《精细化工产业创新发展实施方案（2024—2027 年）》，提出加快石油化工产业精细化延伸，增强对重点产业链供应链保障能力；突破绿色化、安全化、智能化关键技术，能效水平显著提升。

（三）炼化产业行业一体化趋势加速

2024 年，中国炼化产业行业布局进一步优化，一体化趋势加速。炼油和化工生产一体化发展，不仅提高了资源利用效率，也提升了高附加值化工产品的生产能力。如通过进一步加工，乙烯、丙烯等基础化工产品可以转变为纤维、橡胶、塑料等高附加值产品。这种转变在增加全产业盈利能力的同时，减少了对单一原油价格的依赖。通过全产业链布局，炼化行业抗风险能力得以提高，成本结构也将进一步增强。炼化行业集中度进一步提高，整体向集约化、规模化、大型化方向发展。油化结构加快调整，控制炼油产能增长，化工品、特种炼油产品规模不断扩大。炼化行业在航煤、低硫船燃方面的产品增长迅速，不断开拓等级道路沥青、特种油品、特种碳材料等。化工产品朝着高端化发展，重点行业新材料保障能力进一步提高，出口顶替速度加快。化工产业链进一步完善和延伸，炼化产业差异化水平进一步提高，全产业链竞争力进一步加强。炼化行业面向终端、面向客户的功能性研发能力进一步加强，产业衔接进一步加强，炼化全产业链供应链黏性不断提升。

2024 年 1 月，湖南石化 100 万吨/年乙烯炼化一体化项目启动开工；5 月 16 日，该项目已取得安评、环评等关键性行政许可。2024 年 1 月 19 日，巴斯夫湛江一体化基地的第二套装置——热塑性聚氨酯（TPU）装置正式投产，标志该基地首批装置竣工。这是巴斯夫全球最大的单一 TPU 生产线，主要用于满足亚太市场对 TPU 不断增长的需求。2024 年 8 月，广西石化炼化一体化转型升级项目在现有一次原油加工能力为 100 万吨/年的炼油基础上新建 120 万吨/年的乙烯及下游装置，其中炼油部分适应性改造包括 220 万吨/年蜡油加氢裂化装置改造、240 万吨/年柴油加氢精制装置改造、新建碳回收装置、储运系统改造等。2024 年 8 月，裕龙石化炼化一体化项目（一期）化工 1 标段 150 万吨/年乙烯装置乙烯裂解气压缩机透平单试一次成功，标志着这套全国最大的乙烯装置正式从施工建设阶段转入投产试运行阶段。

（四）减油增化稳步推进

2024 年，减油增化仍然是炼化产业发展的大趋势。减油增化、少油多化是缓解当前炼油过剩、烯芳烃供应不足矛盾的重要措施。2024年，炼油产能降至9.7亿吨，同比下跌1.4%，供给侧改革加速，落后产能出清，炼油行业良性转型。由于成品油需求在2024年已经达到顶峰，同时利润持续回落，叠加UCO出口取消退税、成品油出口退税率下调等因素，成品油市场过剩压力陡增，炼化利润快速回落，炼化行业重回减油增化进程。在减油增化战略推动下，炼化产业纷纷调整产品结构，减少油品产出，增加化工品产出。3月，宁夏石化在稳定运行的基础上，精心组织航煤提量生产和聚丙烯装置NX80G产品转产，生产航煤1.1万吨，充分保证市场供应。4月，兰州石化首次成功生产茂金属极低密度聚乙烯mPE1012牌号，生产出首批220千伏高压电缆料产品CL2140P，这一产品的成功生产标志着兰州石化在全密度聚乙烯装置技术领域的又一突破，打破了国外技术垄断，填补了国内空白。11月，吉林石化18套主装置和142项小总体项目中交，投产后可实现每年增加化工产品280万吨，减少油品产量263万吨，显著体现“减油增化”效果。锦州石化成功投产了40万吨/年的针状焦装置，电动汽车、LNG重卡、生物燃料等替代能源份额持续提升。

（五）数智化转型加速推进

2024年，工业和信息化部等九部门印发了《原材料工业数字化转型工作方案（2024—2026年）》，明确了原材料工业，包括炼化产业的数字化转型目标。2024年1月成立的中石油（北京）数智研究院有限公司，以打造高水平数智技术应用研发和创新平台为载体，聚焦新一代信息技术方向，全力打造支撑当前产业转型升级、引领发展战略性新兴产业和未来产业需要的数智技术与能源化工行业融合创新高地。6月，镇海炼化通过打造5G专网，结合AI、互联网、北斗等一系列技术，将五大业务领域24个应用场景全面5G化，重塑协作关系，实现了业务变革、管理变革，以5G的数字化力量赋能企业转型升级。12月，中国石油华北石化分公司管控中心展示了数字化、智慧化手段与生产、管理各环节的深度融合。通过5G技术，实现了作业调度可视化、设备巡检智能化、数据采集实时化、AI分析超前化、安全预警模拟化，大幅提升了管理效率和生产协同效率，年节省设备维护成本约500万元，整体效益每年提升超千万元。

二、2024 年中国炼化产业面临的问题

2024 年，中国炼化产业在发展中面临多重挑战。产能过剩问题依然严峻，尽管优化措施有所推进，但市场需求增长未能跟上，部分产能闲置影响了整体效益。绿色转型的高成本使得不少中小企业难以承受，低碳技术推广缓慢，未达预期效果。产业结构升级滞后，高端化学品供不应求，对进口依赖较大。国际市场不确定性增加，全球竞争加剧，中国炼化产品在出口市场中的优势受到冲击。

（一）炼化产业产能过剩问题依然存在

2024 年，中国炼化产业的产能过剩问题依旧严重。近年来，为提升炼化产业的规模和产值，中国炼化企业持续扩大产能，但市场需求未能匹配产能的快速增长，导致产能过剩问题进一步加剧。

2024 年全国炼油总产能达 9.54 亿吨，同比增长约 2%。这一增速显著高于市场需求的实际增幅，显示出炼化产能扩张的持续性。然而，原油加工量的增速却未能同步增长。2024 年，全国原油加工量为 7.09 亿吨，同比下降 3.6%，导致产能利用率不足。从开工率角度看，2024 年全国炼化行业的平均开工率仅为 74.3%，较 2023 年下降了 4.6 个百分点。低开工率表明了产能过剩的严重程度，不仅造成大量设备闲置和资源浪费，也使企业经营效率低下。相较 2023 年的开工率数据，2024 年行业整体开工率持续下滑，表明国内炼油能力已远超市场所需，大量产能处于未充分利用状态。2024 年炼化行业的新增产能集中在部分中小型炼厂和地方民营炼厂，而这些企业的市场抗压能力相对较弱。产能过剩和开工率低导致这些企业难以分摊生产成本，直接影响企业的盈利水平，使一些中小企业面临生存压力。

（二）绿色转型成本高，进展相对缓慢

2024 年，中国炼化产业绿色转型面临巨大挑战，主要体现在转型成本高导致转型进展缓慢。绿色转型已成为全球能源行业的主要趋势，但对于中国

炼化行业而言，资金投入与技术瓶颈等因素严重制约了转型进程，影响了行业的可持续发展。

首先，绿色转型涉及大量基础设施和技术设备的升级改造，需要企业投入巨大的成本。节能减排设备、废水处理装置、低碳生产技术等是绿色转型的主要投入方向。这些设备和技术往往需要从国际市场引进，价格较高，采购和维护成本大幅增加，使得中小型炼化企业在资金支持和成本负担上压力巨大。一些低碳技术具有较高的使用和维护要求，进一步增加了企业资金消耗。

其次，绿色转型成本回收周期长，短期内难以实现盈利。尽管绿色生产在节能减排方面具有显著优势，但其经济效益却未能及时显现。尤其是炼化企业中的中小企业，在初期投入巨大成本后，由于盈利模式受限，难以在短时间内收回资金。为了缓解资金压力，一些企业选择推迟或缩减环保设备投入，导致绿色转型进展相对缓慢，行业整体低碳发展步伐受阻。

最后，绿色转型的高成本对企业技术能力和人才储备提出了更高要求。当前，大部分绿色生产技术在国内仍处于研发和引进阶段，成熟度不高，且缺乏相应的技术标准和行业规范，在一定程度上导致企业难以快速推进绿色改造。特别是碳捕集与封存技术、氢能应用技术等新兴技术，对专业技术人才的要求高，但国内相关技术人才供给不足，导致企业难以有效运用这些技术实现低碳化转型。绿色转型的高成本还受到政策支持力度影响，尽管政府出台了一系列绿色发展政策，但在具体执行中，中小企业往往难以获得足够的政策补贴和资金支持。资金分配不均进一步加剧了部分企业的资金困难，使其在绿色转型过程中难以维持长期投入。环保政策的不稳定性也增加了企业投资风险，部分企业担心政策调整而延缓了绿色转型的投入，导致整体进展缓慢。

（三）高端产品供需不平衡

2024 年，中国炼化行业在高端产品领域供需不平衡，不仅是数量上不匹配，而且在质量、技术与结构上也存在诸多挑战，这是对行业发展策略和市场响应机制的严峻考验。

从供给层面看，中国石化行业在整体规模和产能上取得了显著成就，成为全球炼化产品生产的重要基地，但在高端产品领域，自给率依然偏低。行业报告显示，2024年中国乙烯、丙烯等基础石化原料的产能和产量继续保持稳定增长，但在高性能塑料、特种合成橡胶、高端润滑油及精细化学品等高端市场，国内自给率普遍低于50%，部分关键产品甚至低于30%，严重依赖进口。这种供需结构的不平衡，不仅增加了企业的原材料成本，限制了国内高端制造业的自主可控发展，还影响了国家的经济安全和产业链的稳定。从需求角度来看，随着中国经济的转型升级和消费结构的持续优化，市场对高端化、差异化炼化产品的需求日益增长。特别是新能源汽车、电子信息、航空航天等新兴产业领域，对高性能材料的需求尤为迫切。

技术创新能力不足是导致供需不平衡的关键因素之一。近年来，中国在石化技术研发上取得了长足进步，但在高端产品的核心技术、新材料开发以及生产工艺优化等方面，与国际领先水平相比仍存在一定差距。这制约了国内高端产品的生产效率和产品质量提升，影响了行业的整体竞争力和可持续发展能力，还限制了国内企业在国际市场上的竞争地位。

产业结构不合理是造成供需不平衡的重要原因。当前，中国石化行业投资集中于基础原料和中低端化学品，高端产品的研发投入和生产能力建设相对滞后，导致产品结构单一，难以满足市场多元化、高层次需求。不合理的产业结构，不仅加剧了供需矛盾，还限制了行业转型升级和高质量发展。

（四）国际竞争加剧与市场不确定性增加

2024年，全球经济和政治的不确定性等因素，导致中国炼化产业面临的国际竞争压力显著增强。

在全球炼化产能布局方面，其他国家和地区在不断调整与扩张。例如，沙特等中东产油国凭借其丰富的油气资源和低成本优势，持续加大炼化一体化项目投资，扩大高端石化产品产能，直接与中国炼化企业在国际市场上争夺份额。同时，一些新兴经济体也在积极发展炼化产业，利用其劳动力成本低、政策优惠等条件吸引投资，逐步进入全球炼化产品供应链，加剧了市场竞争的激烈程度。国内方面，虽然中国炼化产能呈扩张态势，但产能同质化问题、结构性矛盾可能进一步加剧。除此之外，中东地区持续紧张的局势直接影响石油供应的稳定性与价格走势。石油作为炼化产业的核心原料，其价格的频繁大幅波动，让中国炼化企业在成本控制和生产计划制订上困难重重。在国际地缘政治冲突不断的背景下，中国炼化产业不仅要应对国内市场的竞争，还要在全球舞台上与国际巨头和新兴势力角逐，这无疑给产业发展带来了巨大挑战。

三、2025 年中国炼化产业展望

2025 年，炼化产业依然存在产能过剩、绿色转型进展缓慢、高端产品供需不平衡、国际竞争加剧与市场不确定性增加等问题和挑战，预计 2025 年中国炼化产业低碳发展步伐将进一步加快，产能结构和生产力布局不断优化，技术创新驱动炼化产品走向高端化、差异化，智慧、清洁、安全、高效的智能炼厂建设继续加速。

（一）炼化产业低碳发展步伐将进一步加快

2025 年，是“十四五”的收官之年，也是“十五五”的开局和迎向 2030 年碳达峰目标的关键时间节点。《关于促进炼油行业绿色创新高质量发展的指导意见》明确，到 2025 年国内原油一次加工能力控制在 10 亿吨以内，千万吨级炼油产能占比 55%左右，炼油产能能效原则上达到基准水平，优于标杆水平的超过 30%，“十四五”期间污染物排放和碳排放强度进一步下降，绿色发展取得显著成效。炼化产业转型升级进入关键时期，将秉承高端化、智能化、低碳化“三管齐下”。根据生态环境部办公厅此前发布的《关于做好 2023—2025 年部分重点行业企业温室气体排放报告与核查工作的通知》规划，包括石化、化工在内的全国八个高排放行业在“十四五”期间(2021—2025 年)都将逐步被纳入。因此，预计 2025 年全国碳市场行业正式开始扩容，钢铁、水泥、铝冶炼等重点行业相关企业要开始首个履约期(其他规划行业逐步、有序纳入)；碳定价机制将进一步完善，碳足迹管理体系将加速建立，这意味着石化行业参与碳市场交易步伐必将加快。

（二）炼化产业产能结构和生产力布局不断优化

依据《关于促进炼油行业绿色创新高质量发展的指导意见》，一方面，将推进现有炼厂向组分炼油、分子炼油转变，优化炼油总流程。引导现有炼厂加快产品结构调整和生产技术改造，提高清洁油品、特色油品、化工原料、化工产品的生产灵活性。引导中小型炼厂向科技型方向发展，做精做特，满足区域市场、细分领域需求。推动炼油行业与可再生能源融合发展，鼓励企业大力发展可再生能源制氢，落实原料用能和可再生能源消费不纳入能源消耗总量和强度控制政策。另一方面，依法依规推动不符合国家产业政策的200万吨/年及以下常减压装置有序淘汰退出。对符合条件的以生产沥青等化工品为主、加工特种原油或废矿物油等200万吨/年及以下常减压装置，经国家有关部门认定后允许保留，地方要做好后续全流程监管。加快劣质渣油低碳深加工技术升级，开发以先进分离技术为基础的组分炼油、分子炼油以及原油（重油）直接制化学品技术，提升原油（重油）催化裂解、低碳烷烃脱氢、加氢裂化反应过程效率与选择性。

（三）技术创新驱动炼化产品走向高端化、差异化

高端化是工业化中后期炼化产业发展的总趋势，这离不开技术创新的驱动。新能源汽车助推我国传统交通燃料消费达峰，而高端化、精细化、差异化的化工产品需求仍将持续增长，做好“减油增化”、转型升级仍是炼化企业长期生存的必由之路。中国工程院院士、西安交通大学校长张立群表示，中国合成橡胶需求每年保持增长，但石油资源严重依赖进口，多种高性能合成橡胶也依赖进口。开发不依赖于化石资源的新一代生物基橡胶是解决橡胶资源短缺的有效手段，也是保证全球橡胶资源安全、长久、稳定供应的必由之路。中国工程院院士、中国石化集团首席科学家孙丽丽表示，近10年中国芳烃成套技术水平取得跨越式进步，实现全面自主设计与制造，带动化工与流程制造业发展，通过精准催化等自主创新，全面提升芳烃生产技术水平和国际竞争能力。中国通用材料过剩、高端材料供应不足的结构性短缺矛盾有所缓解，但亟须进一步提升高端新材料的创新自主研发能力。

（四）智慧、清洁、安全、高效的智能炼厂建设继续加速

2025年，炼化企业会在原有基础上继续加速智能化建设进程，推动炼化

技术与现代信息、新材料、先进制造技术深度融合，加强创新链和产业链对接，提高清洁油品、特色油品、化工原料、化工产品的生产灵活性，实现规模化、集约化发展。九江石化作为国家智能制造标杆企业，发力绿色低碳、智能制造、科技创新、转型升级，推进智能工厂3.0建设，通过构建集中集成、数字炼厂、应急指挥三个公共服务平台，建成投用生产管控中心，建成投用数字炼厂平台等手段，以科技创新助力打造长江最美岸线。在广东石化云原生智能工厂，昆仑数智自主研发的创新产品——企业综合数据库，开展数据源头治理，助力广东石化成为中国石油炼化企业首个无数据孤岛的智能工厂。镇海炼化聚焦以数智化转型推动能源技术革命、带动产业升级，依托石化智云工业互联网平台构建“产业大脑+未来工厂”新模式，目前已建起石化行业最大5G专网，并结合AI、北斗、三维数字化交付等新型数字技术，不断拓展“5G+”应用场景。

中国油气管道产业发展分析与展望

油气管网作为国家重要的基础设施和民生工程，在国家能源战略中处于重要位置，中国油气管网运营改革将持续推进，油气管网的规划也将进一步完善，天然气基础建设将步入快车道，油气管道智能化、信息化和国产化水平将不断提高，交易中心将在未来油气管道改革中发挥重要作用。

一、2024 年中国油气管道产业发展分析

2024 年，中国油气市场消费平稳，天然气供需基本保持平衡。国家多项规划和政策陆续发布，油气管道相关公司业绩受其影响较大，但按照国家政策的要求，油气主干管网、管道互联互通、储气库和 LNG 建设步伐依然很快，油气管道技术向自主化、智能化等方向发展，天然气管道公司和油气企业体制改革逐步深化和加速。

（一）国家多项油气管网政策发布

2024 年，为加快油气管道产业发展，中国出台了多项油气管道相关政策，涉及健全油气管道设施公平开放监管流程、加快储气设施建设、加强油气管道保护、天然气利用坚持产供储销体系协同等方面，详见表 1。

表 1　2024 年油气管道相关产业政策

发布时间	发行单位	政策名称	政策内容
1 月 9 日	国家能源局	《2024 年能源监管工作要点》	加强油气管网设施公平开放监管，修订出台《油气管网设施公平开放监管办法》，开展油气管网设施公平开放专项监管，重点检查油气管网设施运营企业落实情况
2 月 7 日	国家能源局	《2024 年能源行业标准计划立项指南》	2024 年能源行业标准计划立项方向中，在油气储运及基础方面提出加强油气长输管道（含海洋管道）智能化、数字化

续表

发布时间	发行单位	政策名称	政策内容
2月29日	国家发展改革委	《绿色低碳转型产业指导目录(2024年版)》	在天然气输送储运调峰设施建设和运营中对天然气长输管道、储气库、支线管道、区域管网，以及液化天然气(LNG)接收站等天然气输送、储运、调峰设施建设和运营提出了要求
3月18日	国家能源局	《2024年能源工作指导意见》	加强油气管道保护，推动修订天然气基础设施建设与运营管理办法、油气管网设施公平开放监管办法
4月8日	国家能源局	2024年全国油气管道规划建设和保护工作会议	全面实施管道保护三年攻坚(2024—2026年)，按照2024年度油气管道保护工作要点部署，聚焦规划衔接、占压清理、相遇相交工程管理和第三方施工管控等管道保护重点工作，全面提升管道保护智能化水平，全面实现涉管道保护行政许可规范化、标准化，推动管道保护工作再上新台阶，保障油气安全稳定供应
6月3日	国家发展改革委	《天然气利用管理办法》	新建天然气利用项目应落实气源，与供气企业落实购气协议或合同，并确保项目布局与管网规划等相衔接
6月7日	国家发展改革委	《炼油行业节能降碳专项行动计划》	到2030年底，炼油行业布局进一步优化，能效标杆水平以上产能占比持续提升，主要用能设备能效基本达到先进水平。高效捕集生产排放可燃气体，降低管网波动，合理规划厂区燃料气走向
11月8日	全国人大常委会	《中华人民共和国能源法》	第三章第三十七条规定要加强能源基础设施建设和保护：协调跨省、自治区、直辖市的石油、天然气管网等能源基础设施建设，应当提高能源输送管网的运行安全水平，保障能源输送管网系统运行安全
12月3日	国家发展改革委	《关于完善成品油管道运输价格形成机制的通知》	通知基于成品油管道运输特性，提出了最高准许收入的核定方法和跨省管道运输价格的确定方法，要求按照“准许成本加合理收益”的原则核定最高准许收入，明确了供需双方协商价格的原则

（二）油气主干管网稳步推进，管道互联互通，储气库和 LNG 建设步伐加快

2024 年，中国原油管道、成品油管道、天然气管道及基础设施建设进一步推进，“四大战略通道”和“三纵三横”管网布局、“全国一张网”基本骨架已经形成，能源大范围远距离输送能力明显提升，能源系统韧性不断增强。

1. 原油管道建设稳步推进

2024 年，中国在国内外原油管道建设领域取得了显著进展和成就。

1 月 10 日，中国石油天然气管道局有限公司承建的印尼拉维拉维项目施工圆满完成。该项目是管道局在印尼承建的第一个大型 EPCC 项目，也是世界最大口径海底原油管道长距离岸拖施工，主要工作包括 52 英寸海底管道及 32 万吨单点系泊敷设、52 英寸陆地管道敷设、2 座 17 万立方米储罐施工。3 月 16 日，中国石化沙特 MIP PKG16 项目中 36 英寸原油管道顺利贯通，标志着该项目取得重要进展。该项目于 2019 年签约，是中国石化在沙特阿美市场地面工程领域的一次重大突破。项目的顺利完成，不仅展示了中国石化在国际石油工程领域的专业能力和高效管理水平，也为中国石化进一步拓展海外市场、深化与沙特能源合作奠定了坚实基础。

上述项目对中国以及相关国家和地区的能源安全、经济发展和环境保护具有深远意义和重要价值，增强了中国能源供应能力，提高了能源输送效率，促进了区域经济互联互通和协调发展。国际管道项目展示了中国在管道建设和管理方面的先进技术和专业能力，提升了中国在全球能源领域的影响力。

2. 成品油管道建设稳步推进

2024 年，中国成品油管道建设不断加快。其中，苏南成品油管道改迁以及锦郑成品油管道的顺利建成投用，使成品油供应网络不断完善。

7 月 12 日，苏南成品油管道启输，标志着镇江 G312 段迁改工程投产一次成功。项目的顺利完成，提升了苏南地区的成品油供应效率和安全性，也为长三角一体化发展提供了坚实的能源支撑。

8 月 7 日，“北油南调”战略工程锦郑成品油管道华北注入支线顺利投用。锦郑成品油管道起于锦州，止于郑州，总长度约 1374 千米。该管道的建成和

投用，不仅缓解了东北地区成品油产量过剩的局面，还有效解决了华北、华东和华中地区的资源紧缺问题，对于完善中原腹地的成品油供应网络具有重要意义。

上述项目的建成与投用对中国成品油管道网络完善起到重要支撑作用，对于保障国内成品油供应、促进区域经济发展具有重要意义。

3. 天然气主干管道建设和互联互通情况

2024 年，中国天然气管道建设及互联互通工作依然在稳步推进中，且已取得显著成效。

（1）东北和华北地区天然气管道建设和互联互通

2024 年，东北和华北地区天然气管道工程主要包括虎林—长春管道工程和包头—临河输气管道工程。

东北地区：1 月 26 日，虎林—长春天然气管道工程开工建设。该工程包括 1 条干线和 8 条支线，全长 2073 千米。干线起自黑龙江虎林，止于吉林长春，总长度 795 千米，设计压力 10 兆帕，设计年输气能力 100 亿立方米，投产后将有力推动新时代东北全面振兴，促进经济社会高质量发展。

华北地区：11 月 22 日，包头—临河输气管道正式投产运行。该工程位于内蒙古巴彦淖尔市临河区，项目全长 258 千米，其中干线管道 235 千米，支线管道 23 千米。管道设计压力为 6.3 兆帕，设有 10 座阀室及 3 座场站，最大输气能力可达每年 12 亿立方米。该项目对于优化区域能源结构、推动新旧动能转换具有重要意义。

上述天然气管道的建设对中国华北和东北地区的调峰以及资源保供能力具有重要意义。

（2）华东和华中地区天然气管道建设和互联互通

2024 年，华东地区天然气管道工程云和至景宁、青岛 LNG 接收站配套高压天然气管线工程获得批复；泉州市西三线、漳州 LNG 外输管道工程、滨州天然气管道鲁北支线以及海西天然气管网长乐至福鼎段相继投产。华中地区天然气管道工程耒阳门站至国储能源站段、永州—邵阳输气管道工程与隆回—洞口段相继通过验收与贯通。

华东地区：1 月云和至景宁天然气长输管道项目获国家管网批复，线路全长约 22 千米，预计投产当年向景宁地区供应气量 0.1 亿立方米，远期 0.5 亿立方米，该项目对夯实景宁畲族自治县产业发展基础、赋能产业转型升级、深挖地区发展潜力具有重大意义。

2 月 26 日，青岛 LNG 接收站配套高压天然气管线工程获青岛市发展改革委核准批复。建设规模为新建总长约 97 千米，设计压力 8 兆帕，设计年输气能力约 78.1 亿立方米。该项目有助于完善青岛市全域的输气主干网覆盖面积，保障青岛市天然气供应需求。

4 月 11 日，泉州市西三线(霞美门站—中化)天然气高压管网利用工程正式通气，线路总长 81 千米，该项目的建成投产提升泉州各县市区之间的气源调峰保供能力。

7 月 8 日，青宁天然气管道与日照市天然气管网成功实现互联互通。此次两网成功互联互通，打通了青宁管道至日岚管道天然气输送通道，对保障城市稳定供气具有重要意义。

7 月 9 日，漳州 LNG 外输管道工程投产运行，管道全长 123 千米，起自漳州 LNG 接收站，与海西管网和西三线东段管道连通，每年可将来自海上约 42 亿立方米天然气输送到全国骨干油气管网，显著提升了东南地区的天然气供应能力。

8 月 5 日，滨州天然气管道鲁北支线正式投产，该项目对进一步提升山东省天然气管网输送能力，形成天然气管道气源互联互通格局具有重要意义。

8 月 16 日，海西天然气管网长乐至福鼎段进气投产。线路全长 249.82 千米，设计压力 7.5 兆帕，沿线设 8 座分输站，年输气能力超 13 亿立方米。该项目的成功投产实现了闽东地区管道天然气“零”的突破，提升了天然气管网调峰能力。

华中地区：2 月 26 日，耒阳市城市天然气主供气管道(耒阳门站至国储能源站段)及门站建设工程项目顺利中交。该项目起自耒阳门站，止于国储能源站，管道全长 8.38 千米，设计输气规模为每年 1.7 亿立方米，该项目的实施有助于耒阳市能源结构的优化和调整。

5 月 10 日，永州—邵阳输气管道工程 EPC 一标段项目通过验收评审顺利中交。该管道起自永州市零陵区永州首站，止于邵阳市邵阳县末站。输气管道长 116 千米。管道设计管径为 406. 4 毫米，计划输气规模为 3. 72 亿米^3/年，该工程对于优化湖南省天然气管网布局具有重要意义。

7 月 5 日，湖南邵阳—洞口—新宁输气管道(隆回—洞口段)项目全线贯通。该管道起于隆回，止于洞口，管道全长约 64. 6 千米。投用后，将保障湖南省洞口县及管道沿线相关乡镇能源供应，完善区域能源消费结构。

上述项目的开展，不仅能够提高天然气供保能力，实现更加高效的资源调配，对保障天然气稳定供应国家战略也具有重大意义。

(3) 华南及西南地区天然气管道建设和互联互通

2024 年，华南地区的天然气管道工程主要包括江津—南川天然气管道工程、广西 LNG 外输管道复线(百色—文山)工程、惠州 LNG 接收站外输管道项目、粤电云河专线项目；西南地区项目主要有黔南州“县县通”荔波支线、渝黔互通管道工程等。

华南地区：5 月 14 日，江津—南川天然气管道工程顺利中交。该管道项目起于江津夹滩输气站，止于南川水江输气站，管径 1016 毫米，总长 140. 5 千米，设计年输气量 48 亿立方米，全线增压后，其输气能力可达 150 亿米^3/年。该项目对于增强重庆市乃至全国的天然气保供能力具有重要意义。

8 月 8 日，广西 LNG 外输管道复线(百色—文山)工程正式启动建设。该工程起自广西壮族自治区百色首站，止于云南省砚山末站，全长 346. 8 千米，设计压力 10 兆帕，设计年输量达 10 亿立方米。建成后将有效解决广西、云南气源单一问题，为实现高质量发展注入新动能。

9 月 3 日，粤电云河专线项目建成投产，该项目起于云浮分输站，止于云安分输站，全长 38. 848 千米，设计输气量每年 24. 7 亿立方米。该项目将有效促进当地经济发展和能源结构优化。

9 月 9 日，惠州 LNG 接收站外输管道项目全线投产。该项目起自惠州 LNG 接收站，全长 116 千米，设计年输气量约 140 亿立方米，其投产将有助于提高广东省内天然气主干管网供气的安全性和稳定性。

西南地区：3 月 23 日，黔南州天然气“县县通”荔波支线投产成功。该管道起自中缅天然气管道 50 号阀室，止于荔波末站。管道长度约 20 千米，年最大输气能力约为 11. 5 亿立方米。支线的建成投产将助力西南地区管网保供基础能力进一步夯实。

9月18日，西南油气分公司丁山集气总站—寨坝分输站渝黔互通管道投产。该项目全长2.4千米，日外输气量20万~30万立方米。该项目的投产加强了重庆和贵州两地在能源领域的合作，将提升贵州地区的能源安全保障能力。

华南和西南地区天然气管道建设和互联互通，不仅可以增强天然气供应保障能力，对沿途所经省市的经济转型、民生福祉也具有积极的促进作用。

（4）西北地区天然气管道建设和互联互通

2024年，西北地区的天然气管道工程主要包括全面开工的气化南疆天然气管道工程、精河至阿拉山口段天然气利民管道工程及建成投产的西气东输二线嘉峪关压气站嘉峪关昆仑（新）分输支线、西气东输四线（吐鲁番—中卫）新疆段等。

3月29日，气化南疆天然气管道工程全面开工。开工建设的第一批项目全长616千米，管道西线从位于库车市的克轮复线2号阀室出发，经新和、温宿、阿拉尔、阿克苏、柯坪等县市直至巴楚县。第一批项目建成后，将实现新建管道和南疆天然气利民工程等已建供气管道双线供气，惠及近千万各族群众。

5月29日，西气东输二线嘉峪关压气站嘉峪关昆仑（新）分输支线正式投产运行。该项目起自西气东输二线嘉峪关压气站，终点为嘉峪关昆仑（新）分输点，这是继2011年9月嘉峪关昆仑分输支线投产后，迎来的第二条来自西气东输主管道的能源“福气”，这对于嘉峪关市能源结构调整优化、推动低碳经济发展、提高群众生活品质具有重要意义。

6月16日，精河至阿拉山口段天然气利民管道工程开工。该项目建设精河至阿拉山口、博乐至温泉段长输管线，总长度179.8千米，总投资3.91亿元。项目完成后对推动生产生活要素合理配置、夯实城乡产业发展基础有重要作用。

9月29日，西气东输四线（吐鲁番—中卫）新疆段建成投产，该管段全长1745千米，管径1219毫米，设计压力12兆帕，年设计输气能力150亿立方米，其中新疆段管道长度583千米，起自新疆吐鲁番压气站，终至烟墩压气站。该管道的建成投产，将助力新疆油气勘探开发和增储上产，提升西气东输管道系统整体输气能力。

西北地区天然气管道的建设，对于提升全国天然气管网系统管输能力具有重大战略意义，上述项目的相继开工和完成，有力推动了西北地区管道建设和互联互通。

4. 储气库建设加速推进

储气库的建设对于改善中国天然气资源分布不均和供需关系不均衡的现状具有重要意义。2024 年，马北储气库项目、榆 37 储气库集注站工程挂牌开工，金湾“绿能港”二期项目、板中北储气库新钻注采井、冀东南堡 1 号储气库正式投入使用。

4 月 1 日，马北储气库项目部正式挂牌成立。该储气库位于青海省海西蒙古族藏族自治州大柴旦行委马北气田，项目设计库容量为 8.29 亿立方米。挂牌当天，马北 8 井区 MBK2 首口注采井钻达 1577 米后，进入完井作业阶段。项目建成后将为青藏甘宁四省（区）天然气供给调峰、应急供气和青海气区稳定生产发挥积极作用。

6 月 6 日，榆 37 储气库集注站工程正式开工。设计总库容 97.2 亿立方米，工作气量 27 亿立方米。该项目建成后，将成为中西部地区库容最大、调峰能力最强的天然气储气库，为保障京津冀地区和陕西省内民生用气提供重要支撑。

8 月 27 日，中国海油金湾“绿能港”二期项目建造完工，标志着华南地区规模最大的天然气储运基地全面建成。该项目包括一期和二期总罐容达 183 万立方米，全部投产后将与荔湾 3-1、惠州 21-1、番禺 30-1 等海上气田形成互补，大幅提升粤港澳大湾区和华南地区天然气供应保障能力。

8 月，板中北储气库 4 口新钻注采井顺利完钻达产。设计单井的注采气能力为每天 20 万~70 万立方米，项目竣工后将新增工作气量 0.8 亿立方米。该储气库的完成，使大港油田储气库群旗下共建成 11 座储气库、104 口注采井，能有效缓解冬季天然气需求缺口，为京津冀地区天然气供应提供重要保障。

11 月 26 日，冀东南堡 1 号储气库正式投产，开始首轮正式采气。该储气库是国内首座海上油藏改造储气库，淡季储、旺季出，以应季节调峰、应急供气和国家能源战略储备之需。设计规模为700万米^3/日，采气规模达1100万米^3/日，总库容为19.5亿立方米，总供气量为8.67亿立方米。该项目的投产能缓解京津冀地区的调峰保供需求。

综上所述，2024年中国储气库项目建设稳步推进，项目开工和投用对保障国家能源安全、确保供需平衡、有效推进区域低碳清洁发展等具有重大现实意义。

（三）油气管道技术向自主化、数字化和智能化发展

2024年，中国稳步推进技术创新，持续发展油气管道的自主研发技术。油气管道智能化建设方面取得长足进步，为产业高质量发展提供了新动能。中国油气管道的防腐、输氢和深海管道建设技术进一步提升，为油气产业未来发展奠定了坚实基础。

1. 中国油气管道自主研发技术持续发展

2024年，中国油气管道在定向钻穿越、自动化焊接和检测技术的自主研发方面成果显著。

定向钻穿越技术方面，中国石油天然气管道局有限公司承建的西气东输三线中段(中卫—吉安)项目中卫—枣阳段达溪河定向钻穿越工程一次回拖成功，创造了国内大落差、长距离、大管径、复杂地层山体定向钻穿越新纪录；塔里木油田在南疆启动建设的能源大动脉和民生大工程—气化南疆天然气管道工程，通过水平定向钻技术，成功从地下穿越自然旅游区，并完成管线试压，最大程度减少了施工对自然地貌的影响。

自动化焊接技术方面，中油测井应用最新自主研制的非火工电动切割工具首次实现对P110高钢级油管进行非火工切割作业，验证了电动切割工具能有效替代民用爆炸品完成井下管柱解卡等工程复杂井况处置；中国石油天然气管道局有限公司自主研发的“X80 D1219毫米热煨弯管与直管全自动焊接技术”解决了大口径热煨弯管与直管无法采用全自动焊接的世界级难题，在全自动焊接技术上取得新突破。

检测技术方面，吐哈油田探索“人工+视频+机器人+无人机”的综合巡检

模式，试点应用线型光束甲烷气体探测系统、管道漏磁内检测和声发射检测等新技术，全面提升设备安全可靠性；中国石油天然气管道局有限公司国家工程实验室研究的长输管道 X 射线数字成像检测关键技术，推动了管道检测技术的进步，并且为绿色检测注入了强劲动力。

油气管道关键技术的自主化创新对保障油气管道安全、提高生产效率、打破国际垄断有着重要意义，有助于中国油气管道平稳运行、提质增效，推动管道技术整体发展。

2. 中国油气管道的智能化建设

2024 年，中国油气管道的智能化建设主要体现在油气储运领域与人工智能大模型的结合。

2024 年 1 月，中国石油勘探开发研究院发布研发的一款 AI 大语言模型 PetroAI。PetroAI 拥有能源行业丰富的知识语料，通过使用知识图谱、检索增强、文档对话等技术，可以帮助科研人员完成跨语言科研文献理解、业务报告提纲和内容生成、代码辅助生成等工作，极大地提高了知识获取和利用效率。通过提示学习等功能，PetroAI 还能充当业务助手，帮助科研人员完成特定的研究工作。结合油气勘探开发业务实际需求，PetroAI 将进一步提升业务数据智能分析和专业工具使用能力，赋能油气勘探开发科研业务。

2024 年 2 月，管道局设计院与百度的合资公司中油易度智慧科技有限公司发布了中国首个油气储运领域人工智能大模型 WisGPT。WisGPT 具备丰富的油气储运专业知识，并能够不断更新和扩充，可以通过文字、语音等多种形式实现人机交互，为企业实现数字化管理以及油气储运工程勘察、设计、施工、运行等提供专业知识支持，具有内容可信、数据可靠、成本可控的特点。

油气管道技术与 AI 大模型的结合，为能源行业带来颠覆性数字化变革。大模型能处理和理解更加复杂多变的业务场景，可提高油气管道从业者的业务处理能力。中国油气管道行业智能化的发展，有助于提前抢占市场高地、提高全球市场竞争力。

3. 中国油气管道的防腐、输氢和深海管道建设技术

2024 年，中国油气管道技术在管道完整性管理技术、输氢以及深海管道

建设技术等方面取得较大进展。

管道完整性管理技术方面，管道设计院申报的能源储运领域技术创新成果——埋地管道直流杂散电流防护方案确定方法、装置和设备获得国家发明专利，该技术提供了一整套埋地石油天然气管道在直流杂散电流干扰下的腐蚀速率预测计算方法及计算流程。吉林油田油气工艺研究院开展地面智能分注技术试验，选定高分子树脂玻璃钢油管作为内层油管材质，其优异的防腐防垢性能得到验证，该玻璃钢油管的强度、韧性等机械性能亦可满足井下重复使用的需求。

输氢管道技术方面，中国海油气电集团采用液氮二次保冷形式的 ISO（国际标准化组织）标准罐式集装箱装载液氢，通过船舶与罐箱组合运输形式，开启了中国在氢能长距离跨洋运输利用方面"先行先试"的新篇章，为未来大规模氢能洲际存储转运产业发展奠定了技术基础，同时标志着国际首例长距离跨洋液氢运输示范正式拉开帷幕。

深海管道建设技术方面，管道局承建的印尼拉维拉维项目实现了世界最大口径海底原油管道长距离岸拖施工。建设过程中，在天然气管道焊接完成后，用具有保温、隔热、施工便捷、整体性能好等特性的轻质性泡沫混凝土进行填充，这是国内油气管道过江盾构隧道内首次应用泡沫混凝土填充技术。

（四）油气管道行业持续推进体制改革和管理创新

油气管网改革的总体目标是通过构建互联互通的管道主体，将油气能源统筹调配，促进市场规范化、有序化，引进多元供应主体，公平开放，激发市场活力与创造力，提高油气行业运行效率，降低终端用户的能耗成本。改革的重点方向就是"管住中间，放开两端"，即管住全产业链中间的管网运输配送环节，放开上游勘查开发和下游加工售卖服务环节，通过平等竞争激活市场创造力与活力。2024 年，中国主干天然气管道全面公平开放，持续推动天然气市场化改革，推进管网绿色低碳转型。

1. 加快天然气市场化改革步伐，确保管网供需平衡和资源优化配置

天然气顶层设计蓝图自 2012 年后迎来重大更新。2024 年 5 月 29 日，经国家发展改革委第 12 次委务会审议通过，自 2024 年 8 月 1 日起施行《天然气

利用管理办法》，办法中强调：天然气利用坚持产供储销体系协同，供需均衡、有序发展；坚持因地制宜、分类施策，保民生、保重点、保发展；新建天然气利用项目应落实气源，与供气企业落实购气协议或合同，并确保项目布局与管网规划等相衔接；已用气项目供用气双方要落实合同保障。

政策要求新建天然气利用项目与供气企业签订购气协议，这对于确保管网的供需平衡和优化资源配置具有重要作用。通过这种合同安排，可以提前规划和预测天然气的需求，从而指导管网的建设和扩建，确保管网的供应能力与实际需求相匹配。这种供需对接机制有助于避免资源浪费和管网超负荷运行，提高管网运行效率和经济效益，也为管网规划提供了科学依据，使得管网建设更加符合实际需求，促进了天然气行业可持续发展。

政策强调了项目布局与管网规划应相互衔接，对促进管网的合理布局和提高管网互联互通能力至关重要。这种要求确保了天然气利用项目在规划和建设时，能够充分考虑现有和未来的管网布局，避免项目与管网之间的不协调，这不仅有助于提高管网利用效率，减少重复建设，还能增强管网灵活性和应对突发事件的能力。这种规划的协调性也有助于推动跨区域的天然气输送，促进不同地区之间的能源互补，提高整个国家的能源安全水平。通过这种方式，管网发展与天然气行业整体进一步形成了良性互动，共同推动了能源结构的优化和能源效率的提升。

2. 推进油气管网公平开放与服务创新，维护市场成员合法权益

2024 年 1 月 9 日，国家能源局发布《2024 年能源监管工作要点》，旨在深化油气体制改革，推动油气管网设施公平开放，维护市场成员合法权益，满足客户灵活性需求。文件强调修订并出台《油气管网设施公平开放监管办法》，开展专项监管，重点检查油气管网设施运营企业的信息公开、独立核算、服务合同履约和公平开放服务等情况，完善投诉及纠纷处置机制，督促企业完善管理制度，促进油气市场体系建设，规范市场秩序。

同时，国家管网集团推出“管网通”产品，通过开放服务及交易平台，采用市场化方式，为客户提供综合性存储服务。该产品利用国家管网集团的基础设施能力，提供全管网任意上下载点间的存取气和管输“一揽子”服务，客户可在服务期限内灵活地将天然气上载、储存，并在任意下载点下载，有效

解决资源时空错配问题，满足客户灵活存取气的需求，推动油气市场服务创新。

3. 全力建设油气交易中心与专业化交易市场，助力管网行业市场化发展

油气交易中心对推动油气价格市场化改革、形成全国统一的油气市场价格体系具有重要作用。目前，我国已建成的能源交易中心超过 30 家，包括两个国家级大宗能源商品交易中心以及 20 多家区域性的交易中心。从区域布局来看，从东部沿海地区向内陆扩展，建设能源交易中心的热情高涨。

2024 年 6 月，天津国际油气交易中心(以下简称“天津交易中心”)成功完成了首期华北区域国际 LNG 拼单采购交易的需求聚合，超额完成了 6.5 万吨拼船目标。这标志着天津交易中心在国际 LNG 资源拼单采购服务领域迈出了成功且关键的一步，为平台后续常态化开展国际 LNG 拼单采购服务奠定了坚实基础。同月，天津交易中心行业首创的“LNG 订单通”(天津交易中心基于当前 LNG 商品预售和贸易市场现状，结合产业客户的实际需求，创新打造的一个“可转让的现货订单交易市场”)交易板块启动上线试运营，首期上线两个 LNG 现货订单批次，覆盖津冀鲁三个省市共计六个交收地。

2024 年 7 月，重庆交易中心和上海交易中心相继展开增量气订单线上交易，增量气预售交易是中国石油与上油中心在天然气线上交易的又一新尝试。相比以往的竞价交易，管道气预售交易面向的交易区域更大，参与的主体更多，交收更加灵活，通过一次预售交易可以发现天然气中远期市场价格，实现上下游保供、稳价、锁量，通过二次转让交易可以进一步发现市场价格，也为用户提供了余缺调剂、调整交收周期等更加丰富的服务，进一步增强了市场配置资源功能。增量气预售交易是发挥市场配置资源作用、加快市场化交易新模式探索的重要举措，也是积极参与油气体制改革、促进商品流通、聚焦市场需求创新研发交易产品、满足用户需求、服务实体经济的又一成果。

2024 年 8 月，青岛能源中心完成 20 万立方米原油罐容交易，并通过山东交易市场清算所、中国银行与青岛能源中心共同搭建的跨境资金支付体系完成结算，国内首笔原油罐容跨境人民币交易结算业务成功落地。为客户提供了全新的跨境人民币结算便利化方案，在探索优质高效的跨境人民币结算服

务方面迈出了关键一步。

全力建设油气交易中心与专业化油气交易市场，对管网行业的市场化发展起到重要推动作用，有助于推进天然气管网、LNG 接收站等基础设施的互联互通，实现公平开放，还可以更有效地配置油气资源，促进区域优势互补和协调发展。这不仅有助于解决管道重复建设问题，优化管网布局，节约投资成本，还激发了行业创新与投资，增强了监管与合规性，并促进了能源转型与可持续发展。

二、2025 年中国油气管道产业展望

油气管网对于保障国家能源安全、支持经济发展、推动能源结构转型、响应国家政策、促进技术发展和创新，以及支撑能源生产与消费革命等方面具有重要的意义。2025 年中国油气管道产业发展展望主要聚焦于三个核心领域：深化管网体制改革、加强多交易中心互补和联动以及智慧和多能耦合管网建设。这些领域共同构成了中国油气管道产业的战略发展蓝图，旨在通过提升管网效率、增强市场竞争力、推动技术创新及优化能源结构，确保国家能源安全，提升中国在全球能源市场中的影响力。

（一）全面深化管网体制改革和管理创新，确保天然气管道行业持续健康发展

国家管网已形成“四大战略通道”和“三纵三横”管网布局，“全国一张网”基本骨架已经形成。根据国家发展改革委、国家能源局印发的《“十四五”现代能源体系规划》，到 2025 年全国油气管网规模将达到 21 万千米左右，这意味着中国将继续扩大油气管网规模，优化管网布局，提高管网的互联互通能力，实现“全国一张网”的发展目标。未来进一步全面深化体制改革和管理创新仍是工作之重。

首先，推进管网设施规划建设统筹布局。2025 年，中国将继续推进管网设施规划建设的统筹布局，实现管网运行成本的独立核算和安全管理的稳步提升。这将有助于提高油气管网的运营效率和安全性，为天然气市场化发展提供坚实的基础。

其次，强化油气管道工程建设和技术创新。根据《“十四五”现代能源体系规划》，中国油气管道工程建设行业市场容量到2025年有望达到16835亿元，在此过程中技术创新是推动石油管道行业发展的重要动力，包括地理信息系统（GIS）、遥感技术、无人机等数字化工具的广泛应用，使得石油管道的数据采集、监测和管理更加高效。

再次，提升管网服务水平和市场竞争力。中国将继续提升管网服务水平，实现服务公平开放，推动油气管道向第三方市场主体公平开放。这将增强油气管道行业的市场竞争力，促进油气资源的高效配置。

最后，加强智能化和绿色化发展。随着环保要求的提高，石油管道行业将朝着智能化方向发展，通过引入物联网、大数据等技术手段，实现对管道的实时监测和预警，提高管道的安全性和可靠性。同时，环保要求的提高将推动石油管道行业向更加环保和可持续的方向发展。石油管道行业将向绿色化方向发展，通过优化管道设计、采用新材料和技术等手段，实现管道的高效运行和减少对生态环境的影响。

（二）加强多交易中心互补和联动，打造具有国际影响力的天然气交易体系

中国能源交易中心建设正处于快速发展阶段，尽管已建立超过30家交易中心，但大多数仍面临交易规模小、竞争力不足的问题。展望2025年，中国将通过优化交易中心布局、提升市场流动性和引入期货产品，建立一个更具国际影响力的天然气交易体系。

首先，优化交易中心布局与功能。目前，上海和重庆是中国主要的国家级能源交易中心，未来将进一步优化这些交易中心的功能，提升其服务能力。通过整合资源，推动区域交易中心之间的互联互通，形成一个高效的交易网络，使得不同地区的交易商能够更方便地进行能源交易。这将有助于打破区域壁垒，提升整体市场的流动性和效率。

其次，增强国际市场的参与度。中国将积极利用自贸区的政策优势，吸引国际能源交易商参与国内市场。通过与国际市场的联动，增强中国在全球天然气市场的定价权和话语权。特别是在LNG领域，中国石化等企业已经在

亚太地区建立了较为完善的贸易网络，未来将继续拓展国际市场，提升在全球 LNG 现货贸易中的地位。

再次，推动天然气期货产品的上市，建立完善的价格形成机制。一方面，随着市场需求的增长，天然气期货产品的推出将成为 2025 年的重要目标。目前，LNG 期货已获得立项批复，相关工作正在稳步推进。期货产品的上市不仅能够为市场参与者提供风险管理工具，还将有助于形成更为合理的价格发现机制，提升市场透明度和流动性。另一方面，中国将致力于完善能源价格形成机制，推动现货和期货市场有效衔接。通过引入更多的交易品种和市场参与者，形成一个多层次的市场结构，使得交易中心能够更好地反映市场供需变化，增强价格合理性和透明度。

最后，加强数字化建设与信息共享。数字化交易生态系统的构建将是提升交易效率的重要方向。通过加强信息共享和数据透明度，交易中心能够更好地服务于市场参与者，提升整体市场的运行效率。数字化手段将有助于实时监控市场动态，及时调整交易策略，降低市场风险。

（三）智慧和多能耦合管网建设并重，确保能源安全

2025 年，随着全球能源结构的转型和智能化技术的发展，中国油气管道产业的发展方向将聚焦于智慧管网建设和多能耦合管网的构建。智慧管网能够提升能源输送效率和安全性，而多能耦合管网则有助于优化能源结构，增强能源供应的稳定性和灵活性。

首先，推进智慧管网建设，提升能源输送效率和安全性。智慧管网研究进展表明，通过集成先进的信息技术和自动化技术，可以实现对油气管道的全方位感知和一体化管控。预计 2025 年，中国将继续深化智慧管网建设，通过建立管道“天空地”一体化感知系统，实现对管道沿线各种潜在危害因素全天候动态监测，提高管道安全管理水平，通过智能化调控运行，提升管网调控效率和降低能耗。

其次，实现多能耦合管网，优化能源结构。多能耦合管网的发展是实现能源转型的关键。通过天然气热电冷三联供、分布式可再生能源和能源智能微网等方式，可以实现不同能源之间的互补和协同供应。预计 2025 年，中国

将进一步探索氢能利用、智慧化供热、多能耦合等应用场景，大力推广综合智慧能源服务项目。这将有助于为用户提供高效智能的能源供应和相关增值服务，实施能源需求侧管理。

最后，构建综合能源网络，实现能源互联互通。中国将推进综合能源网络基础设施建设，建设以智能电网为基础，与热力管网、天然气管网、交通网络等多种类型网络互联互通的综合能源网络。这将促进能源形态协同转化、集中式与分布式能源协调运行，提升能源传输的灵活可控性和安全稳定性。

合 作 篇

2024年，由于国际局势变迁、能源地缘格局变化、“欧佩克+”产量政策、新能源发展等因素的影响，全球原油市场在多重不确定性因素带来的挑战下，价格持续宽幅震荡，牵动了全球经济的神经。中国油气企业国际合作在面对地缘政治风险和地区冲突中紧握能源安全主线，推动油气产业链、供应链、价值链全链合作，积极应对市场波动等挑战，展现出较强的韧性和活力。中国全年进口原油55348.6万吨，出口原油209万吨，原油净进口55139.6万吨，原油对外依存度为72.2%；进口成品油4878万吨，出口成品油5813万吨(按海关总署数据口径核算)；进口天然气12776.6万吨，其中管道天然气5038.8万吨、LNG 7737.8万吨，天然气对外依存度为42.0%。2024年，原油进口量下降明显，对外依存度略微下降，平均进口单价下降明显。成品油进口量显著增长，进出口价格显著上升，出口配额大幅增长，进出口种类明显变化。管道天然气进口量年均上涨3.5%，液态天然气仍然是天然气进口的主要来源。

展望2025年，中国油气企业在国际合作中将继续深化战略调整，更加重视能源转型和技术升级，深化全球价值链布局，拓展绿色金融渠道，进一步深化同“一带一路”共建国家的油气合作，为全球能源结构转型贡献中国智慧和力量。预计2025年，原油进口量将呈明显下降趋势，成品油进口价格可能持续上涨，天然气仍将表现出强劲的增长态势。

中国油气产业国际合作分析与展望

2024 年，中国油气企业国际合作在面对地缘政治风险和地区冲突中紧握能源安全主线，推动油气产业链、供应链、价值链全链合作，积极应对市场波动等挑战，展现出中国油气企业发展较强的韧性和活力。展望 2025 年，中国油气企业在国际合作中将继续深化战略调整，更加重视能源转型和技术升级，深化全球价值链布局，拓展绿色金融渠道，进一步深化同“一带一路”共建国家的油气合作，为全球能源结构转型贡献中国智慧和力量。

一、2024 年中国油气产业国际合作概况

2024 年，中国油气企业的国际合作正在逐步从“资源获取”向“技术、市场和管理提升”转变。这一转型不仅帮助中国油气企业在国际油气市场中立足，也在全球能源转型的浪潮中发挥更大作用。

（一）中国石油国际油气合作成果

2024 年，中国石油在国际合作方面取得了一系列重要成果，体现出其在全球能源市场中不断加强的影响力和适应全球能源转型趋势的能力。通过拓展可再生能源与低碳技术、推动全球价值链整合以及加强“一带一路”合作，中国石油不仅巩固了自身的市场地位，还提高了其在全球能源转型中的战略地位。

1. 中国石油首次在欧洲开展超低硫船燃加注业务

2024 年 4 月 6 日，中国石油国际事业荷兰公司在荷兰鹿特丹港进行超低硫燃料油的船加油操作，这是中国石油首次在欧洲开展超低硫燃料油船加油业务，标志着国际事业公司业务价值链得到进一步延伸，为持续拓展欧洲市场奠定良好基础。

2. 中国石油签署创新联合体框架协议

2024 年 5 月 7 日，中国石油(伊拉克)艾哈代布公司与中国石油勘探开发研究院、振华石油勘探开发研究院和中国石油川庆钻探地质勘探开发研究院 3 家科研单位，签署了伊拉克艾哈代布油田上产稳产创新联合体框架协议。艾哈代布油田项目是伊拉克战后重建的第一个对外石油合作项目和第一个石油服务合同，也是中国石油进入伊拉克的第一个油田开发项目。本次协议的签署对艾哈代布油田上产稳产和未来规划发展具有里程碑式的意义。

3. 大庆工程建设公司中标米桑油田新项目

2024 年 5 月 13 日，大庆油田工程建设公司成功中标伊拉克米桑油田新建注水井管线和水源井管线三期 EPC 项目，实现了对该区域市场长达 12 年的稳定开发。本次中标的项目包括注水井、井口管线、站间线，以及仪表、电力、通信等配套工程的施工内容，对米桑油田的稳产上产及后续工程的展开具有重要意义。

4. 长城钻探首个海外压裂总包项目实现产量新突破

2024 年 5 月 16 日，长城钻探首个海外压裂总包项目伊拉克哈法亚油田 S6629H1 井原油产量超 3500 吨，实现该油田单井产量新突破，标志着长城钻探海外压裂总包一体化项目初战告捷。此次压裂施工是中国石油压裂施工队伍首次在海外实施大型水平井多级压裂施工任务，开启了从完井、压裂到压后返排投产的总包一体化新模式。长城钻探公司将以此为基础，积极开拓以伊拉克为轴心，辐射中东的压裂酸化增产市场，为“发展国际”目标打造新的创收创效增长极。

5. 渤海钻探斩获南美地区综合录井项目新订单

2024 年 6 月 24 日，渤海钻探第二录井公司与玻利维亚查科石油公司在圣克鲁兹正式签署两个综合录井服务合同。这是继服务哥伦比亚项目后，这个公司在南美地区的又一个服务项目。此次服务合同是玻利维亚项目与当地石油公司合作的一部分。综合录井服务作为石油勘探的重要环节，能为该国提供详细的地质资料，帮助确定油气藏成藏规模和位置，为该公司积极参与南美市场油气开发、为录井市场注入新的活力打牢基础。

6. 长城钻探中标科威特高端市场大单

2024 年 6 月 27 日，长城钻探公司在海外高端市场获得重大突破，成功中标科威特国家石油公司（KOC）16部钻修井机服务“5+1年”合同。合同总金额为62亿元，创下中国石油海外钻修井机单笔合同之最，也是中国石油在中东高端市场的第一批深井钻机和深井修井机服务合同。此次中标，充分彰显了中国石油技术服务业务在国际市场中强大的市场竞争力和综合实力，对于长城钻探公司做强做优中东业务、扩大行业领先优势、提升品牌影响力具有重要战略意义，为进一步开拓科威特市场、实现油田技术服务产业链全覆盖奠定了坚实基础。

7. 国际事业公司拓展中亚加油零售网络

2024年7月14日，中国石油在哈萨克斯坦的第187座加油站在阿克纠宾顺利投运，标志着中国石油在中亚地区的加油零售网络进一步拓展，为更好地服务哈国民众、以贸易畅通促民心相通作出了新的贡献。该站的投运，完善了公司在哈萨克斯坦的加油站网点布局，为巩固提升公司在当地成品油终端的市场份额、促进中国石油在中亚地区上中下游一体化协同发展提供了有力支持。

8. 渤海装备中标北非潜油电泵产品生产订单

2024年7月17日，渤海装备生产的“渤海中成”潜油电泵在北非地区油田市场成功中标，实现了新市场的“破冰”。“渤海中成”潜油电泵是渤海装备的名牌产品，凭借行业领先的技术优势和多种特色服务，在国内外市场赢得了良好口碑，此前已成功开拓西非市场和南美市场。此次项目中标，不仅是渤海装备公司潜油电泵产品首次进入该市场，而且是首次打破西方公司对该市场的垄断，为持续深入拓展北非市场创造了有利条件。

（二）中国石化国际油气合作成果

2024年，中国石化在国际合作方面的成果表明其在全球能源市场中积极应对低碳转型趋势，通过拓展低碳技术、发展绿色金融和推进智能化管理，逐步实现从传统石油化工企业向综合能源供应商转型。通过“一带一路”合作，中国石化不仅进一步巩固了其在国际能源市场中的地位，也为全球能源的可持续发展贡献了力量。

1. 中原石油工程创造沙特阿美公司交井新纪录

2024年1月19日，中原石油工程沙特公司SINO-11队累计开钻41口、交井41口，创造了阿美公司近十年来的年度交井新纪录。SINO-11队坚持向钻机搬迁要效益，合理安排工作任务，最大程度提高作业时效。此次交井新纪录的突破展示了中国石化在国际合作中的品牌形象，为沙特业务高质量发展做出积极贡献。

2. 香港公司在澳大利亚完成首单矿业直销批发供油服务

2024年3月19日，满载8.2万升柴油的油罐车驶入西澳大利亚州Wiluna矿区并交付到客户指定橇装油罐中，中石化香港(澳大利亚)有限公司完成首单矿业企业直销批发供油服务，标志着中国石化在澳大利亚初步具备服务矿业企业的能力，为进一步开拓当地成品油终端业务奠定了基础。

3. 钛系聚烯烃催化剂首次销往南美洲

2024年3月26日，催化剂上海立得公司钛系聚烯烃催化剂首次销往南美洲市场，实现海外市场新突破。公司牢牢把握发展新机遇，积极响应“一带一路”倡议，在深耕国内市场的同时，将目光投向国际市场，有力推进了其国际化业务的发展。

4. 华东石油成功完成美国控压钻井设备安装项目

2024年6月21日，华东石油工程公司SP-16队成功完成美国威德福控压钻井设备的安装、配套和测试，用时仅一天，比甲方规定时间提前两天。控压钻井是一种自适应钻井工艺，用于精确控制整个井筒的环空压力，这次是中国石化首次在海外深钻项目上采用该工艺。此次控压钻井设备安装项目的顺利高效完工，是华东石油在北美地区控压钻井设备安装业务领域提交的一份亮眼成绩。

5. 联合石化首次实现加拿大原油经跨山管道船运回国

2024年6月28日，联合石化美洲公司采购的首船加拿大跨山管道油在温哥华Westridge码头完成装货，并在美国洛杉矶PAL海域完成与VLCC大船过驳，标志着联合石化美洲公司首次实现加拿大原油经跨山管道大船运输回国。此举有效提升了加拿大原油运往中国的经济性，为美洲区域资源统筹运作和物流优化开辟了新模式，在保证原油资源供应的同时，提升在当地市场的贸易能力。

6. 石化机械接连斩获欧亚油气装备市场合同

2024年8月2日，石化机械四机公司接连斩获来自欧亚市场的压裂泵及连续油管作业机组供货合同。欧亚地区是石化机械四机公司的重点市场，该公司持续提升产品技术含量和服务水平，针对该地区需求加强油气装备推广，成功签订了 XJ550 修井机、连续油管作业机组、空压机泵车、批量出口压裂泵等新订单，表明其高端油气装备正加速在欧亚市场布局，推动油气装备制造业高质量发展。

7. 石化机械江钻公司成功进入阿尔及利亚市场

2024 年 9 月 13 日，石化机械江钻公司首批订单钻头已全部到达阿尔及利亚业主库房并通过预验收，同时，首只 36 寸牙轮钻头在阿尔及利亚 Berkine Rig TP221 井已使用完毕，使用效果良好，首笔款项支付已完成，打破了该市场长期被欧美公司垄断的局面。此次阿尔及利亚市场的成功开拓提高了中国石化在阿尔及利亚市场的占有率，进一步提升了中国石化的品牌价值。

8. 中国石化与道达尔签署 LNG 长约供应合作框架协议

2024 年 11 月 4 日，中国石化与道达尔能源公司签署 LNG 长约供应合作框架协议（HoA），根据协议，道达尔能源公司从 2028 年起每年向中国石化供应约 200 万吨 LNG，为期 15 年，这是落实 5 月双方签署的战略合作框架协议的一项重要举措，对双方进一步探索全产业链合作机会，推动全球能源转型具有重要意义。

（三）中国海油国际油气合作成果

2024 年，中国海油海外业务取得显著进展，在深海油气资源开发、绿色能源和低碳技术合作方面均有亮眼表现。通过深水油气开发、天然气业务拓展、海上风电合作、碳捕集技术应用和提升智能化管理，中国海油在增强资源储备的同时，加快了清洁能源和低碳技术的布局。此外，在“一带一路”共建国家的合作不仅巩固了在当地的市场地位，还增强了其全球供应链的稳定性。

1. 中国海油完成全球最大 LNG 运输加注船加注

2024 年 1 月 23 日，中国首艘、全球最大 LNG 运输加注船“海洋石油 301”在宁波梅山港码头 2 号泊位，成功为“美森一诺”集装箱船提供保税 LNG 加注服务，这也是“海洋石油 301”船加注功能改造后的第 10 次加注作业。国际船舶 LNG 加注服务的日渐成熟，标志着中国海油已经具备提供国际远洋船舶 LNG 规模化加注服务能力。

2. 中海油服马来西亚 HESS 弃置一体化项目顺利完工

2024 年 10 月 9 日，中国海油马来西亚 HESS 弃置一体化项目顺利完工。该项目是中海油服马来西亚一体化项目组突破东南亚高端市场的重要项目，由于创造性新工艺及工具的使用，创下马来西亚弃置一体化作业多项纪录，助力中海油服扎根东南亚市场和成功打入东南亚高端市场，为中海油服在东南亚地区弃置一体化市场积累了良好口碑，提升了海外市场认可度和国际影响力。

3. 中国海油穿越巴拿马运河赴秘鲁工区开展勘探作业

2024 年 5 月 8 日，中国海油 721 船顺利通过巴拿马运河，赶赴秘鲁工区开展勘探作业。这是该船自 2023 年出国以来，历时 7 个月完成西非项目后，又一次横跨大西洋前往南美开展大面积地震采集作业。相较传统航线，穿越巴拿马运河航线可节省近 1800 海里的航程，将为秘鲁工区的勘探作业赢得 5 天的宝贵作业时间，并有效展示了中国海油高超的技术实力和品牌影响力。

4. 中国海油印尼海域地震勘探项目顺利完工

2024 年 6 月 22 日，中国海油 760 船队，顺利完成印尼海域地震勘探项目。印尼海域地震勘探项目包括两个勘探区块，在团队高效协作下，两个区块勘探工期比计划共缩短 22 天。中国海油采用“中国技术”和“中国方案”为当地发现海底更多油气资源提供重要数据支撑，也为未来拓宽能源开发合作领域起到积极推进作用。

5. 上海海洋石油局物探分公司再获韩国钻探项目

2024 年 7 月 5 日，上海海洋石油局物探分公司又一次斩获韩国钻探项目，甲方是韩国地球科学与矿产资源研究院（KIGAM），工作量为 9 口全取芯钻探井，总进尺 600 米。自 2021 年以来，该公司四年内三次斩获韩国 KIGAM 钻探项目，与该单位建立了长期合作机制，实现境外钻探业务可持续发展。针对 2024 年的钻探项目，该公司提前一年与韩方展开商务沟通并成功中标，为后续获取更多海外项目奠定基础。

6. 中国海油所属公司签署 4 个巴西海上勘探区块石油合同

2024 年 10 月 17 日，中国海油旗下全资子公司 CNOOC Petroleum Brasil

Ltda 与巴西国家石油管理局及佩罗塔斯盆地的合作伙伴就 4 个巴西海上勘探区块分别签订了矿税制石油合同。此次签订的合同共计 4 个区块，均位于巴西海域，总面积约 2600 平方千米，水深 600 米至 3000 米。此次合同签订有助于中国海油拓展国际资源布局，强化油气储备，增强国际影响力。

7. 中国海油所属公司签署伊拉克石油全产业链合作合同

2024 年 10 月 30 日，中国海油旗下全资子公司 CNOOC Africa Holding Ltd. 与伊拉克中部石油公司就伊拉克陆上的一个区块签署石油勘探、开发与生产合同。合同规定，该区块勘探期第一阶段为 3 年，CNOOC Africa Holding Ltd. 持有 100%权益，并担任作业者。此次合同的签订有助于增强中国能源供应稳定与安全，强化中东市场布局，提升中国海油海外业务能力和全球能源行业国际竞争力及话语权。

8. 中国海油巴西 Mero 3 项目安全投产

2024 年 10 月 31 日，中国海油巴西 Mero3 项目安全投产。此次投产的 Mero3 项目采用传统深水盐下油田的开发模式，即“浮式生产储卸油装置+水下生产系统”的模式。项目投产后将使 Mero 油田整体原油日产能提高到 59 万桶。该项目将在海底对伴生气进行分离并回注储油层，同步实现促产和减排。该项目将成为中国海油海外油气上产的重要增长点，有利于推动中国海油践行绿色低碳发展理念，进一步推动 ESG 国际合作。

（四）其他国际油气合作成果

2024 年，中国民营油气企业在国际贸易合作和国际油气服务业务海外市场开拓方面稳步发展，在油气国际合作领域实行纵深和多元化发展战略，加快全球化布局，加速海外合作推广，展现出民营油气企业强劲的发展韧性和活力。

1. 新奥股份在越南签署大额油气工程服务合同

2024 年 4 月 8 日，新奥股份全资子公司新地能源工程技术有限公司在越南胡志明市正式签订越南 Northern Vietnam LNG Terminal 项目 EPCC 总承包合同，项目合同金额逾 6 亿元，实现海外油气工程业务重大突破。该项目是中国工程公司在越南承建的首个油气工程项目，本次合同的成功签署，是国际合作伙伴对新奥具备的全场景优势的充分认可，新奥将发挥在工程建造、天然气贸易等方面的综合能力优势，推动越南绿色清洁能源发展及能源结构转型升级，推动双方合作提质增效。

2. 沙特阿美收购恒力石化 11%股权

2024 年 4 月 22 日，沙特阿美以 110 亿元收购恒力石化 11%股权。沙特阿美是全球最大的原油供应商之一，本次收购的完成，意味着沙特阿美可以与恒力石化建立更紧密的原油供应关系，沙特阿美的入股将为恒力石化提供稳定的供应链保障、增加资金支持、增强技术实力，并提高其国际竞争力，有助于推动恒力石化的可持续发展和全球化布局。

3. 中曼石油中标伊拉克两个油气区块获得开发权

2024 年 5 月 11 日，在伊拉克巴格达召开的第五(+)轮和第六轮油气区块招标中，中曼石油成功中标 East Baghdad Field Northern Extension 区块(EBN 区块)和 Middle Euphrates 区块(MF 区块)。EBN 区块作为招标会上首个出让区块，受到多家石油公司的关注。经过项目视频展示、报价竞标、现场开标等环节，中曼石油在与其他石油公司的竞争中胜出，成功赢得这两个区块的开发权。这是中曼石油继取得新疆温宿区块、哈萨克斯坦坚戈和岸边油田项目之后，在“一带一路”国家上游勘探开发市场取得的又一历史性突破。

4. 通威签署沙特 PIF 四期 MUWAYH 光伏项目大单

2024 年 9 月 27 日，通威集团和沙特 ACWA POWER 签署沙特 PIF 四期 MUWAYH 光伏项目供货协议，提供高效光伏组件，助力沙特净零碳排放。根据协议，通威与 ACWA POWER 将重点围绕推进光伏项目落地、多维度缔造光伏应用场景、提供绿色能源转型技术突破原动力等方面深化合作，表明通威在能源合作领域迈出坚实一步。

5. 东明石化与 IBM 咨询签署长期合作协议

2024 年 10 月 11 日，东明石化与 IBM 咨询在北京正式签署了一项长期合作协议，通过实施数智化转型服务项目，全面提升东明石化在经营管理、科技研发和生态平台等领域的综合能力，进一步增强国际、国内市场竞争力，助力东明石化在化工产业数字化转型中提质增效，实现从“中国 500 强”企业到“世界 500 强”企业的跨越发展。此次合作不仅是东明石化转型的重要契机，也是 IBM 服务中国化工行业、企业数字化升级的又一标志性里程碑。

6. 杰瑞集团与伊拉克签订曼苏里亚气田开发合同

2024 年 10 月 31 日，杰瑞集团与伊拉克签订曼苏里亚气田开发合同。曼苏里亚气田是伊拉克第二大气田，该开发项目不仅对伊拉克能源自给自足有着十分重要的意义，而且值得一提的是，本次项目不仅包含传统的技术服务协议，更是紧密的利润分享合同。相较于传统的设备销售和工程承包类项目，杰瑞还将承担起开发商和投资者的角色，这标志着杰瑞集团在油气国际合作过程中，对产品的选择和合作的各个环节有着更深的话语权。

二、2024 年中国油气产业国际合作分析

2024 年，中国油气产业国际合作积极把握“数智化”和能源转型机遇，有效应对国际产业链和供应链断裂风险、气候政策方面的挑战，取得了较好的发展成效。

（一）中国油气产业国际合作出现的机遇

2024 年，中国油气企业在国际合作中的表现展示了其在全球油气市场中的重要地位以及积极推动低碳转型的战略决心。通过深化传统油气资源合作、扩大低碳技术与绿色能源投资、推进智能化和数字化管理，不仅在稳定资源供应和提升业务效率方面取得了显著进展，还在全球能源转型的进程中发挥了积极作用。这些合作不仅加强了中国油气企业的国际影响力，也为全球能源的可持续发展做出了贡献。

1. 上游油气资源获取能力持续提升

中国油气企业在中东、俄罗斯、中亚、非洲等资源丰富地区继续推进上游资源合作，与当地政府和企业签署长期油气供应协议，为中国的能源安全提供了坚实保障，也有效平衡了国际油价波动带来的风险。在全球天然气需求稳步增长的背景下，中国油气企业显著扩大了天然气进口和开采业务，尤其是与俄罗斯、中亚、中东等地的天然气供应协议，帮助中国在天然气市场获得了长期稳定的供给保障。中国石油和中国石化在俄罗斯天然气资源的进口和输送方面的合作进一步深化，增强了企业在天然气领域的全球地位。

2. 数智化赋能油气企业提升国际项目管理效率

中国油气企业在国际项目中引入智能化管理系统，在中东、北美、东南亚等地区的油气田中实施物联网、人工智能和大数据技术，提升了油田的生产效率和安全性。中国石油在多个海外油田中通过智能监控系统实现了远程管理，降低了人力和维护成本。在数字化平台建设方面，中国油气企业在全球市场中逐步推广数字化管理平台，实现对全球资源的优化配置。通过云计算、大数据等技术手段，中国石化和中国海油对海外资产进行了数字化管理，有效提高了运营效率并增强了对市场变化的快速反应能力。

3. 低碳和清洁能源的国际合作加速油气企业绿色转型步伐

2024 年，中国海油积极响应全球能源转型趋势，加大了在欧洲、北美等地区的海上风电投资。通过与欧美领先的风电公司合作，中国海油在海上风电场的建设、运维和管理方面积累了丰富经验，也显著提升了其绿色能源的比重。这种合作不仅丰富了公司的业务种类，也提高了其在清洁能源市场中的地位。另一方面，中国油气企业加快碳捕捉和碳储存（CCS）项目的国际优化布局，有效推动油气企业绿色低碳发展步伐。为支持低碳转型，中国海油在北美、欧洲等地区参与了多个 CCS 项目。这些项目在国际先进技术的支持下，有效减少了碳排放量。中国海油通过参与国际 CCS 项目，不仅提升了公司碳减排的技术水平，也兑现了其在绿色低碳发展方面的承诺。

4. 全球能源转型与新兴市场发展提供重要战略机遇

在 2024 年的国际项目合作中，全球能源转型和新兴市场的发展潜力为中国油气企业提供了重要的战略机遇。通过积极应对能源转型，探索新兴市场，并加强风险管理，中国油气企业在海外市场上实现新的增长。同时，巴以冲突的影响可能促使中国加快能源结构转型，推动油气企业在海外市场可再生能源和新能源项目的发展。这也为中国企业在国际合作中寻求多元化发展带来了新机遇，包括在非化石能源技术上的合作和拓展。另外，新兴市场的蓬勃发展为中国油气企业开展国际合作提供了较大发展潜力。南美地区，特别是巴西、阿根廷和墨西哥的油气资源丰富，这些国家在能源领域对外资的政策较为开放。中国油气企业通过与这些国家的企业展开合作，在资源开发和基础设施建设方面谋求共同发展，从而在油气项目收益、技术服务、合作话语权等方面获得较多建树。

5.“一带一路”能源国际合作进一步深化

中国油气企业在“一带一路”共建国家继续加大油气管道、储油设施、LNG设施等基础设施的投资力度。中国石油在中亚和中东地区建设的跨境天然气管道项目增强了区域内的能源互联互通，也为中国能源安全提供了支持。在可持续发展建设方面，中国油气企业在“一带一路”项目中更加注重生态保护和可持续发展，实施严格的环保标准和绿色技术。通过环保技术合作和本地化管理模式，中国油气企业在共建国家建立了良好的企业形象和社会责任感，赢得了当地政府和社区的支持。

（二）中国油气产业国际合作带来的挑战

2024年，伴随着俄乌冲突、巴以冲突等突发性地缘政治事件的威胁，全球能源供需格局持续演变，所造成的不确定性因素给中国参与油气产业国际合作带来较大挑战。

1. 能源供应安全和成本压力增加

地区冲突的加剧不利于地区的油气供应安全。巴以冲突的持续升级导致中东地区地缘政治风险增加，中东地区作为中国油气企业国际合作的重中之重，对中国海外能源供应安全具有重大意义。中东是全球最重要的石油和天然气产区之一，中国大量油气资源依赖该地区进口。冲突升级可能导致油气运输通道不稳定，尤其是苏伊士运河和波斯湾等关键通道的安全性会受到影响。能源供应安全的另一方面挑战来源于能源转型政策的不平衡，部分国家或地区的化石能源投资减少，但清洁能源供应尚未完全覆盖，导致供需缺口和价格上涨。同时，受到新能源储存和传输能力限制，能源供应安全存在隐患，增加了能源供应的不确定性。

油气运输受阻或供应受限将推高全球油价。全球能源供应链高度依赖国际航运线路，一旦发生海上冲突或制裁，海运成本和风险随之增加，进一步推高了石油和天然气的运输费用，加重中国油气企业的采购和运营成本。从国际金融角度来看，由于原材料价格上涨和运输费用增加，全球范围内的通胀压力也推动了能源成本的上升。同时，通胀带来的借贷成本上升，增加了能源项目融资的难度，进一步推高了整体成本。金融市场的波动如美元加息等因素使部分国家货币贬值，中国能源进口成本随之增加，中国等发展中国家在支付能源进口账单时面临更高的货币压力。

2. 国际油气市场波动增加油气国际合作风险

地缘政治风险上升会刺激油价波动，导致国际油气市场不确定性增加。中东地缘局势紧张，特别是一些石油产出大国的不稳定局势，加大了全球原油市场的波动。俄乌冲突的延续进一步影响了天然气的供应，使欧洲市场对于替代能源的需求激增，进而推高了能源价格。这对中国油气企业国际投资、项目收益以及市场稳定性方面都有负面影响，油气企业在新项目决策上会更加谨慎，或暂缓在冲突高风险地区的投资。产能短缺助推高价油气，极端气候事件如飓风会导致多个油气项目同时停产，造成国际市场供应短缺，使油气价格上升。中国油气企业在国际项目中面临的价格波动风险增加，可能导致项目成本超支、利润空间被压缩。在北美和欧洲等地，极端寒潮或热浪等气候现象增加了对天然气的需求，而供给受限使得价格波动幅度加大。这增加了中国企业海外市场的波动风险，影响了盈利能力。

3. 气候变暖和极端天气频发不利于国际项目运营

气候变暖和极端天气频发对中国油气企业国际项目构成了安全、成本和运营方面的重大挑战。通过有效的风险管理和技术创新，一定程度上缓解中国油气企业面临的困难。天然气和石油的开采、运输以及储存过程在极端天气下易受干扰，如飓风会导致海上钻井平台停产、管道运输中断，甚至引发溢油等环境灾害，增加了企业运营和环保方面的风险。极端天气同样影响施工进度，中东、非洲、南美等油气资源禀赋丰富地区，极端气候事件频发影响基础设施建设和现场作业的安全性。暴风、沙尘暴、暴雨等极端天气频发会直接损坏油气生产设施、管道、输送设备等，尤其是海上设施更容易受到恶劣天气的影响，维修成本和停工损失随之增加，并导致港口停运、运输延误，影响油气产品的出口和运输，增加了供应链的不确定性。

4. 油气企业海外市场供应链韧性和安全面临挑战

断链风险是油气企业开展海外市场项目面临的重要挑战。地缘政治、不确定性气候事件、市场波动等外部风险对海外油气产业供应链韧性和安全均有影响。俄乌冲突引发的欧洲和美国对俄罗斯能源产品的制裁，使得其他市场的油气供应链被迫重新布局。中国油气企业在某些地区可能面临制裁或出口限制的风险，导致供应中断或成本增加。在政治不稳定的地区，如中东、非洲等，地区冲突或政局变动可能中断当地油气项目的正常运营，甚至导致项目搁置。海外油气全产业链合作的油气企业对供应商的稳定性要求较高，当供应商出现生产或交付问题，或受到地缘政治和自然灾害的影响时，可能导致供应链断裂，项目进度延误。在一些新兴市场国家，油气项目周边的供应链配套设施和供应商能力不完善，缺少合格的本地供应商可能导致关键材料或设备难以及时补充，增加运营风险。特别是油气数字化转型的推进，供应链管理系统一旦出现技术故障，将会导致油气企业跨国经营受阻。

三、2025 年中国油气产业国际合作展望

2024 年，由于国际局势变迁、能源地缘格局变化、“欧佩克+”产量政策、新能源发展等因素的影响，全球原油市场在多重不确定性因素带来的挑战下，价格持续宽幅震荡，牵动了全球经济的神经。在这个纷繁复杂的国际市场背景下，中国将持续深化国际能源合作，进一步加深全球油气贸易市场的参与度。通过深化合作、创新合作模式和加强绿色低碳合作，推动油气产业高质量发展。因此，2025 年油气产业国际合作可能呈现以下趋势：

（一）中东地缘政治局势紧张，中国能源安全面临严峻考验

2025 年，中东地区的地缘政治局势预计将持续紧张，霍尔木兹海峡作为全球油气运输的核心通道，因地区冲突潜在升级而面临严重的安全威胁。这种不稳定性直接对中国的能源供应链构成重大挑战。作为全球最大的能源消费国，中国对中东的石油和天然气进口依赖较高，任何运输中断或国际油价剧烈波动都可能对国内经济产生深远影响。如果霍尔木兹海峡运输受阻，中国将面临能源供应短缺、进口成本激增以及下游产业链价格传导的多重压力。

这类地缘政治的不确定性还可能波及中国的经济稳定和通胀水平。能源供应的不稳定将直接推高炼油厂和工业部门的原料成本，并可能通过价格传导机制对居民消费价格指数形成上行压力，从而影响国内经济运行的平稳性。

此外，中东局势还可能对中国的能源战略储备带来更大的调控难度，迫使中国在能源储备和国际市场间找到更为动态的平衡点。中东地缘政治挑战不仅对中国的能源供应链构成冲击，还对经济稳定和国际能源合作策略调整提出了更高的要求。

（二）特朗普当选搅动全球能源市场，美元政策冲击中国能源合作稳定

特朗普再次当选美国总统可能对全球能源市场和气候治理带来深远影响，对中国的能源进口和经济运行产生重大冲击。特朗普政府预计将进一步扩大页岩油气生产与出口，尤其是在 LNG 市场上抢占更多份额，可能对中国天然气进口形成价格竞争压力。此外，特朗普对化石能源的支持以及对清洁能源政策的削弱，可能导致全球新能源投资降温，减缓低碳转型步伐，间接增加中国新能源技术自主研发和能源结构优化的难度。在货币政策方面，美元加息可能推高包括油气在内的大宗商品价格，增加中国的能源进口成本，后续的降息周期又可能因美元贬值带来价格波动，加剧中国能源市场的不确定性。

特朗普对气候行动的保守态度也将对中国的国际合作与全球气候治理带来新挑战。美国若削弱或退出《巴黎协定》的相关承诺，可能导致国际社会对绿色发展共识的松动，并减少对发展中国家的资金与技术支持，这将使中国在国际气候治理中承担更大的责任，并被赋予更高期望。此外，美国可能通过区域能源合作与技术壁垒，限制中国在国际能源合作中的参与空间，加大技术获取难度。在此背景下，中国需通过深化与欧洲等气候行动积极国家的合作，推动绿色金融和技术创新，在复杂的国际环境中维持能源与气候领域的主动权，同时为全球气候治理的稳定与进步提供“中国方案”。

（三）COP30 推动全球气候治理升级，中国油气国际合作面临转型新趋势

2025 年，将在巴西召开的 COP30 气候大会预计对全球气候治理和能源合作产生重要影响，中国的油气国际合作也将随之出现新的趋势与挑战。作为

全球能源消费和碳排放大国，中国将在大会中继续扮演关键角色，通过推动国际社会在低碳转型和碳市场规则上的共识，进一步巩固其在全球气候治理中的地位。然而，特朗普政府可能在大会上采取保守态度，削弱全球清洁能源发展的协同行动。这种局面可能加剧发达国家与发展中国家在油气脱碳路径上的分歧，间接影响中国与“一带一路”共建国家在绿色油气技术和资金合作上的进展。

同时，COP30 可能对国际碳市场规则的制定和油气产业减排要求提出更高标准。中国需要借助这一大会积极推动与发展中国家在绿色油气开发技术上的合作，通过资金支持和低碳转型经验共享，深化国际能源伙伴关系。此外，随着全球油气产业加速低碳化转型，中国或将面临油气出口国环保成本的转嫁压力。在这种背景下，COP30 既为中国展示低碳成就提供了重要舞台，也是为未来国际油气合作谋求更多话语权的关键机会。

（四）中俄油气合作深化，进一步筑牢中国油气产业链、供应链韧性

2025 年，中俄油气合作将进一步深化，成为中国能源国际合作的重要支柱。加强与俄合作，不仅确保了中国能源供应的稳定性，还增强了产业链和供应链的韧性，为应对复杂的国际环境提供了坚实保障。通过“西伯利亚力量”等天然气管道项目的扩展，俄罗斯对中国天然气的出口将显著增长，为中国提供长期、稳定的清洁能源供应。这种资源供应的多样化格局，增强了中国应对国际能源市场波动的能力，也减少了运输风险。

与此同时，中俄合作还将向产业链上游和下游延伸，包括共同参与油气资源勘探开发、技术共享，以及炼化和化工领域的深度协作。中国企业通过参与俄罗斯油气田的开发项目，不仅获取资源，更推动了技术和管理经验的双向交流，从而进一步优化供应链结构。在全球地缘政治风险增加的背景下，中俄油气合作的战略意义更加突出，双边长期、稳定的合作关系为中国在国际能源市场上的话语权提供了可靠支撑。2025 年，中俄深化油气合作的持续推进，不仅保障了中国能源供应的安全与稳定，也为全球能源格局的优化注入了新动力。这一合作将成为中国能源安全战略的重要一环，并为进一步深化国际能源合作树立典范。

（五）加强国际技术合作，赋能中国油气产业高质量发展

国际技术合作将成为2025年中国油气国际合作的重要驱动力，将推动中国油气产业在技术水平和低碳转型上的双重提升。中国将继续加强与技术领先国家合作，在非常规资源开发、深海油气开采及低碳技术应用等领域，通过技术引进与自主创新，为产业升级赋能。在非常规油气资源开发方面，中国通过与美国等国家的合作，进一步优化水平钻井和水力压裂技术，使页岩气和致密油开发更具经济性和环保性。在深海油气领域，中国与挪威、巴西等国的合作，将深海钻井技术、海底管道建设和深海平台设计的应用推向新高度，提升了中国深海开发的自主能力。在开采技术方面，页岩气、煤层气等非常规油气开采技术取得突破。水平井分段压裂技术优化创新及新型压裂材料研发应用，提高了采收率和开采效率，推动从“甜点区”向更大范围经济有效开采转变。这既助力国内非常规油气产业发展，减少常规油气进口依赖，又能将技术输出到美国、阿根廷等国，以技术合作、工程服务外包等形式参与当地开发，使中国从资源进口国向技术与资源开发合作国转变，提升在全球产业链的地位与影响力，创造新增长点与合作机遇，促进全球油气资源高效开发和利用。

低碳技术合作为中国能源转型提供了关键支撑。通过与欧美国家在碳捕集、利用与封存（CCUS）和甲烷减排技术方面的深度合作，中国正在形成一批成熟的低碳技术应用示范项目。这些技术的推广和应用，不仅优化了资源开发流程，还显著降低了碳排放，符合中国能源低碳化发展的长期战略。2025年，通过技术合作，中国油气产业将在创新与绿色发展的双重驱动下迈向高质量发展，在全球能源市场中占据更高技术制高点。

（六）“油气+新能源”合作模式创新，持续推动中国能源转型新发展

在全球能源转型的背景下，“油气+新能源”的融合发展模式成为2025年中国油气国际合作的新亮点。这一模式以传统油气资源与新能源技术的深度结合为核心，既推动了能源结构优化，也为中国在国际能源治理中争取更大主动权。在国内，2025年，油气企业将加速布局新能源领域，海上油气平台

与海上风电的融合发展成为趋势。例如，在渤海、南海等海域的油气生产设施周边，规划建设大规模海上风电场，利用油气平台的基础设施和电力消纳能力，实现风电与油气生产的协同互补。风电为油气开采提供清洁电力，降低油气生产过程中的碳排放，油气企业的工程建设、运维管理经验和资金优势又能推动海上风电产业的快速发展，形成 1+1>2 的协同效应，打造综合能源示范项目，为国内能源结构调整和绿色发展提供样板和经验。在国际合作层面，2025 年，中国将在“一带一路”沿线地区大力推广“油气+新能源”综合开发模式，例如在中东和北非地区推动油气资源与光伏、风电项目的协同开发。通过这种模式，传统能源与新能源实现了有效互补，不仅提升了能源开发效率，还显著降低了碳排放。这一创新模式将为中国在国际能源合作中赢得更多合作机会。

与此同时，中国在新能源领域的技术优势也将通过国际合作进一步放大。光伏、风电等技术的输出，不仅助力“一带一路”共建国家实现清洁能源发展，也为全球能源结构优化贡献了中国智慧。“油气+新能源”模式的推广，将使中国在未来能源合作中扮演更加重要的引领角色，为全球能源治理树立全新标杆，彰显中国在全球能源转型中的责任担当和引领作用，为全球应对气候变化贡献中国智慧和力量。

中国对外油气贸易分析与展望

2024年，中国全年进口原油55348.6万吨，出口原油209万吨，原油净进口55139.6万吨，对外依存度为72.2%；2024年进口成品油4878万吨，出口成品油5813万吨(按海关总署数据口径核算)；进口天然气12776.6万吨，其中管道天然气5038.8万吨，LNG 7737.8万吨，天然气对外依存度为42.0%。2024年，原油进口量下降明显，对外依存度略微下降，平均进口单价下降明显。成品油进口量显著增长，进出口价格显著上升，出口配额大幅增长，进出口种类明显变化。管道天然气进口量年均上涨3.5%，液态天然气仍然是天然气进口的主要来源。预计2025年，原油进口量将呈明显下降趋势，成品油进口价格可能持续上涨，天然气仍将表现出强劲的增长态势。

一、2024年中国原油对外贸易分析与2025年展望

从原油进口来看，2024年的原油进口量同比小幅下降，主要是国内独立炼厂产能利用率下降、中东地区的进口原油量降低以及国际市场价格波动导致。原油进口价格受全球经济波动与战争的影响降幅明显，使得中国原油进口成本随之降低。预计2025年中国原油进口量价下行压力较大，原油非国营贸易进口允许量出现差异性变化。

(一) 总体运行情况概述

2024年，中国原油进出口总量55557.6万吨，同比下降1.8%；原油进口55348.6万吨，同比下降1.9%；原油出口209.0万吨，同比上升47.1%。2024年，中国原油进出口总值3246.2亿美元，其中原油进口均价为584.4美元/吨，同比下降1.7%，原油进口额3234.3亿美元，同比下降3.6%；原油出口额11.8亿美元，同比上涨40.1%；贸易逆差3222.5亿美元，同比下降3.8%(见表1)。

表 1　2022—2024 年中国原油进口情况

时间	进口量/万吨	同比增长/%	进口额/亿美元	同比增长/%	平均进口单价/（美元/吨）	同比增加/%
2022 年 1 季度	12784. 9	-8. 2	808. 9	44. 0	632. 7	56. 8
2022 年 2 季度	12467. 4	2. 6	980. 5	68. 6	708. 6	48. 0
2022 年 3 季度	11792. 4	-7. 0	895. 3	33. 5	760. 4	43. 8
2022 年 4 季度	13794. 1	9. 7	912. 6	27. 8	721. 5	25. 8
合计	50838. 8	-0. 9	3606. 2	42. 3	709. 3	43. 6
2023 年 1 季度	13637. 2	6. 7	799. 5	-1. 2	586. 2	-7. 3
2023 年 2 季度	14591. 3	17. 0	829. 5	-15. 4	568. 5	-19. 8
2023 年 3 季度	14223. 0	20. 6	833. 8	-6. 9	586. 2	-22. 9
2023 年 4 季度	13977. 6	1. 3	892. 5	-3. 2	638. 5	-11. 5
合计	56429. 1	11. 0	3355. 3	-7. 0	594. 6	-16. 2
2024 年 1 季度	13736. 0	0. 7	806. 7	0. 9	587. 3	0. 2
2024 年 2 季度	13814. 1	-5. 3	858. 8	3. 5	621. 7	9. 4
2024 年 3 季度	13692. 7	-3. 7	808. 8	-3. 0	590. 7	0. 8
2024 年 4 季度	14105. 8	0. 9	760. 0	-14. 8	538. 8	-15. 6
合计	55348. 6	-1. 9	3234. 3	-3. 6	584. 6	-1. 7

数据来源：中国石油和化学工业联合会。

图 1 显示了 2022—2024 年中国原油月度进口量。从图中可以看出，2024 年 5 月开始，中国原油进口量较往年有所下降，从 11 月开始，原油进口量出现显著上升，5 月至 10 月间，原油进口量均低于往年同期水平。从 2024 年全年来看，8 月原油进口量达到峰值，为 4910. 3 万吨。7 月原油进口量最低，为 4233. 7 万吨。

图 2 显示了中国 2022—2024 年原油月度进口价格的变化情况。可以看出，2024 年原油进口价格总体较 2023 年有明显的回升。从月度情况来看，原油进口价格呈现先升高后降低的趋势，由 2024 年 1 月的 579. 5 美元/吨上升至 5 月的 633 美元/吨后下降至 12 月的 531 美元/吨。其中，4—7 月间平均价格维持在 600 美元/吨以上。

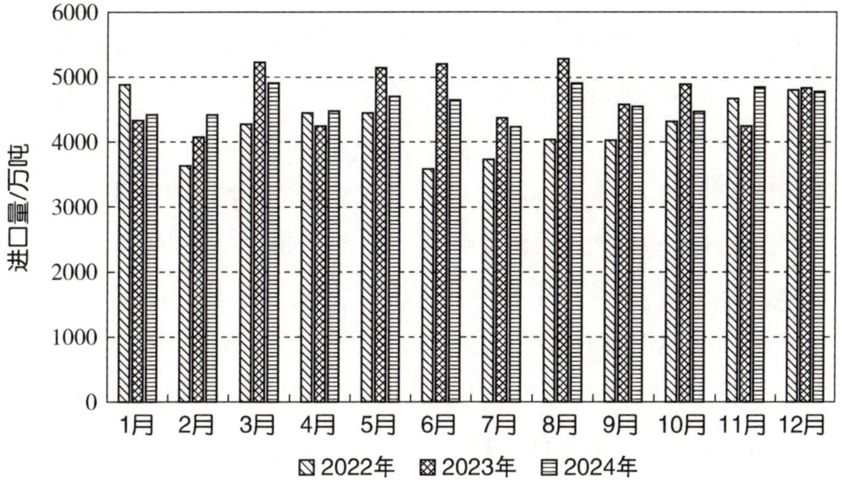

图 1　中国 2022—2024 年原油月度进口量

数据来源：中国石油和化学工业联合会

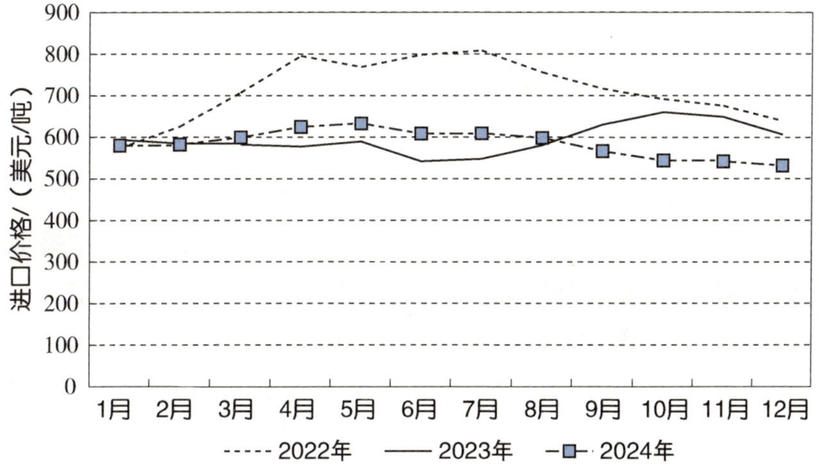

图 2　中国 2022—2024 年原油月度进口价格

数据来源：中国石油和化学工业联合会

（二）2024 年中国原油贸易的主要特点

2024 年，中国原油进口量受国内独立炼厂产能利用率下降、进口原料来源变化和国际油价波动影响显著下滑。原油进口价格因全球经济增长预期下调、新能源替代作用增强以及产油国产量增加下降明显。地缘政治紧张局势缓和也降低了油价的地缘政治溢价。

1. 原油进口量显著下滑

在全球经济形势多变和国际油价起伏不定的背景下，2024 年中国原油进口量累计达 55348.6 万吨，同比下降 1.9%，这一情况备受市场关注，既影响国内能源安全，又对全球油市格局产生深远影响。中国原油进口量下滑主要有以下原因：一是国内独立炼厂产能利用率下降。2024 年，国内独立炼厂常减压产能利用率为 61.29%，较去年同期下跌 2.41%。由于原料供应紧张、炼油利润疲软以及进口配额受限，独立炼厂主动降低生产负荷，对原油采购更加谨慎，维持刚需习惯。二是进口原料来源发生结构性变化。俄罗斯仍是最大供应国，但中国对马来西亚原油需求显著上升，中东地区进口量稍有减少，沙特在中国市场的占比降低。这表明国内炼厂在选择原料时更注重价格和供应稳定性。三是国际市场价格波动影响。国际油价经历不稳定冲击后，炼厂需保持数据稳定并调整进口策略。近期国际油价持平，使得中国炼厂重新审视进口原料选择。

2. 原油进口价格明显下降

2024 年原油价格下降主要归因于以下几个关键方面。其一，需求端方面，全球经济增长预期被下调。鉴于部分经济体增长缺乏动力，原油的需求增长预期也随之降低。与此同时，像太阳能、风能以及电动汽车等新能源技术发展迅猛，对传统石油能源的替代作用日益凸显。这致使市场对原油的需求进一步缩减，原因在于许多国家和地区大力推动可再生能源的发展与应用，从而减少了对石油的依赖。其二，从供应角度来看，产油国产量有所增加。一些主要产油国为争夺市场份额或者满足自身经济发展需求，纷纷提高原油产量。虽然“欧佩克+”曾试图通过减产来稳定油价，但部分成员国在减产协议的执行上可能存在不足之处。此外，非欧佩克产油国的产量也在持续提升，使得全球原油供应增多。美国页岩油产业在技术进步和成本控制上取得新突破，页岩油产量逐步回升，对全球原油市场供应造成较大冲击。其三，地缘政治因素同样发挥了重要作用。2024 年部分地区的地缘政治紧张局势有所缓和，特别是中东地区。在此之前，该地区局势紧张曾引发市场对原油供应的担忧，促使油价上涨。然而，随着紧张局势的缓解，例如以色列对伊朗的有限打击避开了石油设施，市场对中东地区石油供应的担忧情绪得以缓解，油价的地缘政治溢价也随之下降。

（三）2025 年中国原油贸易展望

2025 年，中国原油进口量受能源转型加速、经济结构优化和全球供需变化影响预计将持续下降。原油价格因全球供应增加和需求增长放缓面临下行压力，但地缘政治紧张可能导致短期价格波动。原油非国营贸易进口允许量有所增加，为进口提供空间，但分配将更倾向于有进口业绩的企业，以优化资源配置和提高进口效率。

1. 原油进口量将持续下降

在 2025 年，原油进口量将有可能持续下降。首先，中国能源转型结构加速。随着新能源市场逐渐完善，市场渗透率逐渐提高，新能源汽车保有量持续增加，国家对于传统能源的需求将进一步缩减。其次，国内经济结构在逐步优化，加快产业升级转型，一些高耗能、低附加值的产业逐渐被淘汰和优化，对原油等能源的需求增长速度可能放缓。最后，原油供需格局也在变化。一方面非传统产油国产量明显增加，导致全球原油供应增长，油价可能面临一定的压力，抑制进口国的原油进口需求。另一方面，伊朗和以色列冲突可能导致全球原油供应减少，推动油价大幅攀升，进而导致中国原油进口量的下降。

2. 原油价格下行压力较大

高盛估计石油产量激增可能至少会持续到 2026 年。“欧佩克+”的减产计划在 2024 年 12 月后将逐步取消，预计 2025 年其产量也会增加。非欧佩克国家的原油供应也在增加，在需求增长相对缓慢的情况下，供应过剩的局面可能出现，对油价形成较大的下行压力。此外，欧佩克连续第三个月下调了 2025 年的全球石油需求增长预测，预计 2025 年全球原油需求增速为 164 万桶/日，市场对原油的需求减少，进一步推动油价下跌。然而，中东地区局势一直处于不稳定状态，如以色列与伊朗之间的矛盾等。如果地缘政治冲突升级，导致某些产油国的石油生产和出口受到影响，那么原油供应可能会减少，在短期内推动油价上涨。

3. 原油非国营贸易进口允许量存在变化

2024 年原油非国营贸易进口允许量为 24300 万吨，2025 年原油非国营贸易进口允许量为 25700 万吨，相比 2024 年有所增加，从政策层面为原油进口量的上升提供了一定的空间。另外，原油进口量不同表现的企业将有差异地进行分配配额，并且后续根据其实际进口情况和经营需求，还有可能获得追加的允许量。这些企业如果经营状况良好、市场需求稳定，其原油进口量会呈现增长的态势。因为它们有能力且有需求去进口更多的原油，以满足生产经营的需要。近 2 年无进口业绩的企业不再安排允许量，这部分企业在 2025 年的原油进口量将会受到限制甚至归零。这一规定是为了优化资源配置，将有限的进口允许量分配给更有需求和能力的企业，从而提高原油进口的效率和效益。

二、2024 年中国成品油对外贸易分析与 2025 年展望

2024 年中国成品油市场出口量下滑，进口量上升。2025 年，中国成品油出口配额大幅增长，导致成品油出口量同比显著增加；国内形势大幅转好，也使进口成品油需求持续上涨。

（一）总体运行情况

2024 年，中国成品油进出口总量 10691 万吨，同比下降 3.4%，其中成品油出口总量为 5813 万吨，同比下降 7.5%；3 月成品油出口量达到峰值，为 602 万吨。成品油进口总量为 4878 万吨，同比上涨 2.0%；4 月成品油进口量达到峰值，为 567 万吨。2022—2024 年成品油进出口情况如图 3、图 4 所示。

图 5 和图 6 是 2024 年主要成品油出口量和进口量及变化情况。整体而言，各主要成品油出口相较于 2023 年同期呈下降趋势。其中，柴油在 2024 年 9 月和 12 月同比分别下降 70.6%和 89.0%。从出口量上来看，成品油出口量最高的是燃料油，2024 年总计达到 2027.4 万吨；其次是煤油，出口量达 1902.9

万吨。从进口量来看，柴油和石脑油整体上较上年呈下降趋势，煤油和燃料油整体上较去年呈上升趋势。成品油进口量最高的是燃料油，2024 年总计进口 2923.7 万吨。

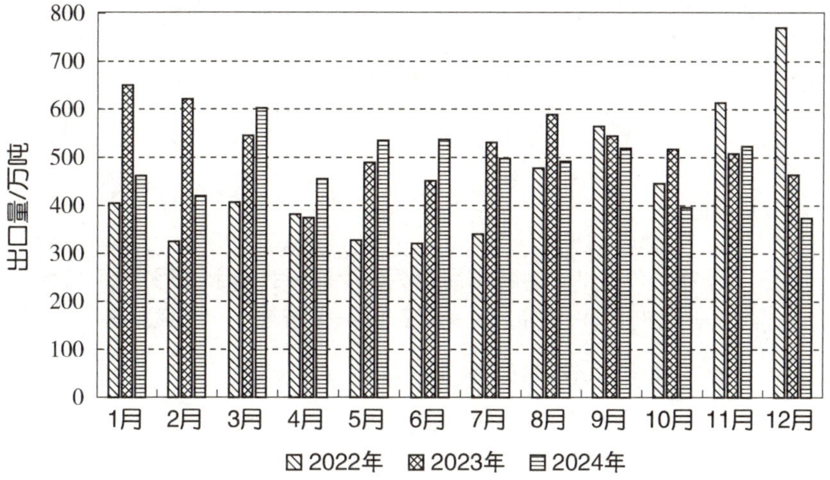

图 3　2022—2024 年中国成品油月度出口量

数据来源：中国海关总署

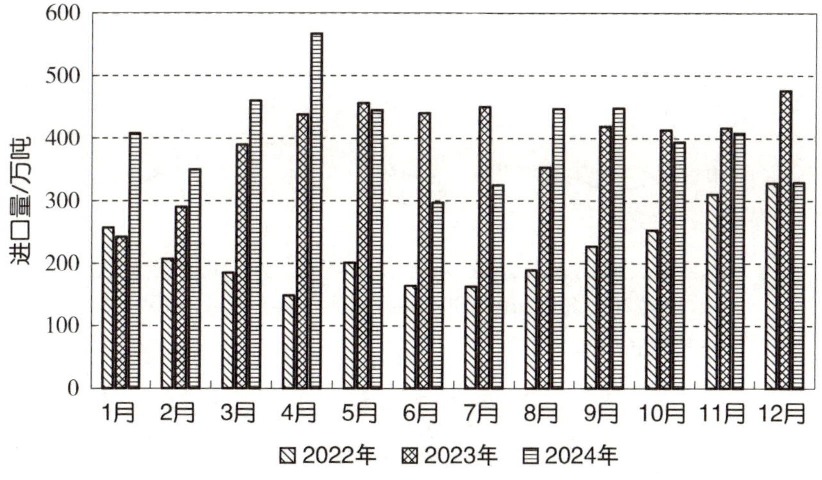

图 4　2022—2024 年中国成品油月度进口量

数据来源：中国海关总署

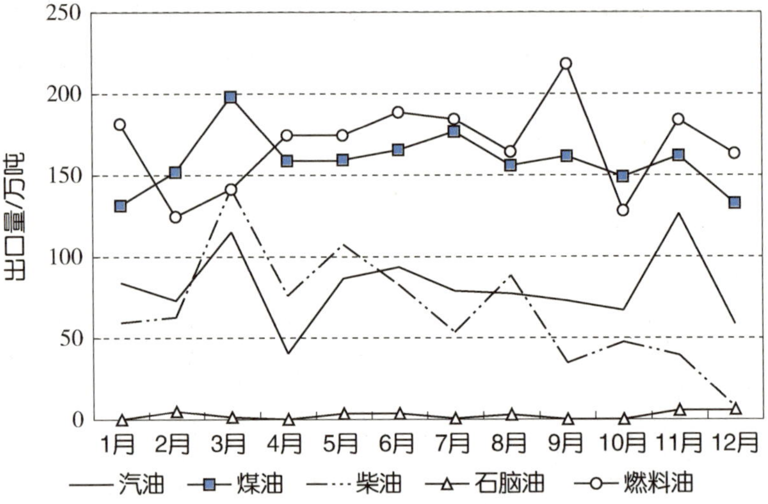

图 5　2024 年主要成品油出口量及变化情况

数据来源：中国石油和化学工业联合会

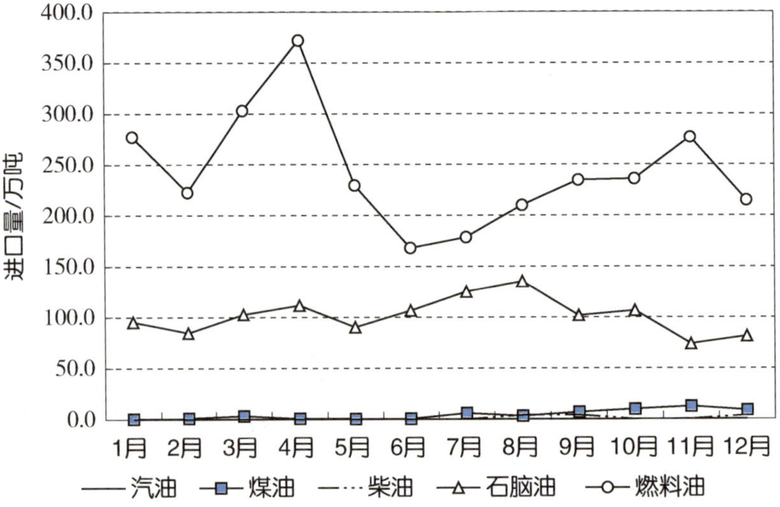

图 6　2024 年主要成品油进口量及变化情况

数据来源：中国石油和化学工业联合会

图 7 和图 8 显示了 2024 年成品油出口和进口的平均价格变动情况。整体上汽油和燃料油的出口平均价格较上年同期下降。具体而言，汽油出口平均价格下降 3.9%，航空煤油出口平均价格下降 6.2%，柴油出口平均价格下降

3.8%，燃料油出口平均价格下降1.4%；然而，石脑油的出口平均价格较上年偏高7.2%。从成品油进口平均价格来看，整体上汽油和航空煤油的进口平均价格较上年同期下降，柴油、石脑油和燃料油的进口平均价格较上年同期分别上涨4679.8%、5.5%和5.1%。

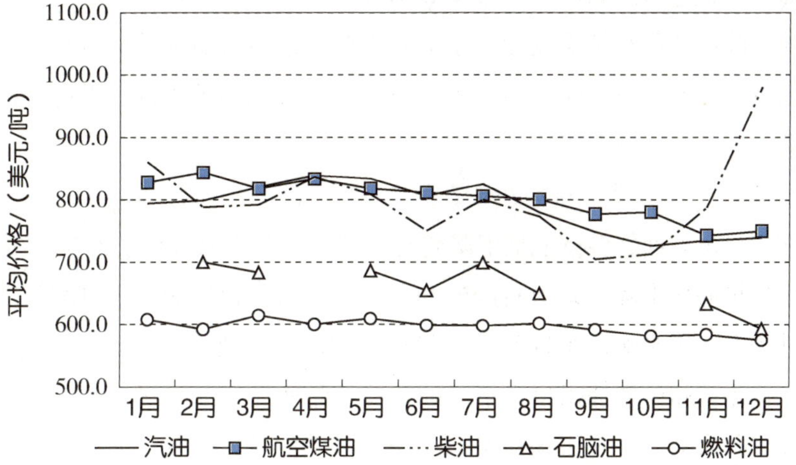

图7　2024年成品油出口平均价格

数据来源：中国石油和化学工业联合会

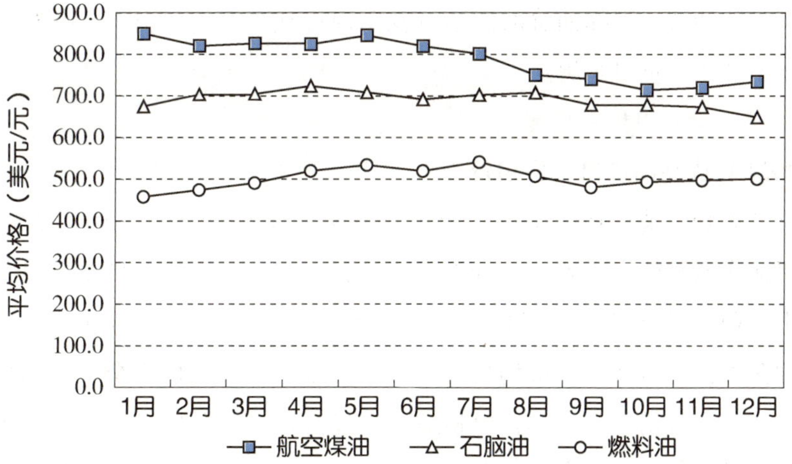

图8　2024年成品油进口平均价格

数据来源：中国石油和化学工业联合会

（二）2024年中国成品油贸易的主要特点

2024年，受国内需求恢复和国际油价波动影响，中国成品油贸易呈现出口量下降、进口量上涨的趋势。尽管出口配额小幅上涨，但未能扭转整体出口下降，反映出国内炼油产能过剩和国际市场需求的变化。成品油进出口价格受地缘政治动荡和供需变化推动显著上升。进出口品种结构调整明显，表明中国更加注重出口高附加值产品，减少对传统燃料的依赖，以提升国际竞争力和支持清洁能源发展。

1. 成品油出口量下降，进口量上涨

在出口量方面，整体上呈下降趋势，但个别月份有波动。2024年成品油累计出口量同比下降，其中石脑油和柴油出口量降幅较大。出口配额对企业出口计划有一定影响，2024年第一批成品油出口配额下发，虽比上一年同期上涨，但未能扭转整体出口量下降的趋势。此外，2024年进口总量上升，保持同比增长态势。国内市场需求以及经济活动的持续恢复，尤其是工业生产和交通运输等领域的需求，支撑了成品油进口量的增加。同时，国际油价的波动以及国内炼油厂的生产情况等因素也在发挥作用。总体而言，2024年成品油进出口量的变化是多种因素共同作用的结果。国内外市场需求的变化、出口配额的调整、国际油价的波动以及国内炼油产业的状况等，都对成品油进出口量产生了重要影响。

2. 成品油进口价格显著上升

2024年成品油进口价格相较于2023年出现明显上升，这一趋势受到多方面因素的影响。地缘政治方面，中东等产油地区局势动荡及国际制裁影响，引发供应中断担忧，干扰了原油及成品油供应稳定性，推动价格上升。供需关系上，新兴经济体需求持续增加，而“欧佩克+”减产、生产国的自然灾害及设备故障等使供应减少。市场投机行为也不容忽视，投机资金因预期价格上涨大量买入金融衍生品，加剧价格波动。经济数据及预期向好增强了市场对能源需求的信心，提前推高价格。此外，运输及生产成本上升，如海运费用、管道运输维护成本增加以及炼油厂设备升级和环保要求提高等，也促使成品油进出口价格上涨。

3. 成品油出口配额小幅上涨

2024 年，国内共下发三个批次出口配额，总量共计 4100 万吨，较上年总量增加 21 万吨，同比上涨 0.51%。其中，一般贸易出口配额总量为 647 万吨，加工贸易出口配额总量为 153 万吨。只考虑汽油、柴油和煤油，2024 年出口成品油总量为 5813 万吨，成品油配额完成率为 141.8%。首先，反映出国内炼油产能过剩的现状。近年来中国炼油产能持续扩张，成品油产量不断增长，而国内需求增长相对缓慢，导致供大于求的矛盾突出。增加出口配额能为国内过剩的成品油开辟新销路，缓解市场供应压力，提高炼油企业产能利用率，维持企业生产运营，提升行业经济效益。其次，表明国际市场存在需求。全球石油市场供需状况处于动态变化中，部分新兴经济体经济快速发展，对能源需求旺盛，为中国成品油出口提供了机会。尽管能源结构向清洁能源转型，但短期内成品油仍是主要能源之一，国际市场对其有一定刚性需求。最后，体现了政策调整与行业发展需求。政府根据国内成品油市场实际情况和行业发展要求，对出口政策进行调整，这是对成品油行业的宏观调控，旨在促进其健康、稳定发展，更好地适应国内外市场变化。

4. 成品油进出口品种结构变化明显

总体而言，与 2023 年相比，2024 年煤油、柴油以及燃料油的出口量有显著增长。这表明中国对国际市场需求的积极响应，成品油的出口规模逐渐扩大。而在成品油进口方面，石脑油和燃料油是主要的进口品种，但石脑油和燃料油的进口量呈现明显下降趋势。这可能是由于国内生产能力的提升以及新能源技术的逐步应用，导致对煤油和柴油等传统燃料的需求相对减弱。这一发展态势反映出中国在成品油贸易中逐渐调整产品结构，更加注重出口高附加值、高品质的石油产品，同时减少对传统能源的依赖。这种调整不仅有利于提高中国在国际市场的竞争力，也符合国内对清洁能源和可持续发展的迫切需求。

（三）2025 年中国成品油贸易展望

2025 年，中国成品油进口价格受全球石油供应增加和需求增长放缓影响可能进一步下降。成品油出口量因炼油产能扩张和国际市场需求稳定有望增长。与此同时，成品油进口量因国内生产能力提升和新能源汽车普及降低需求，预计缩减。整体来看，中国将更加依赖国内生产以满足需求，并减少对进口成品油的依赖。

1. 成品油进口价格将可能呈现下降趋势

2025 年，成品油价格或将下降。从供应方面来看，传统产油国如美国石油产量持续增长，高盛估计增产趋势将至少持续到 2026 年。同时，新兴产油地区如巴西和圭亚那等石油产量不断提升，使全球石油市场供应压力增大，进而增加了成品油的供应，对价格形成下行压力。在需求方面，全球经济增长存在不确定性，部分地区可能面临经济增长放缓或衰退风险，这将导致工业生产、交通运输等领域对成品油的需求增长缓慢。此外，随着全球对气候变化的关注增加，各国积极推动能源转型，加大对可再生能源的开发利用，长期来看会减少对传统化石能源的依赖，抑制成品油需求增长，使价格缺乏上涨动力。然而，地缘政治等因素带来了不确定性。中东地区局势依然紧张，虽然目前认为中东冲突对供应中断的影响较小，但一旦冲突进一步升级，可能影响当地石油生产和出口，引发市场对供应短缺的担忧，从而推动成品油价格上涨。各国贸易政策的变化也可能影响成品油进出口价格，贸易保护主义抬头、关税调整等政策变化会影响进出口成本和市场供应。

2. 成品油出口量将有望增长

2025 年，中国成品油出口量有可能进一步上涨。一方面，中国炼油产能不断扩张，预计 2025 年炼油总产能接近 10 亿吨，有可能成为全球第一大炼油产能国。随着新产能的释放，国内成品油产量将进一步增加，供应过剩的压力可能促使企业增加出口以平衡国内市场。比如大型炼化一体化项目的建成投产，将为成品油出口提供充足的货源。另一方面，一些新兴经济体的工业化和城市化进程仍在继续，对成品油的需求保持稳定或增长态势。中国成品油凭借价格和质量优势，在国际市场上具有一定的竞争力，可能会获得更多的出口机会。另外，如果全球经济复苏态势良好，交通运输、工业生产等领域对成品油的需求回升，也将有利于中国成品油出口量的增加。

3. 成品油进口量持续缩减

2025年，预计中国成品油进口量将进一步缩减。首先，随着炼化行业向大型化、规范化进行结构转型，炼油化工设备行业技术水平快速上升，国内成品油生产能力随之大幅提升，因此对国外成品油的进口需求将会降低。其次，2024年中国新能源汽车销量再创新高，达1286.6万辆，同比增长35.5%。预计2025年，新能源汽车的普及率将会进一步提高，从而降低中国成品油的需求。最后，随着2025年主要产油国削减原油产量，国际成品油价格或将维持在较高水平，这也将进一步抑制中国的成品油进口。因此，2025年中国炼油行业要更加注重提升国内产能和技术水平，以满足不断增长的国内需求，并通过新能源汽车的普及进一步降低对进口成品油的依赖。

三、2024年中国天然气对外贸易分析与2025年展望

2024年，国内经济形势逐渐向好，尽管在国际政治冲突不断的背景下，中国天然气形势仍在逐渐向好发展。总体而言，中国天然气总进口量为1840.7亿立方米，同比上升9.9%，其中管道天然气为5038.8万吨、液态天然气为7737.8万吨，进口依存度高达42%。中国天然气出口量为60.2亿立方米，同比下降7.3%，其中管道天然气为357.0万吨、LNG为75.8万吨。整体上中国天然气进口量远大于出口量，进口天然气中以LNG为主，管道天然气为辅，天然气进口量总体呈明显增加趋势。

（一）总体运行情况

图9和图10分别展示了2022—2024年中国管道天然气和LNG的月度进口量。2024年中国管道天然气共计进口12776.6万吨，同比上涨6.0%。从月度变化来看，管道天然气进口量呈明显上涨趋势，月均增长4.0%。中国LNG进口量较2023年也呈现上涨趋势，2024年LNG共进口7737.8万吨，同比上涨7.7%；整体上看呈现前半年下降后半年上升的趋势。

图11和图12展示了2022—2024年管道天然气和LNG的进口价格月度变化情况。总体来看，2024年，中国管道天然气和LNG进口价格较为平稳，年

均进口价格分别为 383.1 美元/吨和 571.9 美元/吨。2024 年，管道天然气进口价格显著低于 2023 年同期价格，但高于 2022 年同期价格。LNG 1—6 月价格相比 2023 年同期小幅下降，7—10 月小幅上涨至高于 2023 年同期水平，11—12 月又低于 2023 年同期水平。

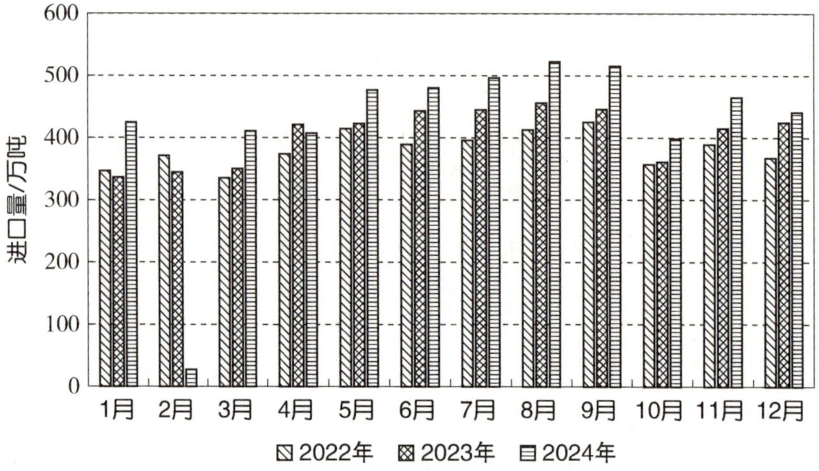

图 9　2022—2024 年中国管道天然气月度进口量

数据来源：中国石油和化学工业联合会

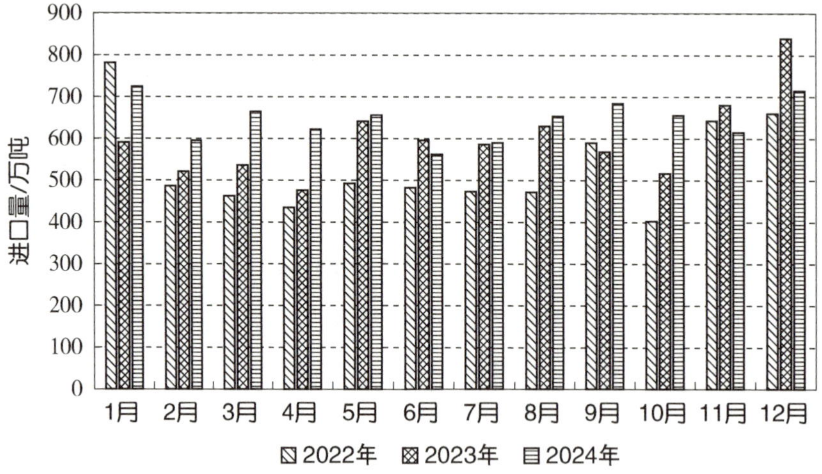

图 10　2022—2024 年中国 LNG 月度进口量

数据来源：中国石油和化学工业联合会

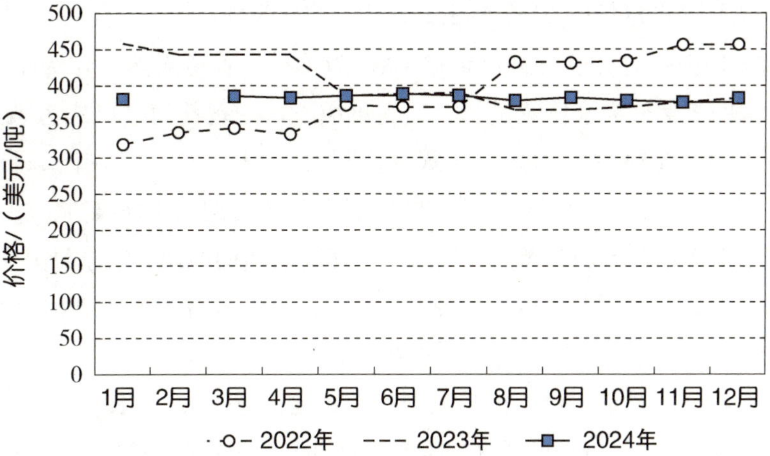

图 11　2022—2024 年管道天然气进口价格

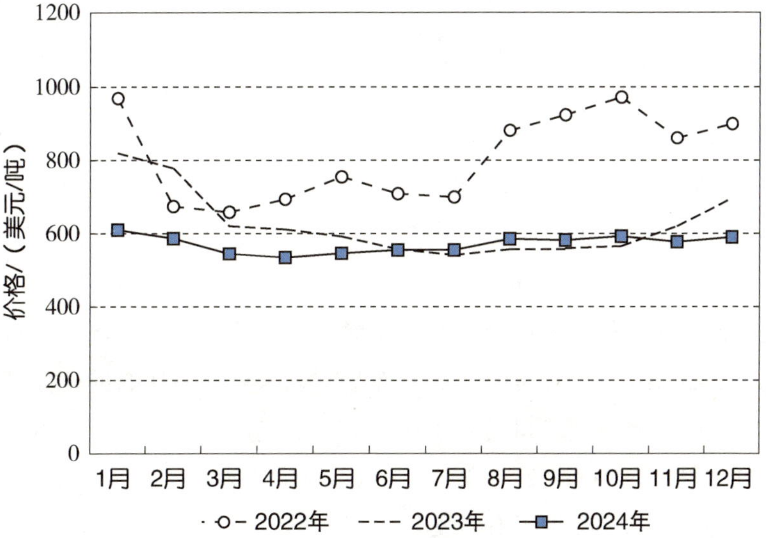

图 12　2022—2024 年 LNG 进口价格

（二）2024 年中国天然气贸易的主要特点

2024 年，中国天然气进口以 LNG 为主，管道气为辅，LNG 进口量因清洁能源需求和接收能力提升而增长。管道天然气进口量得益于管道检修问题缓解和储气需求推动显著增加。尽管国际因素导致波动，但全球供应充裕使价格振幅趋缓，LNG 价格总体呈走低态势。

1. 天然气进口仍以 LNG 为主，管道天然气为辅

2024 年中国的天然气进口仍以 LNG 为主导，管道天然气作为重要的补充。中国的天然气需求持续增长，国内供应不足的现状使进口成为满足需求的关键手段。2024 年，中国的 LNG 进口量总计达 7737.8 万吨，同比增长 7.7%。这一增长一方面是由于经济的发展和低碳转型的不断推进，中国对清洁能源的需求不断增加。天然气作为一种相对清洁的能源，需求量显著上升，尤其是在工业、居民生活和发电领域。另一方面也得益于国内 LNG 接收能力的提升。2024 年，新增的广能惠州和华瀛潮州两座接收站使得接收能力达 14505 万吨/年。然而，LNG 进口量的增长也受到了一些因素的制约，包括亚洲局部地区高温天气导致的燃气发电需求增加，以及国际局势的不确定性引发的市场供应担忧，这些因素共同推动了 LNG 进口价格的小幅上涨。尽管如此，LNG 进口量仍然高于上年同期水平，显示出其在中国天然气进口中的主导地位。

2. 管道检修影响减弱，管道进口气量同比增长明显

2024 年，中国的管道天然气进口量显著增长，主要依赖于中亚、中缅和中俄三条主要管道。这些管道通常采用双边垄断定价机制，确保了供应的相对稳定性。4 月，中国的管道天然气进口量出现小幅下降，主要原因是管道检修带来的短期供应中断。然而，从 5 月至 8 月，随着进口管道检修工作的结束，管道气进口量逐步回升。这一回升不仅得益于检修工作的完成，还受到国内地下储气库注气任务的推动。为了满足储气库的注气需求，进口量在 8 月达到了 2024 年以来的新高。此外，市场对未来可能出现的进口管道检修引发的供应担忧，也促使进口商在此期间增加了进口量。值得一提的是，中俄东线输气项目于 2024 年 12 月提前达到满负荷出口能力，这一进展为 9 月管道气进口量的高位水平提供了有力支撑。该项目的提前达产不仅增强了中国的天然气供应能力，也为未来的能源安全提供了保障。总体而言，随着进口管道检修问题的逐步缓解以及储气需求的不断增加，中国的管道天然气进口量在 2024 年显著增长。尽管面临一些短期挑战，整体供应仍保持在较高水平。这一趋势不仅反映了中国在天然气供应链管理上的成熟度，也展示了其在国际能源市场中的重要地位和影响力。

3. LNG 价格延续走低态势，价格振幅收窄

LNG 价格的波动在 2024 年成为中国天然气贸易中的一个显著特点，这一

现象背后有着多重复杂的因素。首先，整体供应端的充裕是导致价格下滑较快的一个重要原因。2024 年初，全国大部分地区的气温较常年同期偏高，这种异常的温暖天气减少了取暖需求，使得天然气的消费量低于预期。同时，随着气温的回升，上游气源供应逐渐充裕，市场上天然气的供给超过了需求，导致价格快速下行。然而，随着供暖季的结束，LNG 价格开始出现小幅反弹。这一反弹主要受到产业上游成本高位运行的支撑。国际市场上，政治地缘冲突事件频发，增加了市场的不确定性和风险溢价。此外，挪威气田的计划外减产进一步收紧了市场供应，导致国际 LNG 现货价格走高。极端天气事件，如极热天气，也增加了对天然气的需求，特别是在发电领域，从而推高了价格。这些国际因素导致进口 LNG 货源供应收窄，进口成本增加，直接影响了中国市场的价格波动。尽管如此，整体来看，由于全球市场上的 LNG 供应总体充裕，价格的振幅趋缓。此外，中国政府和企业在应对价格波动方面采取了一系列措施，包括加强与主要 LNG 出口国的长期合同谈判，增加国内储气设施的建设，以及推动天然气市场的改革和价格机制的完善。这些措施有助于缓解国际市场波动对国内市场的冲击，确保天然气供应的稳定性和价格的可控性。

（三）2025 年中国天然气贸易展望

预计 2025 年，中国天然气进口量持续增长，主要受益于国内清洁能源需求增加和 LNG 接收能力提升。此外，全球市场供需变化和地缘政治因素可能导致进口价格上升。为确保供应稳定性，中国将依托长期合同和多边合作，与主要出口国签订合同并参与国际合作，降低市场波动风险。

1. 中国天然气进口量持续增长

中国的天然气进口量预计将在 2025 年继续保持增长态势，这一趋势主要受到国内能源需求不断上升的推动。随着中国经济的持续发展和城市化进程的加快，工业、居民生活以及交通运输等领域对清洁能源的需求日益增加，天然气作为一种相对清洁的化石燃料，将成为中国能源结构转型的重要组成部分。政府的政策支持也在推动天然气消费的增长，例如通过补贴和税收优惠来鼓励天然气的使用。在供应方面，中国国内天然气产量虽然有所增加，但仍无法完全满足快速增长的需求缺口。因此，进口成为弥补这一缺口的关键手段。近年来，中国不断扩大 LNG 接收站的建设和改扩建，以提高进口能力。根据规划，到2030年，中国的LNG接收能力将大幅提升，这为进口量的增长提供了基础设施保障。此外，中国还通过中亚、中缅和中俄等多条管道进口天然气，这些管道的扩建和新建项目也在不断推进，进一步增强了进口能力。因此，预计2025年中国天然气进口量将进一步上升。

2. 天然气进口价格呈上升趋势

2025年，中国的天然气进口价格预计将呈现上升趋势，这一趋势受到多重因素的影响。首先，全球天然气市场的供需动态变化是价格上升的主要驱动因素。随着全球经济的复苏和对清洁能源需求的增加，天然气的需求在多个地区显著增长。特别是在欧洲和亚洲市场，天然气作为过渡能源的重要性日益凸显，导致市场竞争加剧，价格随之上涨。花旗集团对2025年第一季度的价格预测显示，荷兰TTF和日本JKM的价格分别达到每百万英热单位13.6美元和15.1美元，这反映了市场对未来供需紧张的预期。其次，地缘政治因素也对天然气价格产生重要影响。近年来，乌克兰危机、中东局势的不稳定性以及其他地区的政治紧张局势，增加了全球天然气供应链的不确定性。这些因素可能导致供应中断或减少，从而推高价格。在中国，进口价格的上升也受到国内市场需求增长的推动。随着天然气在能源结构中的比重增加，进口需求的上升也可能导致天然气进口价格的进一步上涨。

3. 天然气进口主要依赖长期合同

在2025年，中国的天然气进口将继续依赖于长期合同和多边合作，这种策略对于确保供应的稳定性和价格的可控性至关重要。长期合同为中国提供了稳定的供应来源，减少了市场波动对国内天然气供应的影响。通过与主要天然气出口国签订长期合同，中国能够锁定价格和供应量，降低市场不确定性带来的风险。这些合同通常涉及LNG和管道天然气的进口，涵盖了从中东、澳大利亚到俄罗斯和中亚的多个供应来源。多边合作也是中国天然气进口战略的重要组成部分。通过参与国际能源组织和多边合作机制，中国能够在全球能源市场中发挥更大的影响力。这种合作不仅有助于确保供应的多样化，还能通过技术交流和投资合作，提升国内天然气产业的整体水平。中国与“一带一路”共建国家的合作，特别是在能源基础设施建设和天然气开发领域的合作，为天然气进口提供了新的机遇和渠道。

专 题 篇

2025 年全球石油市场展望

在当今这个快速变化的时代，能源市场的每一个细微变动都牵动着全球经济的神经。石油，作为工业的血液，更是维系着现代社会运转的重要能源之一。随着全球政治经济格局的演变、能源转型持续提速和能源技术创新不断推进，国际石油市场正迎来前所未有的变局。

一、2025 年全球石油供应趋势分析

在 2025 年，预计世界石油供应结构将继续延续过去几年的演变趋势，传统石油生产大国石油产量还将保持稳定增长态势，生产能力还将继续提升，这主要得益于持续发现的石油储量资源和不断进步的石油生产技术。

（一）主要石油生产国继续调整生产策略

2025 年，中东、俄罗斯和北美仍将是世界石油市场主要供应地。然而，面对日益严峻的气候、生态和环境保护、能源安全挑战，这些产油国有可能继续调整石油生产策略。

尽管“欧佩克+”组织成员国在 2024 年 11 月 3 日宣布将自愿减产计划延长至 2024 年 12 月底，但全球政治不确定性将继续影响原油供应链。如果伊朗原油出口量减少，欧佩克可能根据出口量的减少调整减产计划的退出节奏，大概率缓慢进入增产周期，预期产量增速将较 2024 年出现小幅回升，从而稳定全球石油供应格局，对全球石油市场的供需平衡构成重大影响。2025 年，“欧佩克+”组织石油产量有望实现增长，这主要得益于哈萨克斯坦、俄罗斯、阿塞拜疆等非欧佩克减产联盟成员的贡献以及阿联酋的小幅增长。

中东国家可能会通过优化油田开发、提高开采效率等方式来保持产量稳定。而俄罗斯继续维持其作为主要石油输出国的地位，可能更加注重能源出口的多元化和远东地区的开发。

美国作为全球最大的产量增量来源，因油田质量下降，其产量增速存在不确定风险，页岩油增产可能面临较大的挑战，页岩油资源开发的增速可能会有所放缓。但是美国页岩油生产商则可能继续通过技术创新来降低成本，并提高页岩油产量。

此外，加拿大、巴西、圭亚那和挪威等国的石油产量也将保持增长势头，进而提高全球石油供应能力。

（二）石油技术创新对石油生产产生影响

可以预见，在 2025 年，随着物联网、大数据、人工智能等新兴技术的应用和推广，油气勘探与生产过程更加注重环境保护与资源的高效合理利用，“智能化油田”不断涌现，石油勘探、开发和生产将变得更加智能化和高效化。石油企业可以通过数字化油田管理，提高油藏开发的精准度，自动化钻完井技术可以降低生产成本并提高作业效率，油田智能化改造可以实现对生产过程的全面监控和优化管理，进而提高油田开发效率和效益，降低生产成本，提高石油生产能力。

（三）全球能源转型政策将对石油生产产生影响

2025 年，全球能源转型将继续推进，世界各国减污降碳政策还将持续发力，碳排放控制和生态环境保护政策及环保法规将继续收紧，必然对石油生产和运输带来更多的挑战。为了响应能源转型政策要求，能源企业还将加大对清洁生产技术和低碳发展战略的投资力度，以适应全球应对气候变化和能源消费结构低碳化的趋势，但是这无疑将增加石油生产成本，不利于石油企业生产和经营活动。

二、2025 年全球石油需求趋势分析

根据国际能源署（IEA）预测，2025 年全球石油需求量将有望出现回升势头，但是全球经济复苏和发展的复杂多变性也给全球石油消费市场带来不确定性。全球贸易摩擦、债务风险和地缘政治等诸多因素会导致全球经济增长充满不确定性。

（一）全球经济复苏乏力影响石油需求增长

不同国家和地区经济增长速度和发展模式存在差异，有可能进一步导致全球石油市场需求的分化。

总体而言，欧美发达国家经济复苏进程不如预期，石油市场需求可能趋于饱和并逐渐下降。尽管美国经济发展在西方发达国家中保持“弱而不衰”的态势，但是其经济增长前景也存在明显的不确定性，尤其是特朗普上台之后可能采取的美国优先和贸易保护主义政策，客观上也增大了美国经济增长的不确定性，势必对石油消费需求产生冲击。根据国际能源署预测，美国 2025 年原油需求可能小幅增加 9 万桶/日。欧盟在经济发展上正面临着前所未有的内外部挑战，而欧洲经济发展停滞，经济增速比较乏力，难以在石油需求增长上产生令人欣慰的期望，很有可能导致原油需求下降。日本经济发展也面临长期低迷的状态，很难在石油需求增长上产生动力。

可以预见，2025 年新兴经济体石油消费需求增长，在全球石油消费市场，将继续占据重要地位。虽然亚太地区仍将是全球经济复苏或增长的强大驱动力，但是在 2025 年也很难复制以往几十年的高增长态势，进而对石油需求增长的动力也不如以往，难以产生根本性的增长。

随着中国财政和货币刺激性政策的实施和效果的逐渐显现，经济增长势头可能有所恢复，有可能带动交通运输和物流行业转暖，石油市场消费需求有望出现小幅回升，但电动车市场渗透率继续提速势必要部分抵消石油消费回升势头。预计印度经济还将保持较快增长，石油消费需求将继续增大。东南亚经济也可能出现继续增长势头，对石油市场消费需求起到一定拉动作用。非洲和拉丁美洲等新兴经济体的经济发展有望提速，也将对全球石油消费需求增长注入一定的活力和动力。

最近两年，全球炼油利润总体上已经恢复至乌克兰危机之前的水平，但是新建炼油装置陆续投产也导致原油和成品油需求的走势分化。2025 年，预计全球炼油利润可能出现下降趋势，进而制约炼油厂开工的积极性，从而缩小原油与成品油的分化差距，增强原油价格对成品油消费需求增长的敏感性。

（二）全球能源转型步伐加快抑制石油需求增长

在气候变化、生态平衡、环境保护等多重压力和能源安全问题日益凸显的多重动力驱动下，目前全球能源消费结构正在加速优化和调整，能源消费多元化趋势更加明显。可再生能源如太阳能、风能和水能等将得到更多的关注和应用，在全球能源消费中的比重将逐步提升。核能和生物质能等清洁能源，也正在成为全球能源体系的重要组成部分，进一步丰富能源消费的多元化选择。在此背景下，全球石油消费需求的增长势头，必将受到根本性的制约。

2025 年，预计全球可再生能源发展依然保持强劲增长势头，特别是光伏发电和风电等清洁能源技术的不断进步与成本下降，使能源消费结构不断优化和调整，化石能源消费占比还将继续下降，石油消费比例也会继续下降，进而对传统石油消费体系构成冲击。

长期以来，交通运输领域是石油消费的主要领域之一。2025 年，全球交通运输行业还将加速向低碳化能源转型，新能源汽车尤其是电动汽车还将快速发展，必将继续阻碍全球石油消费需求增长。随着航空业的复苏和航运业的绿色转型，航空燃料也将加速转换，石油燃料需求也将逐步受到制约。

三、2025 年全球石油价格走势分析

可以预见，在 2025 年，世界能源地缘政治演变、全球石油市场供求关系和全球货币市场变化等因素，将直接影响全球石油价格的变化趋势和总体水平。总体而言，2025 年全球石油价格可能处于震荡下行的态势，石油价格水平总体上趋于低迷，全年平均价格将明显低于 2024 年，有可能在 55 ~ 75 美元/桶的区间内波动。

（一）地缘政治可能对全球石油价格变化产生影响

地缘政治因素一直是影响国际石油价格的重要变量。

在 2025 年，全球石油供应链中的不确定性和风险还将继续增加，石油资源国地缘政治动荡、俄乌冲突、大国战略博弈等都可能导致石油供应出现中

断或石油出口量减少，进而导致全球石油价格处于震荡波动、起伏跌宕的状态。

在中东地区，巴以冲突还将持续，伊以战争阴云依旧，若围绕巴勒斯坦问题的冲突加剧或战争升级，肯定会对中东地区石油供应产生直接影响，进而冲击国际油价；另外，美伊深层次矛盾有可能在特朗普上台后持续加剧，若美国对伊朗实施更加严苛的石油制裁，必将导致中东石油供应能力下降，进而对全球石油市场供需平衡产生一定程度的冲击，势必导致国际油价上涨。

在欧洲地区，俄乌冲突还在继续，至今尚未看到冲突结束的曙光。若俄乌冲突加剧，尤其是俄乌双方以能源设施为打击目标，或者说特朗普对结束俄乌冲突的斡旋无果而终，那么势必会对欧洲能源供应格局产生重大影响，进而引发欧洲地区对石油供应中断或减少的恐慌，令国际油价产生剧烈震荡或波动上涨。

在美洲地区，若特朗普对委内瑞拉实施更加严苛的石油制裁，也必然加剧委内瑞拉石油增产的难度，进一步减少石油供应，不利于国际油价稳定。

此外，恐怖主义活动、海盗袭击等安全威胁，也将对全球石油运输安全构成挑战，进而影响全球石油供应能力的提升，在短期内对国际油价波动或上涨产生驱动效应。

（二）全球石油供需偏松格局不利于支撑高油价

全球经济增长趋势是影响全球石油需求的关键因素之一，随着全球经济复苏相对乏力，2025 年全球石油需求可能无法保持增长态势。全球石油市场供需关系的基本平衡，是维持石油价格稳定的关键因素之一。根据综合研判，2025 年全球石油供需结构将从 2024 年的紧平衡状态逐步演变为松平衡状态，全球石油价格可能迎来一个关键转折点。

在 2025 年全球石油市场供应端，主要产油国政策、地缘政治风险以及能源转型等因素将共同影响石油生产。总体而言，全球石油生产能力将进一步提升，不存在供应能力不足的问题。

在 2025 年全球石油市场需求端，全球经济发展形势、产业结构调整以及能源转型速度等都将深刻改变石油需求结构和规模。总体而言，全球石油消费有望出现回升，但是基于诸多因素的制约，需求增长幅度将可能十分有限，不足以出现供不应求的市场格局。

（三）全球金融市场演变趋势不利于支撑高油价

随着石油期货市场的不断发展和金融衍生产品的创新，石油已不再是简单的商品，而是具有较强的金融属性。投资者的情绪和市场预期，往往会对全球油价产生显著影响，有时甚至超过石油供需基本面因素的影响。在市场情绪乐观时期，投资者可能会大量买入石油期货合约，从而推高国际油价；而在市场情绪悲观时期，投资者可能会大量抛售石油期货合约，进而导致国际油价暴跌。

在 2025 年，主要经济体货币政策走向也是推动能源价格变动的关键因素之一。为缓解通胀的压力和维护币值的相对稳定，一些国家可能会调整汇率政策，进而波及其他国家的进出口贸易条件及物价水平。

从全球石油市场来看，国际石油贸易主要以美元计价，美元价值直接影响石油价格的水平。由此可知，影响全球货币政策演变趋势的关键是美联储货币政策。在 2025 年，根据初步研判，美联储很有可能转变货币政策，由持续加息转向稳息或小幅降息，这将使美元由持续升值转向贬值，强美元变成弱美元，进而抑制以美元计价的石油价格上涨。

油气企业如何更好利用绿色金融实现低碳转型

近年来，我国绿色金融体系建设取得明显成效，现已形成以绿色贷款、绿色债券为主的多层次、多元化的绿色金融产品和市场体系，以及应用于碳资产的碳金融市场和应用于电力市场的绿电交易机制，为服务实体经济绿色低碳发展提供了强大动力。油气企业是能源转型的重要主体，且在多方面具备发展绿色金融的优势。绿色金融能够助力油气企业在主营业务中节能降碳，以及开展油气与新能源融合的创新业务，有效填补转型所需的巨额资金缺口。目前，我国油气企业在绿色金融市场对部分产品服务进行了探索和应用，但仍存在政策支持和企业体系建设方面的一系列问题和挑战，油气企业在绿色金融领域的实践上还存在较大提升空间。

一、我国绿色金融发展现状

（一）绿色信贷和绿色债券

近年来，我国绿色金融相关政策体系不断完善，为绿色金融参与主体提供更多指导。2016 年，中国人民银行等七部委发布《关于构建绿色金融体系的指导意见》，标志着我国初步形成绿色金融政策体系。2018 年，中国人民银行发布《关于开展银行业存款类金融机构绿色信贷业绩评价的通知》，在分类统计制度和考核评价制度方面对绿色信贷的实施作出要求。2021 年，中国人民银行、国家发展改革委和证监会联合发布《绿色债券支持项目目录（2021 年版）》，标志着绿色债券标准统一取得实质性进展。2022 年，中国银行间市场交易商协会发布《关于开展转型债券相关创新试点的通知》，助力传统工业低碳转型。2023 年 12 月，中国证监会与国务院国资委联合发布《关于支持中央企业发行绿色债券的通知》，意在强化中央企业绿色低碳技术科技攻关和应用布局，同时带动支持民营经济绿色低碳发展。

在政策支持下，我国绿色金融规模正在迅速扩张。根据人民银行最新统计数据显示，截至2023年末，我国本外币绿色贷款余额已达30.08万亿元，同比增长36.5%，增速明显高于各项贷款平均增速；我国国内市场累计发行绿色债券2192只，发行规模共计3.46万亿元，存续的绿色债券总量为1273只，存续总规模约为2.66万亿元，还有较大的提高空间。

（二）碳排放权交易机制（碳市场）

与欧盟碳市场等国际上较为成熟的碳市场相比，我国碳市场的建设和发展仍处于初期。2021年7月，全国碳市场正式启动上线交易，仅覆盖了发电行业。截至2024年底，全国碳排放权交易市场碳排放配额累计成交量6.3亿吨，累计成交额430.33亿元。我国碳市场碳价在70~105元/吨，配额分配方式以免费分配为主。

（三）绿色电力交易

2021年9月7日，在国家发展改革委、国家能源局批复的《绿色电力交易试点工作方案》指导下，全国绿色电力交易试点正式启动，来自17个省份的259家市场主体参与首次交易，成交电量79.35亿千瓦·时，预计减排二氧化碳607.18万吨。通过绿电交易，企业可以直接外购100%清洁能源电力来降低传统用电方式带来的碳排放，这为企业实现碳中和提供了一种新渠道。

目前，绿电交易可以通过线上和线下两种方式参与，线下设有北京和广州两个电力交易中心，线上设有电力市场统一服务平台“e-交易”。其中，省内的绿电交易主要通过直接交易方式购买，以实现绿色能源供需的精准匹配；省内购买不能满足消费需求时，也可向电网企业购买其保障收购的绿色电力产品达成交易。

总体来看，绿电交易是我国电力市场一项重大的机制创新，对高耗能产业发展、新能源消纳、电力市场建设等诸多方面都有积极作用，未来发展潜力巨大。据落基山研究所测算，到2050年，我国企业绿电需求将至少达1.44万亿千瓦·时/年。油气企业应抓住这一发展机遇，进一步扩大绿电交易规模，将绿电交易作为企业减排降碳“组合拳”之一，推动能源转型和“双碳”目标的实现。

二、油气企业发展绿色金融的优势和必要性

绿色金融是油气企业低碳转型的重要抓手，既能够为企业减排项目提供资金支持，也有利于促进新能源业务的快速发展。同时，油气企业的大规模融资也有助于为银行业提供稳定可靠的业务支持，有效保障国民经济稳健发展，形成金融与实体经济共促共进的良性循环。据国家发展改革委能源研究所预测，2050 年前中国为实现碳中和目标，仅在能源相关基础设施建设领域投资规模将达 100 万亿元，油气行业发展绿色金融将在填补巨额低碳投资缺口方面发挥关键作用。

（一）油气企业发展绿色金融符合新时期战略发展

油气企业发展绿色金融，一方面可以在油价低迷时期、资金流较为紧张的状况下获得来自新型金融领域的资金支持，保证自身的稳健发展，另一方面也可以跳出高污染、高排放的传统生产运营模式，改变单纯依赖投资规模的发展框架，对石油产业链产品、供应链进行上下游一体化的绿色改造，有利于企业技术转型、管理转型，也符合党中央在能源领域的新部署、新要求。同时，通过发展绿色金融、打造绿色油气产业，可以改变社会舆论对石油企业高碳排放、粗放发展的刻板成见，有助于行业进一步重塑形象。

（二）油气企业发展绿色金融具备的产融结合基础

我国大型油气央企具有业务范围广、产业链完整的特点，且涉足的金融领域极其广阔，持有的金融牌照是较为全面的（范围涵盖财务公司、银行、金融租赁、信托、保险、保险经纪、证券等），开展绿色金融各项业务时都可以享受便利，拓展产融结合和融融协同的深度与广度，提升集团整体价值创造能力。

（三）油气企业即将成为全国碳市场参与主体

10 月 18 日，生态环境部发布《关于做好 2023—2025 年部分重点行业企业温室气体排放报告与核查工作的通知》，要求石化、化工、建材、钢铁、有

色、造纸、民航七个重点行业的部分企业开展温室气体排放报告与核查工作，这意味着生态环境部启动全国碳市场扩容基础性工作，油气公司即将成为全国碳市场的碳交易参与主体。

在此之前，国内的天津、湖北、广东等省市已尝试将油气开采及石油化工行业纳入区域试点碳市场；国际上，欧盟碳市场、英国碳市场均覆盖石油和天然气行业。因此，国内外油气行业已经对碳市场进行了一定的探索，可为我国油气企业参与全国碳市场提供经验参考。

（四）油气企业能在绿电交易供需两侧发挥积极作用

供给侧方面，近年来以三桶油为代表的大型石油央企纷纷布局新能源产业，在光伏、陆上风电和海上风电领域均已具有一定规模的投产和在建项目，绿电供给能力日益提升。石油企业成为绿电交易的卖方，一方面能够加快石油企业新能源业务的投资回报，鼓励继续扩大清洁电力生产能力；另一方面有利于石油企业降低能源转型风险，顺应电气化发展趋势。

需求侧方面，绿电交易能够在石油企业传统油气业务的全产业链得到应用。上游方面，绿电可以与岸电相结合，促进可再生能源在海上油气生产中的应用。下游方面，绿电交易可以为绿色工厂赋能，通过推进绿电在炼化生产过程中的应用，发展低碳绿色化工产品，提高下游业务的市场竞争力和可持续性。

三、油气企业发展绿色金融的实践

（一）油气企业在绿色信贷和绿色债券领域实践

在油气企业的实际应用中，绿色金融服务提供方一般为集团下属财务金融类公司，通过多样化金融产品服务向集团内部或外部的节能减排、清洁能源、生态环保等项目提供融资支持。近年来，我国油气企业积极发展绿色金融，主要通过企业金融服务板块下属金融机构布局绿色信贷、绿色债券、绿色信托、绿色基金等具体业务，可分为对内绿色金融服务和对外绿色金融服务。

对内绿色金融服务面向本企业下属业务单位或部门，旨在筹集资金支持内部低碳项目开展。中国石化先后发行规模 11 亿元的国内油气行业首支碳中和债与规模 3 亿元的雄安新区首单绿色“碳中和”ABS 债券，前者募集资金用于公司光伏、风电、地热等绿色项目，后者募集资金用于地热资源开发利用和技术研发。中国海油下属信托公司签约全国首单以 CCER 为基础资产的碳中和服务信托，助力业务单位发展绿色低碳环保产业；下属财务公司累计投放绿色信贷约 65 亿元，助力盐城“绿能港”等集团重点清洁能源项目降本增效。

对外绿色金融服务面向社会，旨在拓展业务领域、获得投资回报，以及履行社会责任、树立低碳企业形象。中国石油下属资本公司投资外部绿色基金，信托公司成立气候基金，昆仑银行在新疆针对绿色项目开设“蓝天贷”，租赁公司为其他央企的绿色项目提供金融租赁服务。中国海油与上海市崇明区建设镇富安村合作设立首单乡村振兴近零碳社区建设服务信托，围绕能源供给、生产消耗和碳资源开发利用三方面提供投融资与资产管理服务，促进乡村振兴和农业绿色发展。

（二）油气企业在碳金融领域实践

一是大力发展负碳技术，参与国家核证自愿减排量。油气公司在碳捕集、利用与封存（CCUS）技术实践上具有先天优势，可利用油气勘探开发地质数据和技术经验，且油气企业资本实力雄厚，具有较强的大型项目运营和长周期业务风险管控能力。随着未来碳价的逐步上涨，油气企业通过负碳技术形成的配额能通过碳市场“变现”。近日，我国国家核证自愿减排量（CCER）正式重启，“有利于降碳增汇，能够避免、减少温室气体排放，或者实现温室气体的清除”的项目均可参与其中，标志着 CCUS、碳汇等负碳技术的交易空间进一步扩大。

二是打造碳中和产品，减少全生命周期碳排放。近年来，碳中和油气产品成为全球油气公司的热门交易物，该产品将全生命周期（上游开采、处理、液化、运输、再气化以及最终使用）中的碳排放以生态碳汇、可再生能源发电、碳捕捉等方式抵消，从而实现全价值链的零碳排。碳中和 LNG 自 2019 年提出以来规模和影响力不断扩大，壳牌是全球碳中和 LNG 的主要供应商，占全球交易量的近一半，中日韩等亚洲石油公司是主要购买者；中国海油是我国碳中和 LNG 业务的开拓者和主力军，于 2020 年达成了中国大陆首船碳中和 LNG 交易。2023 年 9 月，巴西国家石油公司宣布推出首款碳中和汽油。

三是加强碳资产管理，提供碳金融服务。碳资产是指在强制碳排放权交易机制或者自愿碳排放权交易机制下，产生的可直接或间接影响组织温室气体排放的配额排放权、减排信用额及相关活动，未来将成为企业发展和国际竞争的重要元素。碳资产不仅本身具备交易价值，而且作为基础资产还具有被盘活融资的潜力。油气企业建立碳资产管理公司不仅有利于帮助企业自身实时掌握碳市场发展的趋势，也能够对外提供碳金融服务，创造良好的经济价值、环境价值和社会价值。2022 年 9 月，中国石化成立中石化碳产业科技股份有限公司，主要从事二氧化碳捕集、进行项目股权投资和碳资产运营相关工作，负责中国石化的碳产业相关业务。2023 年 3 月，中国石油上游业务碳资产开发技术支持中心在大庆油田揭牌，面向所有油气田企业提供碳交易、碳核查、碳评估、碳科研等业务的专业技术支持，目前，该中心已具备多个自愿减排机制的碳资产开发能力。

（三）油气企业在绿电交易领域实践

一是上游业务与外部发电企业开展合作。中国海油联合国家电网开展技术攻关，探索建设模式、商业模式等创新，实现将陆上电网的电通过海底高压电缆传输至海上油田使用。油田引入岸电后，可采用清洁电网的电力，原来发电消耗的原油和天然气将得到更好的利用，二氧化碳等温室气体和污染物的排放也将大幅降低。2024 年 11 月，辽宁葫芦岛 220 千伏九岭一线和九万一线启动送电，绥中—锦州油田群岸电应用工程项目正式迈入运营阶段，标志着中国最大规模海上油田群岸电应用工程项目全面建成。

二是下游业务与外部发电企业签订绿电交易合同。2021 年 9 月全国绿色电力交易试点正式启动当天，参与首批绿电交易的买家之一中国石化的合资企业扬子石化—巴斯夫，与中国广核新能源江苏分公司签署了首笔绿色电力交易合同，成功认购电量 1.07 亿千瓦·时。2024 年，金陵石化积极参与电力市场化交易，与绿电供应企业签订长期供应合同，持续扩大绿电交易规模。全年累计采购绿电 1.7 亿千瓦·时，相当于节约 6.8 万吨标准煤，减少二氧化碳排放 16 万吨。

三是企业内部进行绿电交易和供给。2021 年 12 月，中国海油电力投资有限公司（简称“海油电投”）与中海壳牌石油化工有限公司（简称“中海壳牌”）签署首笔 100 万千瓦·时绿色电力交易合同，标志着中国海油首单绿电交易正式完成。除此次交易外，中海壳牌与海油电投双方还就 2022 年度 1200 万千瓦·时绿电交易达成意向，与传统电力相比，年度可减少碳足迹 7655 吨。2025 年 1 月，中海石油深海开发有限公司首次完成 300 万千瓦·时绿电和 7000 张绿证采购，相当于每年节能 1229 吨标煤、减少碳排放 5271 吨、植树 29 万余棵。

四、油气企业发展绿色金融面临的问题与挑战

（一）政策层面支持力度不足

一方面，油气主业相关绿色项目融资渠道受限。除布局新能源业务外，聚焦油气主业减排也是现阶段行业转型的关键任务，然而根据《绿色债券支持项目目录（2021 年版）》和《可持续金融共同分类目录（2022 年更新版）》，天然气上游开发、油田节能减排等有利于油气主业低碳发展的项目均未被列入其中。对于这些项目，只能通过企业下属银行绿色信贷等内部融资方式获取资金，而难以通过债券、基金等外部融资方式撬动社会资本。

另一方面，针对油气行业绿色金融的支持力度不足。2021 年 11 月，央行创设碳减排支持工具、专项再贷款两项结构性货币政策工具，以鼓励金融机构扩大绿色金融产品服务规模，截至 2023 年末，两项工具余额分别为 5410 亿元、2748 亿元。但总体来看，央行绿色金融支持工具主要面向重点发展绿色金融业务的中大型银行，专项再贷款工具仅用于支持煤炭清洁高效利用，油气行业内金融机构绿色金融业务受央行支持较少。

（二）企业层面体系建设不完善

一是尚未明确绿色金融业务定位。目前，部分油气企业绿色金融业务仅

在一般金融服务基础上尝试叠加低碳要素，实际对绿色金融概念、分类和理论方法仍缺乏系统性认识，且在发展战略中并没有明确的绿色金融业务规划和指标，导致出现“做而不知，先做后知”的情况。

二是尚未健全绿色项目评价体系。油气企业绿色金融项目缺少统一的评价标准，包括业务开展前的低碳项目评级制度和业务开展后的项目减排情况跟踪工具，这将给金融资源在更大范围内的配置带来风险。

三是绿色金融信息披露机制有待完善。随着相关政策不断完善，央行已对金融行业相关机构的绿色金融信息披露作出要求，然而国内油气行业内尚未形成规范性、周期性的信息披露报告和统计制度，企业层面信息披露和统计制度管理仍处于起步阶段，如国内主要油气央企均未在其年报和可持续发展报告中披露绿色金融业务相关信息，不利于提升社会投资者信心和油气行业绿色金融产品在市场中的竞争力。

五、政策建议

一是加强油气行业绿色金融标准制度完善。以银行业金融机构的标准和制度为引领，结合行业特点和低碳转型方向，建立行业绿色金融业务操作规范、统计指标和评价工具，确定符合我国国家利益、适应我国金融体系特点的油气行业绿色金融市场标准和交易规则，使油气行业充分发挥内部产融协同优势的同时，与外部资本市场有效衔接。

二是发展绿色金融科技助力碳信息披露。结合自身优势，充分利用大数据、区块链等技术实现绿色金融信息共享，开展碳核算、碳足迹认证业务，实现碳减排、碳中和关键量值可测、可溯源，提供基于行为数据的保险等绿色金融解决方案。发掘有潜力的绿色消费、绿色投资领域，实现多方信息共享，打造快捷的高水平的绿色金融发展联动体系。

三是开发适于油气行业的特色融资工具。建议开发针对天然气项目融资和油气行业减排的新型绿色金融工具，如绿色过渡债券、气候行动债券等帮助高碳行业融资转型。近期，央行提出推动绿色金融与转型金融有效衔接，计划从煤电、钢铁、建筑建材、农业 4 个高碳领域开展转型金融标准研究，建议将油气领域也逐步纳入其中，为行业合理融资需求提供支持。

四是促进绿色金融与 ESG（环境、社会和公司治理）评价体系融合发展。建议在企业 ESG 评价体系建设标准中加强对绿色金融信息的披露要求和指标确立，引导油气行业企业完善所提供绿色金融服务的类型、规模、融资进展，以及所接受绿色金融服务项目的具体信息、碳排放核算、项目进展，实现多方数据信息透明共享。

五是培养行业内绿色金融人才。加强企业绿色金融人才培训指导，增加相关系统性培训课程，有针对性地选派部分中青年业务骨干深造培训，学习先进绿色金融经营理念和做法，开阔绿色金融人才视野。

南亚六国能源地缘政治博弈对我国能源的影响分析与对策

中国是能源消费大国，为了保障能源供给，加快能源转型，一直以来积极开展能源国际合作，扩展海外能源投资和贸易业务。包括阿富汗、巴基斯坦、印度、尼泊尔、不丹、缅甸在内的南亚六国，毗邻中国西部，该地区能源地缘政治博弈会受到地区复杂架构的影响，南亚六国能源地缘政治形势直接关系着中国国家能源安全和发展。因此，下面对其博弈趋势进行分析和预判，并在此基础上提出中国保障能源安全、进一步开展国际能源合作中的具体应对策略，为提高国家防范能源供应风险能力、促进海外能源业务高质量发展提供参考和借鉴。

一、南亚六国能源地缘政治趋势分析

（一）南亚六国能源地缘政治博弈现状

阿富汗的地理位置使其成为连接中亚、南亚和中东的重要通道。中国与阿富汗的合作不仅限于资源开发，还包括基础设施建设和经济援助。中国在巴基斯坦的能源投资，尤其是通过中巴经济走廊（CPEC）进行的基础设施建设，成为两国合作的重要领域。巴基斯坦的地理位置使其成为连接中国与中东、南亚的重要通道。通过巴基斯坦，中国可以更便捷地获取中东地区的石油和天然气资源。这种地缘优势使巴基斯坦在中国的能源战略中占据了重要地位。印度面临着巨大的能源需求压力。作为全球第三大能源消费国，中印两国均依赖进口能源，尤其是石油和天然气。根据国际能源署的数据，印度的石油进口依赖度超过 80%，而中国的这一比例也超过 70%。中国对尼泊尔的援助力度随着两国关系深化而加大，双方在基础设施建设和能源开发方面的合作逐步加强。这不仅有助于尼泊尔的能源自给自足，也为中国企业提供了新的市场机会。不丹的主要能源资源是水电，中国在水电开发方面拥有丰富的经验和技术，不丹与中国合作不仅提升了不丹的能源自给能力，同时为中国提供稳定的电力来源。尽管与中国的合作潜力巨大，但不丹仍需依赖印度的市场和投资。缅甸拥有丰富的天然气、石油和水电资源，相关数据显示，缅甸的天然气储量约为1.5万亿立方米，主要分布在海上和陆地的多个油气田。中国希望通过与缅甸的合作实现以下目标：通过缅甸的天然气和石油资源，降低对中东等地区的依赖；建设中缅油气管道，形成从印度洋到中国西南部的能源运输通道；通过能源合作，推动中缅经济走廊的建设，增强区域经济一体化。

（二）南亚六国能源地缘政治趋势的情景预判

1. 南亚区域建立能源贸易市场

南亚区域合作联盟(SAARC)及其下属机构在推动区域能源合作方面发挥了重要作用。通过建立能源贸易市场，南亚国家可以实现资源的优化配置，降低能源成本。通过建立稳定的能源贸易市场，南亚国家可以减少因能源供应不足而引发的冲突，从而促进区域的和平与稳定。能源贸易的增加将增强南亚国家之间的经济互依性，推动各国在其他领域的合作，形成更为紧密的经济联系。

2. 全球新能源与碳中和发展给未来能源格局带来改变

新能源发展特别是太阳能和风能的利用，能够帮助这些国家减少对外部能源供应的依赖，提高能源安全。南亚六国可以在本国境内开发和利用丰富的自然资源(如太阳能和水能)，加大对可再生能源的投资，以减少对化石燃料的依赖。碳中和目标促使南亚国家重视能源效率的提升。通过引入更严格的能效标准和政策，进而增强能源自主权。这种自主权的提升将改变国家间的能源依赖关系，也可能导致地缘政治格局的改变。

3. 南亚地区能源博弈以中印为核心

随着全球对可再生能源的重视，中印两国都在积极推动能源结构转型。未来，双方在再生能源领域的合作将成为重要的议题；通过多边合作机制，促进能源资源的合理配置和利用，减少中印之间的对抗，推动区域的和平与发展；中印两国在能源技术方面的创新和合作，将为双方的能源安全和可持续发展提供新的动力。

4. 中巴战略伙伴关系继续巩固升华

未来，中巴在能源领域的合作将进一步深化，尤其是在可再生能源和清洁能源技术方面。随着全球对环保和可持续发展的重视，双方在技术交流、项目投资等方面加强合作，共同应对气候变化带来的挑战；中巴战略伙伴关系在南亚能源博弈中的巩固与升华，不仅为两国的经济发展提供了新的动力，也在一定程度上改变了南亚的地缘政治格局。

5. 尼泊尔、不丹、缅甸、阿富汗助推多边机制建设

随着经济发展，南亚国家对能源的需求不断增加，导致资源竞争加剧；建立多边机制，南亚六国可以在能源开发、技术交流和资金支持等方面实现合作，降低单一国家的风险，多边机制可以促进区域内资源的共享与合理配置，避免资源浪费和环境破坏；南亚国家面临着气候变化的威胁，通过多边合作共同应对气候变化带来的挑战，推动可再生能源的发展；通过多边机制，促进技术创新与交流，提高能源开发的效率和可持续性；在能源合作中，各国应建立信任机制，减少误解与冲突，推动区域稳定与发展。通过建立多边机制，南亚国家可以在能源开发和利用上实现合作与共赢，推动区域的可持续发展。

二、南亚六国能源地缘政治形势对中国能源安全和能源合作的影响

第一，能源资源获取存在难度。中国在南亚的能源投资主要集中在天然气、水电和可再生能源领域。由于南亚国家之间的竞争和不稳定因素，中国在获取能源资源时需要考虑到这些国家的政治风险和经济环境。南亚复杂的地缘政治形势使中国在获取能源资源时面临诸多障碍，南亚国家对外资的政策限制和市场准入的壁垒，也可能影响到中国在南亚的能源投资和资源获取。

第二，能源价格波动。南亚地区的能源价格受地缘政治影响较大，特别是国际油价和天然气价格的波动。中国的能源投资在很大程度上依赖于全球

能源市场的稳定性，价格的剧烈波动可能会影响投资的盈利能力。

第三，能源供应安全。南亚地区的地缘政治形势直接影响中国的能源供应安全。通过中巴经济走廊，中国能够获得来自中东和非洲的能源供应，减少对海上运输的依赖。然而，南亚的政治不稳定性可能会影响这一供应链的安全。此外，印度与中国的竞争关系可能影响中国在南亚的能源投资和贸易。因此，中国需要多元化其能源供应来源，以降低风险。

第四，区域合作与竞争。中国在南亚的能源合作需要平衡与印度的关系。通过推动区域合作机制，如南亚区域合作联盟（SAARC）和中国—南亚合作论坛等，中国在促进自身能源利益的同时，改善与印度的关系。随着全球对碳排放和碳中和的重视，南亚国家也在积极发展太阳能和风能等可再生能源项目。中国在这一领域的技术和资金优势，可以为南亚国家提供支持，同时也为中国企业开辟新的市场。南亚六国的能源地缘政治形势对中国的能源运营具有重要影响，中国在这一地区的能源战略需要灵活应对复杂的地缘政治环境。

三、政策建议及应对策略

（一）政策建议：国家层面

1. 基于“一带一路”加强多边制度建设

“一带一路”倡议自 2013 年提出以来，已成为推动全球经济合作的重要平台。南亚六国作为“一带一路”沿线的重要区域，拥有丰富的能源资源和巨大的市场潜力。然而，南亚地区在能源合作方面面临诸多挑战，包括能源供应不足、基础设施薄弱、政策协调困难等。因此，基于“一带一路”倡议，加强南亚六国的多边制度建设，促进能源合作，具有重要的现实意义。

在建立区域能源合作机制方面：建议在南亚六国之间建立区域能源合作机制，定期召开能源部长会议，讨论区域能源合作的重大问题，推动政策协调与信息共享。

在推动跨国能源项目方面：鼓励各国共同投资和建设跨国能源项目，如南亚电网互联项目、跨国油气管道等，提升区域能源供应的安全性和稳定性。

在加强技术合作与创新方面：通过“一带一路”倡议，推动南亚国家在能源技术领域的合作与创新，特别是在可再生能源和智能电网等领域，提升能源利用效率。

在建立融资机制方面：建议建立专门针对南亚能源合作的融资机制，吸引国际金融机构和私营部门的投资，解决能源基础设施建设资金短缺的问题。

在加强人文交流与合作方面：通过人文交流，增进南亚六国人民对能源合作的理解与支持，营造良好的合作氛围。

2. 推进数字货币建设和人民币国际化

中国在南亚的数字货币建设和人民币国际化，能够进一步巩固其在该地区的经济影响力。随着区块链技术的成熟，各国央行纷纷探索数字货币的发行与应用。数字货币不仅可以提高支付效率，还能降低交易成本，增强金融系统的稳定性。此外，人民币国际化已成为国家战略的重要目标。通过推动人民币在国际贸易和投资中的使用以增强经济安全。

在数字货币建设方面：中国与巴基斯坦等南亚国家深入交流探讨和建设数字货币的应用场景，包括跨境支付、贸易结算等项目领域。这样中国在数字货币技术方面的优势，可以为南亚国家提供技术支持和基础设施建设，帮助其提升金融科技水平，推动数字经济发展。

在人民币国际化方面：贸易结算的推广。可以通过与南亚国家签署货币互换协议，促进双边贸易中的人民币使用。中国鼓励南亚国家使用人民币进行贸易结算，降低汇率风险和交易成本。投资与金融合作。为促进当地经济发展，推动人民币的国际使用，建议中国在南亚的投资项目，如基础设施建设、技术支持等，均采用人民币计价，同时帮助其建立健全数字货币监管框架。金融机构的布局，例如在南亚设立中国银行、工商银行等金融机构的分支机构，提供人民币相关的金融服务，从而进一步推动人民币在该地区的流通。通过推动人民币在南亚的使用，中国可以帮助该地区建立更加稳定的金融体系，降低对美元的依赖，增强经济抗风险能力。为全球经济治理提供新的思路和模式，推动构建开放、包容、平衡的全球经济体系。

3. 推进能源科技自主创新和重大装备研发

中国在南亚推进能源科技自主创新和重大装备研发的战略，旨在通过技术合作与交流，提升区域内的能源安全和可持续发展能力。这一战略不仅有助于中国在南亚地区的经济合作与发展，也为当地国家的能源转型和技术进步提供了支持。

在技术研发与合作方面：中国在能源科技领域的自主创新主要体现在可再生能源、智能电网、储能技术等方面。通过与南亚国家的合作，中国可以将先进的技术引入当地，帮助其提升能源利用效率。例如，中国的太阳能和风能技术在南亚地区得到了广泛应用，推动了当地可再生能源的发展。在推进能源科技自主创新的过程中，人才培养至关重要。中国可以通过设立奖学金、举办培训班等方式，帮助南亚国家培养能源领域的专业人才，促进技术的本土化和自主创新能力的提升。南亚国家在能源政策和法规方面存在差异，可能会影响中方企业的投资和合作。对此，中国可以通过加强与南亚国家的政策对接，推动建立区域性能源合作机制，减少政策障碍。

在基础设施建设方面：中国在南亚的重大装备研发主要集中在能源基础设施建设上，包括电力设备、输变电设备和清洁能源装备等。通过与南亚国家的合作，中国企业可以参与到当地的基础设施建设中，推动区域经济发展。在重大装备研发方面，中国可以与南亚国家进行技术转让和合作开发，帮助其提升自主研发能力。例如，在水电、核电等领域，中国可以与南亚国家共同研发适合当地环境和需求的装备，推动能源项目的实施。

未来，中国可以进一步加强与南亚国家的合作，推动区域内的能源安全和可持续发展。同时，通过技术创新和装备研发，提升自身在全球能源市场的竞争力。通过加强合作与交流，中国与南亚国家可以共同应对能源挑战，实现互利共赢。

（二）应对策略：企业层面

1. 能源投资融资扩展策略

在直接投资方面：中国能源行业企业可以通过建立合资企业或全资子公司，直接参与南亚的能源项目开发。例如，中国三峡集团在印度投资建设水电站，通过直接投资实现资源的有效配置。企业可以通过与当地金融机构合作，利用项目融资模式，降低资金风险。例如，利用国际开发银行、亚洲开发银行等多边金融机构的资金支持，推动项目落地。在可再生能源领域，我国企业可以通过技术输出与当地企业合作，提升项目的技术水平和市场竞争力。例如，华为在印度与当地企业合作，推动智能电网和储能技术的应用。

在风险管理评估方面：南亚地区的政治环境相对复杂，企业在投资前需进行充分的政治风险评估。企业可以通过建立与当地政府的良好关系，参与政策制定，降低政策风险。由于南亚市场竞争激烈，企业需对市场需求变化保持敏感，及时调整投资策略。可以通过市场调研和数据分析，制定灵活的市场进入策略。在能源项目开发中，需重视环境保护，遵循当地的环保法规，避免因环境问题导致的项目停滞。采用清洁技术和可持续发展理念，提升企业形象。

总之，随着全球对可再生能源的重视，南亚地区的可再生能源投资将成为未来的重点方向。中国企业应加大在太阳能、风能等领域的投资力度，抢占市场先机。同时，我国企业应加快数字化转型，提升运营效率和管理水平。除了中国企业外，印度、美国、俄罗斯等国的企业也在积极布局。中国企业需要在技术、价格和服务等方面与其他竞争者抗衡。我国能源行业企业在南亚的投融资扩展策略应结合市场需求、资源优势和政策环境，灵活运用多种投资模式，积极应对各种风险。

2. 能源海外贸易发展策略

南亚是全球增长最快的能源市场之一，中国能源企业希望通过进入这一市场扩大其国际贸易业务、提升市场份额。中国与南亚国家在电力领域的合作逐渐加深。中国企业可以通过投资建设电力基础设施，帮助南亚国家提高电力供应能力。中国是南亚地区主要的石油和天然气进口国。通过与南亚国家的合作，中国企业在南亚建立了多条能源供应链，确保能源的稳定供应。此外，能源企业还可以通过“一带一路”倡议，加深与南亚国家的能源合作，促进油气管道和能源新通道的建设。南亚六国现积极寻求多元化的能源供应来源，对此我国企业可以制定多元化需求策略目标，通过区域合作机制加强能源贸易，在南亚建立区域合作联盟，同时进行技术合作与投资的渗透，以巩固共同体发展机制，扩大贸易业务。

3. 能源运输安全保障策略

我国能源行业企业在国际能源运输项目上应建立完善的安全管理制度，

明确各级管理人员的职责和权限，确保安全管理工作有章可循，从而保障运输安全。从企业层面来看，在能源运输领域需要定期对员工进行安全培训，提高其安全意识和应急处理能力。同时，开展应急演练，确保在突发事件中能够迅速有效地应对。

第一，优化运输方式和路线。根据不同的运输需求，选择最安全的运输方式，如管道运输、海运、铁路运输等，以管道运输为先机，推动建设中国与南亚六国的石油和天然气管道运输建设，综合考虑安全性、经济性和环保性。在运输规划中，尽量避开自然灾害频发区域、人口密集区和生态敏感区域，从而降低运输过程中的风险。

第二，加强技术投入与创新。采用现代化的监控技术，如 GPS 定位、无人机巡检、物联网等，实时监控运输过程，及时发现并处理异常情况。投资研发更为安全的运输装备，如防泄漏油罐、抗冲击管道等，提高运输过程的安全性。

第三，信息共享和联合演习。建立国际能源运输安全信息共享机制，及时通报安全风险和事件。中国和南亚六国区域共同体应加强在能源运输安全领域的联合演习，提高协同作战能力。

4. 资源国汇率风险应对策略

第一，加强汇率风险管理。我国企业应建立系统的汇率风险管理框架，明确风险识别、评估和应对的流程。利用期货、期权和掉期等金融衍生工具对冲汇率风险，锁定未来的汇率水平，减少不确定性。企业本身可以通过持有多种货币的外汇储备，降低对单一货币的依赖，从而减轻汇率波动带来的影响。

第二，多元化、多维度提升应对汇率风险的能力。通过技术创新和产业升级，提高资源产品的附加值，增强国际市场竞争力，减少对汇率波动的敏感性。积极开拓新领域市场和多元化出口市场，降低对特定市场的依赖，分散汇率风险。我国企业应积极参与区域经济合作机制，通过合作增强经济韧性，降低汇率风险。与国际货币基金组织（IMF）等金融机构合作，获取技术支持和资金援助，增强应对汇率风险的能力。

第三，利用技术手段提高汇率风险管理效率。在对企业管理层和财务人员进行汇率风险管理培训的同时，利用大数据和人工智能技术对汇率波动进行预测和分析，帮助企业做出更为科学的决策。企业可以开发或引入专业的风险管理软件，实时监测汇率变化，及时调整风险管理策略。加强信息技术基础设施建设，确保数据的及时传递和处理，提高汇率风险管理的效率。

5. 能源装备和技术提升策略

加强市场调研，深入需求分析。通过市场调研，了解南亚六国的能源需求特点、政策环境和市场动态，识别潜在的合作伙伴和竞争对手。评估南亚六国每个国家的地区能源资源分布，包括石油、天然气、可再生能源等，制定相应的技术提升策略。

强化技术创新，加大研发投入。在南亚六国设立研发中心，针对当地的能源需求和环境特点，开发适合的能源装备和技术。通过国际合作，引进国外先进的能源装备技术，提升自身的技术水平。

组建战略联盟，建立合作关系。与南亚国家的能源企业、科研机构建立战略合作关系，共同开发新装备技术。我国能源企业应积极参与南亚地区的国际能源合作项目，借助外部资源和技术提升自身能力。

新质生产力助推油气企业转型的机理和方向

在新一轮科技革命与产业变革的浪潮中，催生了一种全新的生产力形态——创新驱动的新质生产力。在新型能源体系下，油气企业转型的任务主要包括确保能源安全、引领科技创新、推进绿色低碳、培育发展新动能和创新体制机制。新质生产力通过补链强链效应、技术赋能效应、绿色增效效应、要素提升效应和组织重塑效应，不断推进新型能源体系完整性、先进性、高效性、安全性建设。为推进油气企业转型，必须加快培育新质生产力，向“绿”而行——大力推进绿色低碳转型，向“高”而看——全面助力高标准市场体系建设，向“数”而转——聚焦数字技术有效推动生产力大幅跃迁，向“优”而聚——切实发挥新质生产力的作用。为加快培育新质生产力，油气企业应坚定不移走自主创新道路，不断建设创新型人才梯队，持续加快发展新兴产业和未来产业。

一、新质生产力的概念与内涵

习近平总书记2023年9月在黑龙江考察时首次提及新质生产力，在2024年2月的中共中央政治局第十一次集体学习中详细阐述了其内涵。新质生产力是引领创新的核心驱动力，摒弃了传统的经济增长模式和生产力发展路径，展现出高科技、高效能、高质量的特点，符合新发展理念的要求。其核心内涵在于劳动者、劳动资料、劳动对象及其优化组合的全面提升，核心标志是全要素生产率显著提升。2024年3月，国务院政府工作报告进一步强调了加快发展新质生产力的重要性。同年3月，在参加第十四届全国人民代表大会第二次会议江苏代表团审议时，习近平总书记再次强调，高质量发展是首要任务，应因地制宜发展新质生产力。这一举措对在新一轮世界科学技术革命与产业变革中占据制高点、开辟新发展领域、培育新动能以及提升竞争力具有重要意义。因此，加速发展新质生产力是实现高质量发展的必然选择。

新质生产力的“新”涵盖了新技术、新模式、新产业、新赛道、新动能和新优势，核心在于创新驱动。新质生产力代表了新兴技术的前沿，能够创造出新的价值，塑造新水准、新业态和新兴产业，其与传统产业之间的关系，正如2023年中央经济工作会议所强调的“立”与“破”的辩证统一。传统产业作为新质生产力发展的基石，为新质生产力的壮大提供了必要的市场、资源等支撑。发展新质生产力并不意味着否定、忽视或放弃传统产业，而是通过引入和应用新科技，对传统产业进行改造和升级，推动其向更高水平发展。同时，利用新质生产力的发展来壮大新兴产业，培育未来产业，为经济的持续健康发展注入新活力。

新质生产力的“质”代表着其本质和品质。与传统生产力相比，新质生产力仍依赖科技进步作为推动生产力发展的核心动力，但其在品质上有显著区别。首先，新质生产力的科技突破并非单一因素作用的结果，而是源于新劳动者、新劳动对象、新劳动工具以及新型基础设施的综合作用，产生的颠覆性技术突破，从而推动生产力的飞跃式提升；其次，新质生产力摒弃了资源驱动型的经济发展模式，不再依赖大量资源的投入来追求经济增长，而是转向由数字化、信息化、智能化持续推动的创新驱动；最后，新质生产力以绿色为底色，追求的是清洁、高效的环境友好型发展模式，摆脱了传统生产力对大量传统要素的依赖，通过技术创新实现了经济发展与环境保护的双赢。

新质生产力的“力”包括网力、算力。随着技术的不断革新，生产力的内涵和形式也经历了前所未有的革命性跃迁，即从马力、电力到网力、算力“四个力”的演进过程。网力作为新质生产力的关键组成部分，涵盖了5G、物联网、工业互联网、卫星互联网等先进的通信网络基础设施。算力作为处理数据的能力，已成为数字经济时代新质生产力的核心要素，不仅包括由运算力、存储力等构成的数字基础设施，还涵盖了由算法、算据等组成的数字产业生态系统。未来，中国数字经济的发展离不开这些基础设施的支撑，特别是“东数西算”等战略的实施，对网络传输能力、数字基础设施等提出了更高的要求，将推动中国数字经济向更高质量、更可持续的方向发展。

二、新质生产力助推油气企业转型的机理分析

中国共产党的二十大报告明确提出了“推动绿色发展、促进人与自然和谐

共生”的战略方向，强调了“深入推进能源革命，加快规划建设新型能源体系”的紧迫性，为中国能源领域的未来发展设立了明确的新要求与目标。2023 年的国务院政府工作报告、国家能源局发布的《2023 年能源工作指导意见》以及 2024 年全国能源工作会议再次对新型能源体系的建设工作给予了高度重视和详细部署。油气企业作为能源行业的重要组成部分，涵盖了勘探、开发、加工、运输、销售等多条产业链。鉴于其复杂的产业链体系，结合习近平总书记关于新质生产力的重要论述，油气企业新质生产力应以建设新型能源体系为目标，以“四个革命、一个合作”为导向，以科技化、数字化、网络化、智能化、融合化为发展特征，基于油气企业及其关联产业链、供应链的特性和发展要求，致力于实现油气企业及其关联产业链、供应链中生产力要素品质属性及其质态组合的突破性升级，提升油气企业生产力系统的整体功能，特别是全要素生产率。油气企业新质生产力不仅体现了油气企业及其关联产业链、供应链的高质量发展要求，更代表了油气企业先进生产力的发展方向，对于推动油气企业转型，实现碳达峰、碳中和目标具有重大意义。

（一）新型能源体系下的油气企业转型任务分析

推动油气企业转型是建设新型能源体系的关键一环，中国对油气企业转型的重视程度在不同时期有着不同体现。自党的十八大以来，习近平总书记提出的“四个革命、一个合作”能源安全新战略，为中国能源发展指明了方向。《“十四五”现代能源体系规划》中提出以深化供给侧结构性改革为主线，以改革创新为根本动力的发展策略，旨在推动油气企业绿色低碳发展。《关于完善能源绿色低碳转型体制机制和政策措施的意见》进一步强调了从国情实际出发，深化能源领域体制机制改革创新，以加快构建清洁低碳、安全高效的能源体系。2022 年党的二十大进一步提出了深入推进能源革命，加快规划建设新型能源体系。2023 年国家能源局发布了《加快油气勘探开发与新能源融合发展行动方案（2023—2025 年）》，旨在统筹推进油气供应安全和绿色发展。2024 年政府工作报告再次强调了加快建设新型能源体系，国家能源局同时提出新型能源体系至少包含五个特征——新的能源结构、新的系统形态、新的产业体系、弹性韧性的供应链以及新的治理体系。2024 年 3 月，国家能源局发布的《2024年能源工作指导意见》提出了明确的能源发展指导方针，旨在为新型能源体系建设提供坚实可靠的保障。该意见强调了“四个坚持”：一是坚持把保障国家能源安全放在首位，确保能源供应的稳定性和可靠性；二是坚持积极有力推进能源绿色低碳转型，推动能源结构向更清洁、更低碳的方向发展；三是坚持依靠科技创新增强发展新动能，通过科技创新引领能源行业的高质量发展；四是坚持以深化改革开放激发发展活力，推动能源体制机制的改革和创新。

由此可见，基于中国能源发展阶段及其面临的新形势和新问题，在不同时期、不同场合，国家领导人讲话、党的报告决议和国家政策文件等对能源转型有着不同的表述。通过梳理，将油气企业转型的主要任务总结为五个方面：第一，坚持把保障能源安全放在首位，加强国内油气勘探开发和增储上产，提升油气自供能力，保障经济社会发展和人民群众美好生活用能需求；第二，坚持油气科技创新引领，加强基础研究和前沿技术探索，强化“产—学—研—用”协同创新，培育创新人才和团队，推动油气科技与产业深度融合；第三，坚持走油气绿色低碳发展之路，即深入践行生态优先、绿色发展理念，保持油气高质量较快发展势头；第四，坚持培育油气发展新动能，即深入实施油气技术装备补短板、锻长板、拓新板，加强关键核心技术联合攻关，强化科研成果转化运用；第五，坚持油气体制机制创新，即深入推进重点领域和关键环节体制机制改革，不断提高油气治理效能。

（二）新质生产力助推油气企业转型的作用机理

在油气企业转型过程中，新质生产力不仅是支撑新型能源体系建设的重要基石，更是引领中国经济高质量发展的新引擎。企业作为经济活动的基本单元，其发展与变革直接反映了生产力的演变轨迹。新型能源体系作为新质生产力的载体之一，为新质生产力的孕育和发展提供了广阔的舞台。同时，新质生产力作为新型能源体系的内核，通过其高科技、高效能、高质量的特性，不断推动着新型能源体系革新和升级。新质生产力的形成过程，实际上也是对油气产业体系进行系统性重塑的过程。新质生产力具有“新”“质”“力”三大基本特征，在油气企业转型过程中发挥着至关重要的作用。其通过补链强链效应、技术赋能效应、绿色增效效应、要素提升效应和组织重塑效应来确保能源安全、引领科技创新、推进绿色低碳、培育发展新动能、创新体制机制，从而不断推动新型能源体系的建设。

1. 新质生产力发挥补链强链效应以保障能源安全

党的二十大报告强调了能源安全的重要性，能源安全是国家安全的核心要素。为了保障能源安全，必须首先增强油气企业产业链、供应链的韧性和安全性。新质生产力的发展本质就是依托科技创新不断地催生新产业、新模式、新动能，为了将其转化为现实生产力，关键在于将创新成果及时有效地应用于具体产业和产业链中。因此，需要重点关注关键核心领域产业链中的堵点和卡点，通过加速应用原创性、颠覆性的科技创新成果，来强化产业链薄弱环节，补充产业链缺失环节，从而确保整个产业链、供应链的安全稳定。这种强化和补充不仅有助于油气企业的新型产业和未来产业的蓬勃发展，更能有效弥补油气产业链、供应链中的短板弱项，提升油气产业链、供应链的韧性与安全性。此外，新质生产力具有广泛的融合交叉效应，能够推动油气企业产业链、创新链、资金链和人才链的深度融合。通过促进“科技—产业—金融”的良性循环，不仅可以提升油气企业的运营效率，还能抢占未来产业竞争的制高点，开辟新的发展领域和赛道，持续塑造油气企业发展的新动能和新优势，保障能源安全。

2. 新质生产力发挥技术赋能效应以引领科技创新

科技创新是发展新质生产力的核心驱动力，新质生产力凭借其技术赋能效应，展现出强大的发展潜力。习近平总书记强调，应瞄准世界能源科技前沿，针对能源关键领域和重大需求，科学选择技术路线，充分发挥新型举国体制的优势，加强关键核心技术的联合攻关。在能源领域，推动新质生产力的核心动力在于不断加速能源科技创新的进程。特别地，促进大数据、人工智能等新一代信息技术在能源领域的深度融合与应用，是实现能源产业数字化、智能化转型的关键。一方面，加速突破油气的绿色智能开发和清洁低碳利用技术。通过工艺流程优化、技术创新改造和绿色产品创新，提高油气资源的利用效率和配置效率，降低油气消耗和碳排放。另一方面，突破可再生能源领域的关键技术，例如高效氢能、新一代核能、二氧化碳捕集、利用与封存

(CCUS)技术等。这些前瞻性和战略性的技术突破，将助力油气企业抢占未来能源科技领域的制高点。以新能源、新材料等战略性新兴产业和未来产业为主要载体，推动形成高效能、高质量的生产力，为油气企业转型奠定坚实基础。

3. 新质生产力发挥绿色增效效应以推进绿色低碳

习近平总书记强调，绿色发展是高质量发展的基石，新质生产力本身具备绿色属性。中国超过80%的碳排放来自能源系统，推动油气企业向绿色低碳转型成为发展新质生产力的重要任务。加快形成新质生产力，需要积极培育战略性新兴产业和未来产业。国家统计局将新一代信息技术、高端装备制造、新材料、生物、新能源汽车和新能源六大产业列为战略性新兴产业。其中，以风电和光伏发电为代表的新能源产业，在能源绿色低碳转型的背景下，通过技术和装备的不断创新，实现了快速的发展，改变了以往依赖化石能源的发展方式。得益于技术创新的强力驱动，中国新能源产业链、创新链正持续增强，已成为全球领先的新兴产业，为中国经济带来了绿色可持续增长的新动能。风能、光伏产业需进一步加强科技研发创新，集中力量攻克关键核心技术，以培育和发展新质生产力，进而助推油气企业绿色低碳转型。

4. 新质生产力发挥要素提升效应以培育发展新动能

加强科研成果的转化与应用，将能源技术及其关联产业培育为引领中国产业升级的新引擎，推动新质生产力的发展。新质生产力的进步与发展，需建立在全国统一大市场的基础上。要减少限制生产力发展的因素，确保生产、分配、流通、消费等各个环节的顺畅运行，从而提升资源配置的效率，引导各类优质资源向新质生产力的发展方向集聚。同时，要素提升不仅为科技创新提供了广阔的市场空间和迭代机会，也激发了企业创新的积极性和动力，为持续发展提供了新动力，并进一步优化产业布局，实现各产业间的有序衔接，促进战略性新兴产业和未来产业的蓬勃发展，推动传统产业向高端化、智能化、绿色化转型。在新质生产力的发展过程中，需特别关注科技成果的转化和知识产权的保护，完善技术市场，充分发挥各地区在科技成果转化中的比较优势。优化开放创新生态，促进科技创新服务的互联互通，推动知识、技术、人才等创新要素的顺畅流动，为油气企业的转型升级提供源源不断的新动能。

5. 新质生产力发挥组织重塑效应以创新体制机制

生产关系与生产力的发展要求必须相互适应，以确保经济的持续健康发展。在新质生产力的推动下，全面深化改革成为推动经济社会进步的关键。新质生产力，特别是在数字经济时代诞生的生产力，以其数字技术的纵深发展和数据要素的广泛运用，正驱动着技术—经济范式的转变，形成了数字经济范式。在这一新范式下，传统产业组织正在经历深刻的变革，网络化、平台化、无边界化、融合化等成为显著的发展趋势。随着新能源技术的快速发展和壮大，分布式能源、智慧能源、能源互联网等能源利用新模式、新业态、新产品不断涌现，为经济社会发展提供了更为广阔的空间。为了适应能源发展的新形势，需要建立健全市场有效、政府有为、开放共享的新机制。充分发挥市场在资源配置中的决定性作用，构建有效竞争的市场结构和市场体系，为各类经营主体提供公平、公正、透明的市场环境。同时，政府也需要发挥其在政策引导、监管规范、公共服务等方面的作用，为新能源新业态的发展提供有力支持。通过深化改革、创新机制、优化环境，进一步激发油气企业发展新能源新业态的积极性、创造性，推动油气企业转型。

三、培育新质生产力推进油气企业转型的主攻方向

当前，中国油气企业在转型过程中仍存在以下问题：一是支撑产业绿色低碳转型的技术仍需进一步突破；二是标准研制与技术研发的互动仍有待加强；三是新技术与油气相关业务如何结合并有效落地仍有待突破；四是高端化学品生产技术仍有待突破，当前市场大量需求仍靠进口补充。针对当前油气企业转型过程中存在的问题，为推进新型能源体系建设，油气企业应以“向‘绿’、向‘高’、向‘数’、向‘优’”为主攻方向，加快培育新质生产力。

（一）向“绿”而行：大力推进绿色低碳转型

在传统工业化模式下，人类的生产活动过度依赖石油、天然气等不可再生资源，并产生大量自然界难以承受的污染物，导致了人与自然关系的失衡。在新型能源体系下，新质生产力的培育正在引领生产力全面而深刻的变革。这一变革不仅涉及劳动者、劳动资料和劳动对象这三个基本要素，而且通过

持续将新质生产力注入企业之中，从技术创新、理念创新和制度创新三个关键维度出发，重塑人与自然的关系，打造人与自然和谐共生的现代化体系。这一转变对于应对全球气候变化、实现碳达峰碳中和目标具有重要意义，并可以为人类提供更为清洁低碳、安全高效的可持续生产力保障。

培育和发展新质生产力，重点是强化绿色科技创新的力度、广度、深度。在全球绿色经济、绿色技术、绿色产业快速发展的背景下，紧抓这一历史机遇，通过发展方式的创新推动企业全面绿色低碳转型。持续增强企业的绿色核心竞争力，构建并完善其供应链的绿色化，促进其服务业的绿色繁荣发展，进一步提升绿色产业的地位，助力绿色低碳循环经济体系的构建，从而不断提升经济发展的质量和绿色含量。利用以科技创新为内核与引擎的新质生产力助推企业绿色低碳转型，可以有效降低现代产业体系对人力资源和物质资源的极度需要与过度依赖。通过构建现代产业体系，可以进一步推进企业的智能化、绿色化、融合化发展，提高绿色低碳产业在经济总量中的比重，促进经济的高质量发展，有助于中国在自力更生、和平发展的道路上行稳致远。

从油气企业角度来说，新质生产力代表了新工艺、新技术、新材料、新设备和新管理方式的深度融合，以此形成了一种以创新为引领的先进生产力，旨在推动经济、产业和能源结构的绿色化、低碳化转型，进而构建绿色生产力体系。为实现经济高质量发展，油气企业需凭借新质生产力构建竞争优势，掌握发展的主动权。作为碳排放密集的行业，油气企业更应当成为技术创新的领跑者和绿色低碳转型的引领者。为实现这一目标，油气企业需将科研与生产、技术与市场紧密结合，以科研项目为平台，攻克具有核心竞争力的关键技术，打造特色技术，同时围绕创新链优化产业链，以实现生产过程清洁化、产品供给绿色化和产业结构高端化。油气企业还需注重打造新型人才队伍，以确保高效利用新质生产力并为企业发展提供持续动力。为此，油气企业应建立新型人才培养与引进机制，积极引进具备丰富经验和专业知识的成熟人才，同时以“新能源业务+科技研发”的交叉培养模式，培养具备多元技能的复合型人才，助力企业构建一支新型劳动者队伍，其中既包含能够引领创新、创造新质生产力的战略型人才，也包括能够熟练应用新质生产资料的应用型人才。通过这样的人才队伍，企业将能够不断推动传统产业的高端化、绿色化发展，为企业未来的持续竞争力提供坚实支撑。

（二）向“高”而看：全面助力高标准市场体系建设

为实现新质生产力的持续发展，必须进一步深化企业综合改革，建立与之相适应的新型生产关系。持续推进经济体制和科技体制改革，消除新质生产力发展的壁垒，建立一个高标准的市场体系，创新生产要素的分配方法，保证各类先进、高质量的生产要素都能顺畅地向新的生产力发展领域流动。

新质生产力是依赖创新驱动实现提质增效的先进生产力。标准化作为这一进程中的核心动力，对于培育先进生产力起着至关重要的作用。它不仅正在引领各行各业的创新，还确立了行业发展的基准。标准是质量的基石，只有严格遵循高标准，才能实现高质量的产出。《国家标准化发展纲要》为新时期标准化工作指明了方向，对如何通过高标准引领高质量发展进行了全面规划。从新质生产力的视角出发，《国家标准化发展纲要》强调了创新的核心地位，以质量为发展目标，并追求高科技、高效能、高质量的一体化发展。为了有效培育新质生产力并推动高质量发展，需要精准把握工作的切入点和关键点，确保高标准在实际操作中发挥引领和示范作用。

油气企业在中国特色社会主义建设中占有举足轻重的地位，它们不仅是经济高质量发展的重要支撑，也是打赢脱贫攻坚战和全面建成小康社会的关键力量。为推动新质生产力的快速发展，质量和标准的强化显得尤为关键。在这一过程中，油气企业作为重要力量，其作用不容忽视。油气企业是新兴产业发展的重要基石，应秉持“一流企业引领标准”的理念，积极主导产业生态体系和供应链建设，携手中小企业及学术机构，共同推进标准的制定与完善，努力塑造更多具有中国特色的品牌。同时，油气企业应发挥典范作用，传播质量和标准化的重要性，培养相应的文化氛围，并持续深化对质量和标准化工作规律的理解，更好地利用标准引领和质量支撑，为经济的蓬勃发展注入新的活力。因此，在新质生产力的发展过程中，油气企业必须充分发挥其在新型能源体系建设、新发展格局构建中的科技创新、产业控制、安全支撑作用。为了实现这一目标，必须继续深化油气体制和机制的改革，推动建立与新质生产力相匹配的新型生产关系。在此过程中，科技创新应当从“关键变量”转变为推动高质量发展的“最大增量”，积极拥抱发展机遇，在多个细分领域中取得显著的实绩与实效。为了加强油气企业的内部管理能力，需要建立与其特点相匹配的内部组织架构。组织架构的设计应基于时代背景、行业领域以及企业的具体情况，包括规模、层级和类型等因素。通过动态优化企业组织架构，提升油气企业的生产运营能力和水平。此外，构建更加精准灵活、规范高效的分配激励机制，建立更加突出战略性新兴产业发展和创新要求的收入分配机制和中长期激励机制，确保科研人员在科技研发及科技成果转移转化中获得应有的收益，有效激发员工的创新动力。

（三）向“数”而转：有效推动生产力大幅跃迁

新质生产力是在摒弃传统生产力模式的基础上，顺应未来发展趋势而诞生的生产力新形态。在数字经济时代，新质生产力的形成逻辑可以表现为：数据是创造新质生产力的核心生产资料，数字技术奠定了新质生产力的发展基石，而数字基础设施则为新质生产力的形成提供了广阔平台。为促进新质生产力发展，应聚焦数字技术创新，推动全产业链数字化升级，并加强人才队伍建设，以科技、产业、人才三方协同驱动新质生产力的跃升。

随着科技革命和产业变革的加速，大数据、互联网、人工智能、云计算、区块链等数字技术的迭代创新速度越来越快，并已经完全融入经济社会发展的各个方面，成为全球资源重构、经济结构重构和竞争格局转变的核心动力。数字化转型已成为全球范围内不可逆转的趋势，其深度和广度正引发生产力和生产关系的深刻变革。数字技术的迅猛发展不仅推动了劳动者、劳动资料和劳动对象等生产力要素的升级，还通过其高创新性、广辐射性和强渗透性，重构了传统的要素结构、组织模式和产业形态，有效提升了全要素生产率，推动了生产力的巨大跃升，进而催生了新质生产力。

建设数字中国是推进中国式现代化的重要引擎。为建设数字中国，培育和发展新质生产力，油气企业必须紧跟经济社会数字化转型的步伐，积极释放数字化带来的发展红利，为新型能源体系建设注入新动力、新引擎。在此过程中，科技创新是关键所在，油气企业必须坚持科技创新是核心驱动力，推动其产业链与其他产业的深度融合与创新。正如煤炭与蒸汽机、石油与内燃机的结合推动了前两次工业革命，新能源与数字技术的结合将是新一轮科技革命和产业变革的重要特征。首先，要充分利用物联网、大数据、云计算和人工智能等先进技术，实现能源生产和消费过程的智能化管理，提高能源利用效率，并激发虚拟电厂、能源大数据平台等新兴产业和模式的活力；其次，在数字化与智能化的大潮中，以数据资产为基石，在传统油气业务的基础上，积极拓展新型能源业务，致力于打破单一产品价值链的局限，追求业务多元化发展，最终构建以绿色低碳为特色的综合性能源服务企业；第三，构建人才能力匹配度模型，融合员工能力评估、业务培训与组织管理，持续提升员工能力与业务水平，打造结构优化的人才团队，确保油气企业数字化转型高效平稳进行；第四，让可再生能源成为数字技术持续进化的绿色能源基础，共同推动经济社会的高质量发展。

（四）向“优”而聚：切实发挥新质生产力的作用

新质生产力以其高科技、高效能、高质量为显著特征，对于实现习近平总书记强调的“能源的饭碗必须端在自己手里”的战略要求具有重要意义。为了构建新型能源体系，需要以需求合理化、开发绿色化、供应多元化、调配智能化、利用高效化为指导原则，充分发挥新质生产力的推动力和支撑力。近年来，随着能源低碳化发展趋势的加强，中国正积极推动传统能源体系向非化石能源体系转型。新质生产力代表着现代化生产力的新高度，集高技术水平、优良质量、高效效率和可持续于一体。

新质生产力代表了现代化的高水平发展，它以更高的技术水平、更优的质量、更高的效率和更强的可持续性为特点。在能源领域，新质生产力主要体现在安全可靠性、清洁低碳性和经济高效性上。目前，以化石能源为主的能源结构仍是主流，但其燃烧过程中释放的二氧化碳占人类活动二氧化碳排放总量的绝大部分。要实现碳达峰、碳中和目标，必须依靠清洁能源的发展和科技的力量。第一，加大在风电、光伏发电、储能、技术固碳、CCUS 等领域的科研力度，推动相关技术的进步和产业化应用。第二，在推进油气与新能源的协同开发过程中，应注重研发低成本且清洁的能源替代技术。具体而言，需要探索并优化高效电加热技术及其工艺流程，以提高电气率；深入研发电磁超声等电强化处理技术及设备，以提升生产效率。在清洁能源供应方面，应关注大型风电和光伏发电基地的建设，并研发相应的上中下游一体化清洁供能技术，特别是氢能的制取、输送和利用技术。此外，低成本地热能的开发利用技术、储能储热以及低温热能的利用技术也应成为攻关的重点。以此加快形成一系列油气与新能源融合发展的技术体系，为能源行业的可持续发展提供有力支撑。第三，加快新型储能技术的创新步伐，例如压缩空气、重力储能、热冷储能、绿色氢能、电制燃料等，并在电气融合、电气氢(氨)耦合、新型电力体系建设、能源网络融合、“油气+新能源”储运等领域开展深入研究，尽快构建全国性的油、气、氢、碳融合大管网，切实提升科技成果向现实生产力转化的速度和效率，有效促进风电、光伏发电、水电等清洁能源的大范围输送和消纳，提高多种能源间的灵活转换能力，为实现能源结构的绿色低碳转型提供有力支撑。第四，持续推动炼化业务向新质生产力发展，在“炼化生精材”五大领域，坚持“减油增化、减油增特、减碳增绿”的发展方向，通过科技创新深度优化和特色化催化裂化、清洁燃料等领域。

四、新质生产力助推油气企业转型的建议

（一）推动技术创新性突破，坚定不移走自主创新道路

新质生产力的核心是技术创新，加快发展新质生产力助力油气企业转型，必须坚定不移地走自主创新之路。要推进以自主为特色的技术创新，需要做到以下两个方面。

第一，加强科技基础研究，提高科技水平。一是坚持以国家战略需要为导向，开展一批原创性、引领性的科学研究，突破核心技术攻坚，推动在石油、天然气等学科的前沿，开展一批具有前瞻性、战略性的国家重点科研计划项目，从根源上破解油气企业“卡脖子”难题。二是积极推进基础研究领域的国际合作，本着开放和互利共享的思想，积极策划并主导发起科研项目，扩大国家科技计划的对外开放，以更好地与世界创新网络融合，形成一个有世界竞争能力的开放创新生态。在此生态下，油气产业链上各主体协同合作，

促使新技术、新工艺和新材料等自由流动，为油气企业转型赋能。

第二，推动企业成为技术创新的主要力量。企业是生产要素的集聚地，是技术创新活动的主要载体，是生产力集成与功能发挥的枢纽。要加快油气企业内新兴产业的发展，就必须健全油气企业的市场导向机制，加强油气企业的创新主体地位，推动创新要素向油气企业集聚，建立起以油气企业为主体、市场为导向、产学研深度结合的技术创新体系。

（二）培养推动生产要素创新性配置，不断建设创新型人才梯队

新质生产力回答的是高素质劳动者如何运用先进的劳动资料生产必需的劳动对象，核心在于创新。人才是创新的根基，创新驱动实质上是人才驱动。在生产力的发展中，人无疑是最为活跃和关键的因素。为了适应新科技革命、新经济形态和新产业的迅猛崛起，构建一支与之相匹配的新质人才队伍显得尤为迫切。

第一，培养战略科学家是关键。新质生产力是引领未来的核心力量，具有国际科学眼光、自主创新能力、承担国家重大战略使命的高素质人才是新质生产力形成与发展的关键。这将推动油气企业在日常的实践中重视发掘油气骨干力量，要求油气企业从长远角度出发，积极培养高潜质、高层次、高素质人才，逐渐建立起一支具有成长梯队的战略科学家队伍。

第二，构建一流的科技创新团队，以实现规模效应。高水平创新团队是推动科技创新的核心力量。这要求油气企业建立灵活的调配机制，跨部门、跨地区、跨行业、跨体制吸引和集聚掌握油气关键核心技术的领军人才，同时积极引进海外油气优秀科学家，整合全球智慧资源和创新要素。

第三，为了形成新质生产力，增强发展的新动能，培育竞争新优势，适配的人才交流载体必不可少。这将促使油气企业加快构建全球一流的油气人才服务中心，集中优质资源，把重点放在建立油气国家实验室、高技术集成研究平台上。通过制度和机制的改革，为中国油气领域的人才提供一个世界一流的创新平台，以此加快中国创新高地的形成，充分发挥人才创新能力的聚集效应。

（三）产业深度转型融合，持续加快发展新兴产业和未来产业

为了加快形成新质生产力，要以科技创新作为推动力，促进产业现代化转型升级，着眼于发展具有前瞻性、能够引领产业未来走向的战略性新兴产业。通过对现有产业的改造提升，加强核心竞争力，同时积极探索新兴领域，逐步形成独特的竞争优势，为实现可持续发展注入新动能。

第一，生产力的发展不意味着旧产业的淘汰，传统产业仍然是企业发展的重要组成部分，这要求在新质生产力的发展过程中聚焦于传统产业的改造升级。一方面，油气企业需培育先进的油气产业集群，拓展其发展新领域，推动其优化升级，融入全球产业链；另一方面，油气企业需进行技术改造，实现智能化、绿色化。

第二，新兴产业是新一轮科技革命与产业革命的发展趋势，是中国新一轮生产力发展和国际竞争新优势的关键所在。油气领域是发展新兴产业的重点方向，油气企业仍需加快关键核心技术的创新与应用，特别是在新能源等领域，以增强生产要素的保障能力，培育新的发展动能。

第三，需要前瞻性地谋划和扶持未来产业。要使新质生产力发展具有持久的动力，需要不断探索和把握未来的发展机遇。对仍在孵化期，具有高成长性、先导性和颠覆性的未来产业，要进行前瞻性布局，为其发展打下坚实的基础。在未来油气产业技术交叉与融合愈加明显的趋势下，油气企业需要以技术创新为重点，将技术与油气产业链上的各环节业务紧密结合，不断探索未来产业。

“大金砖”时代下的能源合作：五个维度凸显不一样的韧性

2024年金砖国家峰会于10月21—22日在俄罗斯喀山举行。这是金砖国家实现扩员后的首次峰会。自从2024年1月1日，沙特阿拉伯、埃及、伊朗、阿联酋以及埃塞俄比亚五国成为金砖国家新成员后，金砖国家的成员已经扩大到十个。

2001年，美国高盛公司首席经济师吉姆·奥尼尔首次提出“金砖四国”这一概念，特指世界新兴市场。金砖国家（BRICS），最初是引用巴西（Brazil）、俄罗斯（Russia）、印度（India）、中国（China）四国英文名称首字母组成缩写词。因“BRICS”拼写和发音同英文单词“砖”（bricks）相近，中国媒体和学者将其译为“金砖国家”。2011年，南非（South Africa）正式加入金砖国家，英文名称定为BRICS。

一、“大金砖”时代的能源合作

首先，能源贸易是能源合作稳定的关键基石。金砖国家包括全球主要能源生产国和消费国，中国、印度能源消费市场广阔，沙特、阿联酋、伊朗、俄罗斯、巴西能源资源丰富，均为能源出口大国。原油贸易覆盖多数资源国，尤以中沙、中俄、俄印、中阿为典型；LNG贸易以中俄、中阿、印俄、印阿为主；管道天然气贸易以中俄为主。2023年，金砖国家原油贸易量达4.1亿吨，较2022年增加17.07%；LNG贸易量达1183万吨，较2022年增加25.57%；管道天然气贸易量达227亿立方米，同比增加47.4%。

其次，能源投资是能源合作深化的重要引擎。一方面，传统化石能源合作前景广阔，俄罗斯、巴西等资源国在油气联合勘探、油气加工和炼化等领域积极寻求对外合作；能源是中巴投资的主要方面，涉及电力、油气等多个领域；中俄油气合作上中下游齐头并进，规模化发展；与此同时，印俄加强在北极地区的油气合作。另一方面，新能源已成为中国与其他金砖国家能源合作的一大亮点，充分利用东道国太阳能、风能等可再生能源资源，推动“小而美”非化石能源项目发展，将非化石能源项目嵌入现有化石能源项目。中巴可再生能源合作将战略伙伴关系推向深入，中国与印度可再生能源合作也获得新突破。

再次，能源通道的“硬联通”是能源合作畅通的运输保障。埃及扼守苏伊士运河，运营苏伊士—地中海石油管道，是重要的国际油气运输通道。埃塞俄比亚电网与苏丹、吉布提和肯尼亚联通并出口电力，其电网互通已成为非洲样板。埃塞—吉布提跨境天然气输送项目也已启动。中俄原油管道满负荷3000万吨运行，东线天然气管道按计划供气，远东线天然气管道已开工建设。伊朗、印度和俄罗斯均为金砖成员国，有助于打通“南北走廊”，俄粮油可经由波斯湾向亚非国家出口，降低其对黑海、波罗的海等海上战略通道的依赖。

更为重要的是，成立多边开发银行为能源项目提供信贷支持。成立了金砖国家新开发银行（NDB），通过提供贷款支持域内重点项目。另外，本币结算也是金砖国家能源合作的一大亮点。

当然，在看到成绩的同时，我们必须正视金砖国家能源合作面临的三大挑战，也就是三个“对立面”。一是乌克兰危机持续延宕，导致俄罗斯彻底站在了美欧国家的“对立面”，失去美欧国家认可和包容的金砖合作将困难重重；二是金砖新成员伊朗长期遭受美西方的严苛制裁，也一直是美欧国家的“对立面”，目前任何与伊朗打交道、开展能源投资与贸易的国家均有遭受美国制裁的可能；三是印度大国崛起的雄心爆棚，再加上美国的不断加持，导致印度非要站到中国的“对立面”，使得中印在金砖或上合框架下的合作变得困难重重。其实，中印作为全球油气最大的两个进口国，应该携起手来共同应对“亚洲溢价”才是。

二、金砖国家能源合作韧性需进一步提升

这困难那挑战，唯有克服成见加强合作，金砖才有希望。展望未来，需要构建立体化合作格局，主要从五个维度提升金砖国家能源合作韧性。

（一）共同维护的能源安全

中国、印度油气对外依存度较高，石油对外依存度均超70%，2023年，中、印两国从沙特、阿联酋、俄罗斯、巴西进口原油分别占其进口总量的49%、56%，能源安全的关键在于油气进口安全。沙特、阿联酋、伊朗、俄罗斯、巴西油、气储量合计分别占全球的38%、41%，能源产业是其经济的重要支柱。金砖国家中能源消费和生产国的进出口协同是共同维护能源安全的应有之义。

（二）共同铸就的能源市场

金砖国家在能源共同市场构建上应该形成贸易流、资金流、信息流、人才流“四流合一”的格局。

第一，贸易流：充分利用金砖成员国能源资源互补性，建立能源伙伴关系稳定油气贸易，并完善能源通道格局，保障跨境通道的畅通稳定运行。

第二，资金流：利用金砖国家间油气贸易的规模市场，进一步推动金砖国家间的本币结算；继续探索和论证建立金砖国家共同货币的可能性；建立金砖支付体系，推动各成员国支付系统的互联互通，提升清算渠道的稳定性和安全性。

第三，信息流：构建金砖传媒合作机制，代表全球南方在全球能源治理的重大问题上发声，避免发达国家主导信息流。

第四，人才流：成员国发挥各自优势，扩大复合型国际化人才的培养，为金砖能源合作提供高质量人才储备。

（三）共同参与的能源治理

首先是能源消费国和生产国加强能源政策协调，构建金砖国家能源产消联盟，降低金砖国家相互之间的能源合作风险，维持金砖国家的油气供应稳定和能源安全。其次是采用“金砖+”开放合作模式，邀请其他新兴经济体和发展中国家参与金砖相关会议，扩大金砖国家在全球南方的“朋友圈”，使金砖合作机制成为全球南方国家开展战略沟通的重要渠道。再次是以“大金砖合作”为更多全球南方国家提供表达关切和诉求的机会，并作为全球南方的代表在全球治理体系中发声以维护发展中国家的合法权益，提高对全球气候变化和能源转型的议题设置和规则制定能力，协调发展中国家与发达国家能源政策，使全球治理体系更能反映发展中国家的利益。

（四）共同管控的能源风险

首先要管控好因地缘政治冲突等因素导致的能源供应中断风险，这包括加强信息共享、技术交流和经验分享，以及在金砖层面上制定和执行共同的能源安全标准和政策，以减少地缘政治冲突对全球能源供应的影响。其次要共同应用制裁及“长臂管辖”风险，据报道，俄罗斯在此次喀山峰会上提出构建金砖国家支付体系，以摆脱对 SWIFT 系统的依赖。再次要防范金砖国家内部出台不合理的能源政策，导致能源合作项目出现巨亏等重大经济风险。

（五）共同描绘的能源未来

应提升金砖国家能源合作的“绿色含量”：金砖各国应对接优势资源和先进可再生能源技术开展更协同、更深入、更细致的合作，积极利用中国在新能源发展上的优势助推能源快速转型。应提升金砖国家能源合作的“技术含量”：在能源开采、加工、节能环保以及新能源领域开展技术交流，总结并及时分享先进经验与技术资源，加快能源技术的研发和转化，提高能源生产和利用效率。应提升金砖国家能源合作的“思想含量”：扩大能源智库之间的交流合作，积极参与能源合作和政策对话，为深化金砖能源合作积极建言献策，为持续巩固金砖能源战略合作并实现高水平发展提供更多智力支持。

望“峰”兴叹，炼油业能否“饭”三年？

预计到2030年，世界炼油能力将达1.074亿桶/日，未来三年可能是炼油业最后的扩张期。IEA发布2024年版《石油》报告，这是自2017年首次发布以来，这份报告的第7版。其中，第三章是全球炼油和贸易形势，阐述了IEA对2030年世界炼油行业以及石油贸易格局的主要研判。

一、行业扩张期恐怕只剩三年

根据英国能源研究所2024年版《世界能源统计评论》，2023年世界炼油总能力为1.034亿桶/日。其中，全球排名前五大炼油能力的国家分别为：中国1848.8万桶/日，占17.9%；美国1842.9万桶/日，占17.8%；俄罗斯678.1万桶/日，占6.6%；印度508.5万桶/日，占4.9%；沙特阿拉伯328.9万桶/日，占3.2%。不过，从炼厂加工量来看，2023年美国排名世界第一，当年加工石油的数量为1596.3万桶/日，占19.2%；中国排名第二，加工石油的数量为1510.2万桶/日，占18.2%。

IEA认为，2024—2030年(预测期)，全球炼油行业将迎来一段缓慢增长的时期，预计设计能力(包括凝析油分离)将从1.042亿桶/日增加到1.074亿桶/日。预计预测期结束时，全球炼油生产能力可以满足世界每天8580万桶的成品油需求。

虽然到2030年，全球炼油产能将净增加330万桶/日，但预计炼油厂的加工量仅增加210万桶/日，成品油(不包括煤基合成油/天然气合成油、添加剂、工业直接使用的原油和馏分产品)的需求增长将只有120万桶/日。随着石油需求增长的逐渐减弱，预计全球炼油产能利用率将下降，从而推动产能更加合理化。本预测的7年期间，全球炼油净增产能330万桶/日，低于2023年预测的2023—2028年期间净增产能440万桶/日，其中包括新项目的510万桶/日、抵消已宣布关闭的180万桶/日。本预测的7年期间，年净增炼油产能平均为 47 万桶/日，与 2010—2019 年的平均 78 万桶/日相比显著下降。

预测期内，全球宣布关闭的炼油产能低于历史平均水平，未来几年可能会宣布关闭更多的炼油产能。2025 年是炼油厂关闭的高峰期，届时将有总计 80 万桶/日的产能停产。其中，经合组织欧洲将首当其冲，四个炼油项目的关闭合计产能为 48 万桶/日；美洲地区，美国宣布的两个关闭的炼油总产能为 38 万桶/日；苏伊士运河以东的地区，中国将占宣布关闭炼油厂的近 65%，因为政府对石油进出口配额的限制以及对排放的监管继续迫使独立炼油厂陆续关闭。不过，中国已宣布关闭的炼油总产能 64 万桶/日，与正在开发的 160 万桶/日新增炼油能力相比则相形见绌。

炼油产能投资的放缓，可以归因于以下几个因素，即预期石油需求增长的放缓、推动化石燃料汽车转型的法规(尤其是在欧洲)以及由于环境、社会和治理(ESG)政策的压力，从而使炼油商对进一步扩张犹豫不决。此外，由于碳税不断上涨、生物燃料供应不断增加、燃油效率法规以及电动汽车销量的激增等因素削弱了对精炼运输燃料的需求，炼油企业的盈利能力受到了抑制。

宏观经济环境的不确定性和地缘政治紧张局势(包括俄乌冲突)与近期创纪录的低炼油利润率形成了对比，导致许多炼油商控制投资。新冠大流行后几年，随着大流行期间受限和供应链瓶颈而推迟的项目的完工，全球炼油产能激增。2024—2026 年，全球投产的炼油项目约为 440 万桶/日，占预测期内总增量 510 万桶/日的大部分。2026 年以后，预计完工的炼油项目相对较少。

在全球需求放缓、天然气、生物燃料和可再生燃料供应增加的背景下，未来三年，可能是炼油净产能增加的最后时期。随着精炼产品的需求增长在本十年末转为负值，炼油能力的关闭很可能会使得新增能力黯然失色。从全球炼油净产能增加的区域分布看，苏伊士运河以东继续推动着炼油能力的增长，占增长的近 85%，该地区的新项目将净增炼油能力 280 万桶/日，主要是中国、印度和中东的新开发项目。中国和印度将分别新增约 100 万桶/日的炼油产能，而中东将增加 63 万桶/日的炼油产能。

二、各国炼油行业分化将扩大

在 2024 年版《石油》报告中，IEA 分地区较为详细地分析了从目前至 2030

年全球炼油行业的发展趋势。

（一）美洲地区炼油行业面临较大的挑战

尽管最近炼油利润率强劲，但不利的需求趋势和附近出口市场的萎缩将给美国炼油利用率带来压力，这可能会促使进一步的合理化和重组，以保持行业的竞争力。预计到2030年，美国炼油加工量将下降近100万桶/日，部分原因是宣布关闭总计近40万桶/日的炼油能力，但主要原因是炼厂利用率需要进一步降低，以适应美国石油产品需求下降140万桶/日的趋势。

在过去的十年里，由于资产老化，墨西哥炼油系统的利用率远低于平均水平。不过，在不远的将来，它将迎来一段增长期。国有的墨西哥国家石油公司正在投资升级和扩建其几家炼油厂。预计随着这项投资计划取得成果，墨西哥的炼油利用率将上升11.5%，2030年将达63%。2024年初，墨西哥炼厂加工量达8年来的最高水平，从而减少了石油产品的净进口需要。

在拉丁美洲，仅由巴西推动的炼油产能将增加13万桶/日，与该地区约10万桶/日的需求增长保持一致。不过，随着圭亚那、阿根廷和巴西的原油产量增加200万桶/日，该地区的原油供应将大大超过炼油厂的需求。尽管炼油能力有所增加，但在预测期内，该地区仍将是石油产品的净进口地。

（二）需求低迷导致欧洲炼油厂减产

随着成品油需求的减少，预计从2023年到2030年，欧洲炼油厂的日加工量将下降150万桶。因此，近150万桶/日的炼油厂产能将面临关闭的风险。2010年以来，欧洲一直在以每年22万桶/日的速度关闭炼油厂产能。新冠疫情带来的需求冲击，导致2020—2021年欧洲炼油产能合理化了65万桶/日，2024—2025年炼油厂将额外关闭48万桶/日的产能。尽管关闭了这些炼油厂，但欧洲炼油厂的产量仍与本地区的需求严重脱节，导致喷气/煤油和柴油的结构性进口和汽油的出口。在过去的5年中，欧洲平均每天向西非出口近50万桶汽油，但其供应质量往往低于其他市场的需求。如果这个出口市场的竞争加剧，尼日利亚新炼油厂的增加，可能会加速欧洲炼油厂的进一步关闭。

（三）俄罗斯等国家将提高炼油产能和加工量

尽管俄罗斯目前面临地缘政治的挑战，但预计从 2023 年到 2030 年，其周边几个国家的炼油能力将净增加 12 万桶/日。受成品油需求增长 34 万桶/日，以及假设俄罗斯炼油利用率在 2025 年后正常化的推动，同期这些国家的炼厂原油加工量将增加 32 万桶/日。2026 年，随着罗斯托夫州新沙赫金斯克炼油厂的扩建，俄罗斯的炼油产能将增加 5 万桶/日；土库曼斯坦的谢津炼油厂将增加 2 万桶/日的产能，哈萨克斯坦的奥达巴斯炼油厂将增加 4 万桶/日的产能，塔吉克斯坦的丹加拉炼油厂将增加 1 万桶/日的产能。

（四）非洲炼油产能上升以满足更强劲的需求

在非洲，炼油厂产能在预测期内有望增加 75 万桶/日，这与精炼产品需求的预期增长（+84 万桶/日）基本一致。然而，非洲大陆仍然严重依赖石油产品的进口。尼日利亚 65 万桶/日的丹格特炼油厂的投产，标志着该地区炼油行业的一个重要转折点。2025 年 1 月，丹格特炼油厂日加工原油量达 50 万桶，如满负荷运转，日加工量可达 65 万桶。丹格特炼油厂将成为全球第七大炼油厂以及非洲最大的炼油厂。

（五）中东地区炼油产能增长将在本十年的中期放缓

中东地区是原油和成品油的主要出口地，预计这一趋势将继续下去。未来 7 年，该地区炼油产能将增加 63 万桶/日，占苏伊士运河以东地区总炼油产能增加的 23%。炼油产能增长，是由炼油项目的大规模建设和现代化所推动，这些项目旨在生产符合更高国际标准的燃料。随着最近增加的炼油产能全面投入运营，预计在预测期内，炼油厂的加工量将增加 120 万桶/日，利用率将攀升近 6%。

（六）亚太地区炼油活动的差异巨大

经合组织亚太地区的炼油活动将下降，没有新建项目或扩建项目的宣布。预计该地区石油需求的减少将引发进一步的炼油能力停产，导致在预测期内油品产量下降约 20 万桶/日。预计到 2030 年，经合组织亚太地区炼油系统的利用率将下降约 2%，而产能将下降 12 万桶/日，降至 690 万桶/日。即使石油需求下降，经合组织亚太地区仍将是原油和成品油的净进口地，这将加剧亚洲各地对成品油日益增长的需求。值得注意的是，在预测期内，经合组织亚太地区预计将继续需要约 120 万桶/日的成品油进口。

（七）印度炼油能力将继续增长

印度炼油行业已确定的目标为：作为轻质和中间馏分油的可靠全球供应商，同时有效地满足国内的油品需求。预计到 2030 年，印度的炼油生产能力将持续增长，并有几次大规模的产能扩张。尽管面临来自中东海湾出口炼油厂的竞争以及脱碳业务的挑战，但印度运营商正准备保持其国际产品供应商的角色。印度炼油行业需要大量的投资，包括整合低碳氢和可再生能源等。

（八）中国炼油产能建设正在放缓

2030 年，预计中国炼油能力将增加 90 万桶/日，达 1900 万桶/日。不过，由于石化原料进口量激增，弥补了与预测需求增长 140 万桶/日之间的差距，预计原油加工量将滞后于这一增长，仅增加 40 万桶/日。石脑油和 LPG/乙烷进口量将增加 90 万桶/日，这是新增原料供应的主要来源。与此同时，随着中国电动汽车市场渗透率的提高和汽油需求的下降，运输燃料(尤其是汽油)的过剩将会加剧。

中国建设炼油厂的步伐正在放缓，宣布的关闭也影响了炼油产能的增长。2027 年开始，预测期内中国没有重大的新建炼油项目，年平均净增炼油能力约为 13 万桶/日，远低于过去十年年平均值 30 万桶/日的水平。

随着小型炼油厂的关闭，中国目前的闲置产能为 350 万桶/日。预计到 2030 年，中国炼油闲置产能将保持在目前的水平附近，几乎没有空间开展其他新炼油项目的建设。山东地区的独立炼油商已经感受到了压力，预计每天 37 万桶的独立炼油产能将被关闭。

三、全球石油贸易格局将改变

2024 年版《石油》报告指出，亚洲日益严重的结构性原油短缺，加上大西洋盆地日益增长的原油过剩，将决定本十年(2020—2030 年)末的全球石油贸易格局。

（一）更多大西洋盆地原油和成品油将运往亚洲

由于制裁，大多数大西洋盆地进口国将俄罗斯原油排除在外，这也将支持流向苏伊士运河以东的原油流量的增加。此外，中东含硫原油出口的减少部分，被巴西和圭亚那石油供应的增加所抵消。美国轻质页岩油，将增加对欧洲、西非和亚洲轻质低硫原油的供应，大西洋盆地原油在这些地区的市场份额将增加。在供应增加和需求增长放缓的推动下，全球原油平衡将从 2024 年的不足转为过剩，2030 年过剩将达 70 万桶/日。原油供应量超过了全球进口的需求，这为重建全球石油的库存提供了机会。

（二）美洲是世界重要的原油和成品油的输出地

美洲的原油和凝析油净出口量，预计将从 2023 年的 460 万桶/日增加到 2030 年的 800 万桶/日，增加 340 万桶/日。北美的贡献将是巨大的，预计到 2030 年，主要受美国和加拿大产量增加的推动，北美的出口量将增加到 360 万桶/日。美国炼油行业的复杂性和首选原油，意味着它在结构上仍然缺乏重质原油。不过，因为假设到 2030 年原油产量将增加 110 万桶/日，原油加工量将下降，到 2030 年美国原油的缺口将从 2023 年的 300 万桶/日缩小到略低于 100 万桶/日，这将推动更多的美国轻质低硫原油进入出口市场。不过，美国将面临来自中东地区的竞争，争夺苏伊士运河以东的市场份额。全球轻质石油产品和 LPG 市场预计将出现总体上的供应过剩，就像抢椅子游戏一样，有人将不可避免地留下过剩的产品。

（三）欧洲原油进口量和俄罗斯等国家的原油、成品油出口均下降

欧洲的原油缺口预计将从 2023 年的 920 万桶/日缩小到 2030 年的 850 万

桶/日，炼油厂产量的下降(-110 万桶/日)超过了原油产量的下降(-35 万桶/日)。考虑到俄罗斯原油进口禁令仍然可能会存在，欧洲炼油厂将继续需要吸引北美和非洲的原油，以填补与产量相比的缺口。在本十年(2020—2030 年)的剩余时间里，俄罗斯等国家和地区将保持石油净出口的地位。原油净出口量，将从 2023 年的 670 万桶/日下降到 2030 年的 630 万桶/日，主要原因是“欧佩克+”继续减产将影响原油出口数量。由于西方的制裁，俄罗斯主要的含硫原油在大西洋盆地的出口市场数量有限，但在亚洲获得了新的市场，主要是印度和中国。另一个拖累俄罗斯原油出口的因素是，假设 2025 年后炼厂恢复正常的开工率，俄罗斯国内炼油厂的开工率将增加。因此，到 2030 年，俄罗斯的原油剩余量预计将从 2023 年的 510 万桶/日降至 470 万桶/日。

（四）非洲的原油出口将出现下降

随着上游产量的下降，2030 年，预计北非的原油净出口量将减少 14 万桶/日至 160 万桶/日。目前，欧洲加工了该地区大部分过剩的轻质低硫原油，但非洲的原油生产面临来自美洲的激烈竞争，而且北非地区的一些原油可能会流向苏伊士运河以东的市场。随着丹格特炼油厂达到满负荷生产，西非的原油净出口将在未来几年萎缩。不过，问题仍然是尼日利亚是否会将国内生产的原油转移到该炼厂，或者该国是否会选择进口越来越多的美国轻质低硫原油或俄罗斯乌拉尔原油。

（五）苏伊士运河以东原油和成品油的进口将增加

2030 年，预计苏伊士运河以东地区，将占到全球石油需求增长以及炼油产能增长的绝大多数。因此，苏伊士运河以东的原油缺口预计将从 2023 年的 490 万桶/日增长到 2030 年的 770 万桶/日，它将通过增加来自大西洋盆地的原油供应来满足需要，包括来自俄罗斯的原油供应。

中国是亚洲原油供应缺口最大的国家，预计到 2030 年，中国的原油缺口将达到 1170 万桶/日，比 2023 年增加近 70 万桶/日。

2024—2030 年，全球宣布关闭的炼油产能低于历史平均水平，未来几年可能会宣布关闭更多的炼油产能。

附　　件

附件 1　2024 年中国油气产业发展大事记

2024 年 1 月

1 月 3 日，中国石油西南油气田公司宁 209H73-6 井钻井日进尺超过 1 英里，首次实现“日进英里”，中国页岩气钻井速度达到国际先进水平。

1 月 3 日，“中国石化重庆南川深层薄煤层煤层气勘探开发示范项目”入选国家能源局首批煤层气示范项目。

1 月 3 日，中国石油西南油气田公司天然气研究院获批成为全国首批 38 家国家标准验证点之一，专司天然气领域，为石油天然气行业唯一获此认证的单位。

1 月 7 日，国家管网集团西气东输四线天然气管道工程吐鲁番—中卫段全线主体线路已焊接完工。

1 月 9 日，全球规模最大的乙醇生产装置在安徽淮北启动试生产。该装置每年可产出无水乙醇 60 万吨，开创了一条煤炭清洁高效利用的新路线。

1 月 9 日，中国石化在重庆市梁平区的兴页 9 井试获高产页岩油气流，日产油 108.15 立方米、气 1.58 万立方米，由此发现了四川盆地新的亿吨级原油资源。

1 月 10 日，全球首套 175 兆帕压裂装备在中国石化重点探井綦页深 1 井成功应用，顺利完成该井第一阶段前 7 段压裂施工。

1 月 12 日，国家能源集团宁夏的 300 万吨/年碳捕集利用与封存项目在宁东基地的碳源捕集一期二氧化碳球罐土建工程完工，成为国内最大的在建 CCUS 示范项目。

1 月 22 日，全国温室气体自愿减排交易（CCER）市场启动，中国海油达成首单 25 万吨 CCER 交易，占比 60%以上，有效盘活碳资产。

1 月 22 日，中国石油公司通过自主研发的“X80D1219 毫米热煨弯管与直管全自动焊接技术”，成功解决世界级山地施工难题，取得全自动焊技术新突破。

1月24日，全国最大全液冷超快充站——中国石化北京石油小武基充电站投入运营。这是目前配备全液冷超快充充电桩数量最多的充电站，可同时满足70辆新能源车的充电需求。

1月24日，由中国船舶集团有限公司旗下沪东中华造船(集团)有限公司自主研发的全球首款、中国首制江海直达型14000立方米LNG加注运输船顺利出坞，标志着“气化长江”工程进入新阶段。

1月25日，中国海油宣布，惠州26-6油气田探明地质储量为5000万立方米油当量，标志着珠江口盆地再次实现重大油气突破，这是该区域自营勘探发现的最大油田。

1月25日，亚洲首座油气处理与岸电设备共建平台——中国海油埕北油田CEPC平台(中心平台)投入生产，开创了油气生产与岸电供应的共建新模式。

1月25日，国务院总理李强签署第775号国务院令，发布《碳排放权交易管理暂行条例》，自2024年5月1日起施行。

2024年2月

2月6日，中国首套自主研发的海底注水树在湛江海域投用，标志着中国海洋石油工业在老油田提质增效方面取得新进展。

2月25日，中国海油渤中26-6油田新增油气探明储量超4000万立方米，累计突破2亿立方米，成为全球最大变质岩油田。

2月29日，由国家发展改革委、工业和信息化部、自然资源部、生态环境部等多部门联合印发的《绿色低碳转型产业指导目录(2024年版)》正式发布。

2024年3月

3月4日，中国首口设计深度超过万米的科学探索井——中国石油塔里木油田深地塔科1井钻探深度突破10000米，成为亚洲首口超万米垂直井，显示中国深地油气钻探技术达到国际先进水平。

3月6日，全球首艘压缩天然气（CNG）运输船在中集太平洋海工船厂隆重交付命名，标志着这一项目的成功完成。交船仪式邀请了中集安瑞科控股、印尼业主、美国ABS等相关领导和代表共同见证。

3月6日，中国海油2项油气技术在2024年国际海洋石油技术会议上斩获国际大奖，这是中国油气技术首次获得该殊荣。

3月8日，中国海油在南海珠江口盆地发现中国首个深水深层大油田——开平南油田，探明油气地质储量1.02亿吨油当量。

3月12日，中国石化在四川盆地的第三个千亿立方米海相大气田——川西气田全面建成投产。

3月13日，中国航天科技集团六院101所攻克重型车辆液氢储供技术，完成7项技术突破，实现电动重卡动力续航问题解决。

3月16日，中国石油第一个规模化可再生能源制氢项目一期工程在玉门油田成功投产，所制氢气纯度达99.99%。

3月18日，中国渤海中北部海域再获亿吨级大发现——秦皇岛27-3油田，探明石油地质储量1.04亿吨，距上次重大发现已过去10年。

3月19日，中国石化联合国内多家氢能企业发布国内首个《制氢加氢一体站技术指南》团体标准，推动制氢加氢一体站系统化、标准化建设，助力氢能产业链高质量发展。

3月22日，中国国家能源局对外发布《2024年能源工作指导意见》。

3月25日，三一集团建成了中国最大的绿电制氢加氢一体站，该站完成氢能源重卡加氢测试，核心设备自主研发，每日制氢加氢量超2吨。

3月25日，中国海油在渤海超5000米深处发现的高产油气井，测试日产油气当量近1400立方米，创下海上深层油气探井日产新高。

2024年4月

4月2日，中国石化全球首套新工艺环己酮装置在湖南石化实现满负荷生产，日产优质环己酮超过600吨，最高日产量超过640吨，负荷达105%。

4月5日，德国巴斯夫与中国新奥集团达成15年天然气供应协议，新奥将向巴斯夫在广东湛江的化工厂供应燃料。

4 月 8 日，中国石化公司部署在海南的福深热 1 井顺利完钻，井深 5200 米，创中国最深地热科探井纪录。

4 月 10 日，中国人民银行联合国家发展改革委、工业和信息化部、财政部、生态环境部、金融监管总局和中国证监会印发《关于进一步强化金融支持绿色低碳发展的指导意见》，明确加大资本市场对绿色低碳的支持力度。

4 月 10 日，上海港完成中国首单大型绿色甲醇双燃料动力集装箱船舶“船—船”同步加注业务，甲醇燃料加注船“海港致远”轮为“阿斯特丽德马士基”轮成功加注 504 吨绿色甲醇，同时实现集装箱装卸。

4 月 10 日，中国石化华东油气分公司常压页岩气隆页 6-1HF 井顺利完成 20 段分段储层改造，创国内油气井储层改造最高排量施工纪录。

4 月 13 日，中国海油宣布，中国首口自主设计实施的超深大位移井——恩平 21-4 油田 A1H 井在珠江口盆地海域顺利投产，测试日产原油超 700 吨。该井钻井深度 9508 米，刷新 4 项全国纪录。

4 月 22 日，中国船舶集团有限公司旗下江南造船建造的世界最大舱容的 99000 立方米乙烷双燃料运输船（VLEC）系列船首制船（H2781 船）“GAS CHANGJIANG”号在上海交付。

4 月 18 日，由中国石油企业协会、对外经济贸易大学中国国际碳中和经济研究院和对外经济贸易大学一带一路能源贸易与发展研究中心、中国石油大学（北京）经济管理学院、西南石油大学中国能源指数研究中心联合编撰的《中国油气产业发展分析与展望报告蓝皮书（2023—2024）》《中国低碳经济发展报告蓝皮书（2023—2024）》《成品油与新能源发展报告蓝皮书（2023—2024）》《中国天然气行业年度运行报告蓝皮书（2023—2024）》在京正式向社会发布。

4 月 24 日，中国海油全球最大变质岩油田——渤海油田渤中 26-6 凝析油田一期开发项目正式开钻。

4 月 26 日，由中国海油自主设计建造的亚洲首艘圆筒型浮式生产储卸油装置（FPSO）——“海葵一号”在山东青岛完工交付，标志着中国深水油气装备自主设计建造关键技术取得重大突破。

4 月 29 日，中国船舶集团与卡塔尔能源公司在北京签署协议，将建造 18

艘 27.1 万立方米 LNG 运输船，创全球最大单笔造船订单纪录。

2024 年 5 月

5 月 1 日，中国应对气候变化的首部法规——《碳排放权交易管理暂行条例》正式实施，确立了碳排放权市场交易制度。

5 月 3 日，国家管网集团中俄东线天然气管道关键工程——长江盾构穿越工程完成管道敷设，主体工程完工。

5 月 8 日，由重庆气体压缩机厂有限责任公司研发的全球首台套 70 兆帕、20 万米^3/日高压大流量天然气压缩机成功投产，是目前全球压力最高、单机流量最大的撬装增压机组。

5 月 9 日，总投资约 90 亿元的全国最大海上光伏项目——中核田湾 200 万千瓦滩涂光伏示范项目取得国务院批复落地连云港。

5 月 14 日，国家管网集团西气东输二三线首站——霍尔果斯压气首站已累计接收输送天然气突破 5000 亿立方米大关。

5 月 15 日，中国最大规模 LNG 运输船建造项目——中国海油 LNG 运输船项目首制船“绿能瀛”号在上海市长兴岛成功交付，标志着中国新建大型 LNG 运输船取得新进展。

5 月 16 日，中国首座盐穴储气库——国家管网集团金坛储气库日采气能力创历史新高，达 2700 万立方米，年工作气量突破 10 亿立方米，达 10.54 亿立方米。

5 月 21 日，从中国中化控股有限责任公司全球最大单套年产 100 万吨丙烷脱氢(PDH)项目在福建福清正式投产。

5 月 25 日，湖南石化全球单套产能最大己内酰胺生产研发基地全线开车，其中酯化法环己酮装置 B 线一次成功，每小时供应 20 吨优质环己酮，全部 17 套主生产装置均成功启动。

5 月 29 日，国务院印发《2024—2025 年节能降碳行动方案》，对推动完成“十四五”节能降碳目标作出重要部署。

5 月 29 日，中国自主设计建造的亚洲首艘圆筒型“海上油气加工厂”——“海葵一号”运抵珠江口盆地的流花油田海域。

2024 年 6 月

6 月 7 日，国家发展改革委等五部门发布《炼油行业节能降碳专项行动计划》，明确 2025 年和 2030 年的节能降碳目标，并部署重点任务和政策保障措施。

6 月 7 日，中国石油华北油田公司苏桥储气库两台单机功率 3 兆瓦的天然气压差发电机组投运，标志着国内首台(套)兆瓦级天然气压差发电项目投运成功。

6 月 18 日，中国石油世界首座电热熔盐储能注汽试验站在辽宁省盘锦市的辽河油田正式启用，标志着我国在电热熔盐新型储能注汽技术上取得了突破。

6 月 20 日，由中国海油自主研发的首个海洋油气完井工具“智慧工厂”在天津投产，标志着中国高端海洋完井工具制造产业全面走向智能化。

6 月 20 日，在位于甘肃庆阳的国内 200 万吨页岩油开发示范基地——庆城油田，国内首个水力压裂试验场顺利完成 2 口检查井现场取芯工作，这标志着我国首个页岩油水力压裂试验场正式建成。

6 月 23 日，中国海上最大自营油田——中国海油绥中 36-1 油田累计生产原油突破 1 亿吨，成为中国首个生产原油超 1 亿吨的海上油田。

6 月 30 日，由中国自主设计建造的全球单罐容量最大的 LNG 储罐群——中国海油盐城“绿能港”项目 6 座 27 万立方米 LNG 储罐全部建设完工。

2024 年 7 月

7 月 1 日，中国海上首个全方位绿色设计油田——乌石 23-5 油田群开发项目投产，产量可观。

7 月 5 日，由中国石油华北油田自主研发的“储热+光热一体化应用装置”在二连油田哈 18-20X 井成功实施，标志着中国首个石油与天然气行业混凝土储热技术成功应用。

7 月 11 日，中国渤海首口超深井——中国海油渤中 19-6 凝析气田 D1 井日产油当量超过 1000 立方米。

7 月 19 日，中国船舶集团旗下沪东中华造船公司自主研发、设计并建造的全球首款、中国首制江海直达型14000立方米LNG加注运输船“淮河能源启航”号在上海提前两个月交付，标志着“气化长江”工程取得重要进展。

7月20日，中国海上首个热采油田——中国海油天津分公司南堡35-2油田首批过热蒸汽吞吐调整井全面投产。

2024年8月

8月7日，中国海油在南海莺琼盆地成功探获全球首个超深水超浅层大气田——陵水36-1，探明地质储量超千亿立方米。

8月12日，中国建造重量最大的国际海洋油气平台——马赞油气集输平台在山东青岛完工交付，标志着中国大型海洋油气装备建造技术获得突破。

8月14日，中国石油塔里木油田成功建成中国首个百万吨级零化石能源消耗的油田——哈得逊油田，五次刷新中国超深井钻井纪录。

8月15日，中国石油大港油田在赵东油田以2645米刷新国内侧钻井尾管最长纪录，成功完成下尾管和固井作业。

8月23日，中国首个海洋油气装备制造“智能工厂”——海油工程天津智能制造基地二期工程主体结构建造完工。

8月23日，中国首个海上采油平台5.5G站点——中国石化胜利油田三号海上采油平台5.5G站点开通。

8月30日，中国自主设计建造的全球单罐容量最大的LNG储罐群——中国海油金湾“绿能港”二期项目建造完工。

2024年9月

9月3日，中国最大油气田——中国石油长庆油田累计生产油气当量历史性突破10亿吨。

9月4日，中国海油气电集团在欧洲启动了国际首例长距离跨洋液氢运输示范工程。

9月9日，中国海油所属中国首个在海上的二氧化碳封存项目，埋藏的二氧化碳已经突破了5000万立方米。

9月10日，中国海油在珠江口盆地荔湾4-1构造超深水海域钻获一口天然气井，日产43万立方米，首次在超深水碳酸盐岩领域取得重大突破。

9月17日，中国海油“海葵一号”和“海基二号”完工验收，中国首个深水油田二次开发项目建成，深水油气装备自主建设能力实现突破。

9月18日，全国首个百万吨级CCUS示范工程（齐鲁石化—胜利油田CCUS工程）顺利完成100万吨二氧化碳注入。

9月19日，全球最大、国内首艘采用LNG双燃料动力15000方耙吸式挖泥船“新海鲟”轮交船仪式在江苏启东举行。

9月19日，中国首个深水油田二次开发项目——中国海油流花11-1/4-1油田二次开发项目正式投产，标志我国深水油田开发模式创新，深水油气装备能力达到世界一流水平。

9月24日，由中海油能源发展股份有限公司工程技术分公司研发建造的全球首座移动式注热平台“热采一号”在山东威海出坞下水，中国海上稠油热采关键核心技术取得重大突破。

9月27日，中国首个深水高压气田中国海油陵水25-1暨“深海一号”二期建成投产，深水油气开发能力达到世界先进水平。

9月29日，国家“十四五”石油天然气发展规划重点项目——西气东输四线（吐鲁番—中卫）新疆段建成投产，助力区域能源结构优化和绿色低碳转型。

2024年10月

10月10日，国内首个针对油气田微电网系统的团体标准——《温室气体·产品碳足迹量化方法与要求·油气田微电网系统》发布，成功填补了该领域的空白。

10月12日，理想汽车与中国石化正式达成充电业务战略合作，标志着双方在新能源汽车充电领域的合作全面开启。

10月17日，中国海洋石油有限公司旗下全资子公司CNOOC Petroleum Brasil Ltda与巴西国家石油管理局及佩罗塔斯盆地的合作伙伴就4个巴西海上勘探区块分别签订了矿税制石油合同。

10月19日，中国中东部地区最大地下储气库——国家管网储能技术公司文23储气库全面停注，本轮注气总量达26.5亿立方米，提前超额完成2024

年注气目标任务，为天然气调峰保供储足了“底气”。

10月22日，中国海油西江30-2油田西江30-1区开发项目提前65天投产，这是中国南海2024年投产油田中产能最高的项目。

10月23日，国家“十四五”石油天然气发展规划重点项目——国家管网集团西气东输四线吐鲁番到哈密段建成投产，全长583千米，这也是西气东输四线投产的首段工程。

10月23日，第三届“一带一路”能源部长会议于青岛举行，会议主题为“携手共创绿色能源发展新未来”。

10月30日，中国海油旗下全资子公司CNOOC Africa Holding Ltd. 与伊拉克中部石油公司就陆上的伊拉克7区块签署石油勘探开发与生产合同。

10月30日，上海石油天然气交易中心正式启动华东地区柴油挂牌交易，包括自定义交货期及交货地挂牌（现货挂牌）和固定交货期及交货地挂牌（预售挂牌），首日成交240吨（双边）。

10月30日，国家发展改革委、工业和信息化部、住房城乡建设部、交通运输部、国家能源局、国家数据局发布《关于大力实施可再生能源替代行动的指导意见》（发改能源〔2024〕1537号）。

10月31日，由中国自主研发建造的全球首座移动式注热平台“热采一号”在山东威海交付，填补了中国海上稠油热采移动装备领域的空白。

2024年11月

11月8日，第十四届全国人民代表大会常务委员会第十二次会议表决通过《中华人民共和国能源法》。这部法律共9章，主要内容包括总则、能源规划、能源开发利用、能源市场体系、能源储备和应急、能源科技创新、监督管理、法律责任、附则等，自2025年1月1日起施行。

11月14日，全球最大变质岩油田中国海油渤中26-6油田一期开发项目中心平台组块成功装船，标志着该油田一期项目实现陆地建造完工。

11月15日，中国海油自主研制的1.25级和2.0级深水钻井隔水管在珠江口盆地首次完成实井海试，并通过射线探伤等深度检验。

11月20日，中国最大采油厂——中国海油渤海油田辽东作业公司年产油气当量突破1000万吨，已连续15年实现1000万吨以上高产目标。

11月21日，中国首艘集成式大型压裂船完成龙骨铺设，全面进入加速建造阶段。

11月26日，中国首座海上储气库——中国石油冀东油田分公司南堡1号储气库正式投产。

11月26日，中国首个年产突破百万吨的国家级陆相页岩油示范区——吉木萨尔国家级陆相页岩油示范区2024年累计页岩油产量突破100万吨。

11月27日，天津石化首次成功生产国内熔融指数最高的聚乙烯新产品PE-L H2799D，填补了国内空白，推动了聚烯烃产品的高端化和差异化发展。

11月28日，全球最大变质岩油田中国海油天津分公司渤中26-6油田一期开发项目中心平台在渤海南部海域完成浮托安装，项目建设取得重大进展。

11月30日，以国家能源集团煤基航天煤油为主动力燃料的长征十二号运载火箭在海南文昌航天发射场成功首飞。

2024年12月

12月2日，中国单管输气量最大的天然气管道——国家管网集团中俄东线天然气管道全线贯通，年输气能力增至380亿立方米，达到最高水平。

12月2日，中国最大规模海上油田群岸电工程项目——渤海油田岸电应用工程全面竣工。

12月3日，中国海上首个多层稠油热采开发项目——中国海油天津分公司锦州23-2油田开发项目顺利投产，标志着中国海上稠油进入规模化热采开发新阶段。

12月5日，中国石油获评全国首批“企业文化建设与管理5A级企业”，综合排名位居30家获此殊荣企业的前列。

12月10日，由中国海油自主设计建造的全球首座移动式注热平台“热采一号”在旅大5-2油田CEPC平台投入使用。

12月10日，中国石油首个水面光伏项目——大庆油田星火水面光伏示范工程日均发电量达7.7万千瓦·时，自2022年并网发电以来，累计发电超6600万千瓦·时。

附件 2　2024 年国内外油气产业相关数据

附表 1　2024 年中国全年石油石化主要产品产量　　万吨、亿立方米

名称＼月份	1—2	3	4	5	6	7	8	9	10	11	12	合计	同比增长/%
原油	3511. 0	1837. 0	1747. 0	1815. 0	1795. 0	1790. 0	1783. 0	1707. 0	1777. 0	1725. 0	1790. 0	21277. 0	1. 8
天然气	417. 0	216. 0	198. 0	203. 0	202. 0	200. 0	200. 0	193. 0	208. 0	207. 0	218. 0	2462. 0	6. 2
成品油	7028. 9	3807. 4	3528. 5	3607. 2	3494. 9	3502. 0	3506. 4	3529. 9	3535. 5	3389. 7	3387. 9	42318. 3	0. 3
汽油	2749. 6	1429. 1	1332. 3	1382. 4	1370. 2	1393. 9	1371. 4	1349. 4	1323. 7	1209. 5	1234. 0	16145. 5	1. 6
煤油	947. 9	509. 4	469. 2	489. 9	468. 1	487. 5	502. 0	490. 0	449. 9	433. 2	390. 1	5637. 2	14. 9
柴油	3331. 4	1868. 9	1727. 0	1734. 9	1656. 6	1620. 6	1633. 0	1690. 5	1761. 9	1747. 0	1763. 8	20535. 6	−4. 0
燃料油	818. 1	402. 0	346. 4	323. 4	361. 4	357. 7	369. 4	366. 0	329. 9	328. 9	366. 5	4369. 7	−18. 4
石脑油	1338. 4	680. 2	652. 8	632. 1	624. 6	668. 8	676. 1	663. 2	702. 4	687. 9	714. 4	8040. 9	3. 6
液化石油气	912. 7	466. 7	408. 2	457. 0	457. 8	451. 9	453. 3	449. 4	457. 0	441. 9	469. 3	5425. 2	5. 0
石油焦	565. 5	284. 6	269. 6	270. 6	261. 9	271. 5	272. 3	270. 3	271. 7	267. 8	272. 9	3278. 7	−1. 7
石油沥青	515. 8	283. 1	273. 8	301. 6	279. 9	275. 2	279. 0	289. 4	308. 5	326. 9	318. 0	3451. 2	−8. 2

数据来源：中国石油和化学工业联合会。

附表2　2024年国内主要汽柴油月平均价格　元/吨

时间	89#无铅汽油	92#无铅汽油	95#无铅汽油	0#柴油	-10#柴油	180CST燃料油	LNG
2024年1月	9584	9698	10130	8554	8682	4670	5070
2024年2月	9759	9874	10317	8729	8859	4850	4330
2024年3月	9884	9998	10449	8849	8980	4890	4030
2024年4月	10055	10171	10627	9013	9147	5010	3980
2024年5月	9799	9912	10359	8767	8895	5020	4380
2024年6月	9790	9903	10349	8758	8886	4910	4280
2024年7月	10055	10170	10603	9010	9141	4850	4380
2024年8月	9812	9939	10382	8778	8912	4790	4730
2024年9月	9377	9481	9904	8358	8468	4850	5130
2024年10月	9380	9493	9919	8360	8483	4810	4770
2024年11月	9280	9394	9815	8263	8388	4760	4250
2024年12月	9280	9394	9815	8263	8388	4850	4410
年均价	9671	9785	10223	8642	8769	4855	4478
比上年增长/%	-1. 1	-1. 8	-1. 9	-1. 2	-2. 1	-1. 2	-4. 5

数据来源：中国石油和化学工业联合会。

附表3　2024年国际原油现货市场月平均价格　美元/桶

时间	西德克萨斯中质油(WTI)	布伦特	迪拜	辛塔	大庆	胜利
2024年1月	73. 93	80. 32	78. 85	62. 50	77. 56	80. 21
2024年2月	76. 77	83. 93	80. 88	65. 90	80. 20	82. 88
2024年3月	80. 49	85. 49	84. 15	69. 60	83. 36	86. 22
2024年4月	84. 59	90. 15	89. 24	75. 23	87. 63	90. 23
2024年5月	78. 71	82. 05	84. 04	68. 16	82. 26	84. 28
2024年6月	78. 88	82. 61	82. 54	65. 31	81. 70	82. 75
2024年7月	80. 29	85. 48	83. 88	81. 53	84. 28	83. 38
2024年8月	75. 39	80. 26	77. 62	76. 90	79. 51	78. 41
2024年9月	69. 49	74. 33	73. 53	76. 71	73. 94	73. 66
2024年10月	71. 61	75. 66	74. 94	72. 48	75. 63	76. 27
2024年11月	69. 64	74. 47	72. 62	70. 06	74. 42	75. 12
2024年12月	70. 00	73. 93	73. 11	69. 77	72. 92	72. 61
年均价	75. 82	80. 72	79. 62	71. 18	79. 45	80. 50
比上年增长/%	-2. 41	-2. 23	-3. 03	11. 52	0. 39	-2. 02

数据来源：中国石油和化学工业联合会。

附表 4　2024 年国际市场主要油品月平均现货价格

普氏现货报价，单位：美元/桶

时间	95#无铅汽油	柴油	航空煤油	石脑油	燃料油(180)*	燃料油(380)*
2024 年 1 月	96.00	102.85	101.52	72.46	543.58	432.31
2024 年 2 月	100.18	106.54	103.31	71.83	466.11	424.93
2024 年 3 月	101.46	103.88	102.49	75.86	641.53	459.65
2024 年 4 月	106.49	104.72	102.72	75.04	648.62	494.04
2024 年 5 月	95.52	97.34	95.44	71.56	621.03	492.13
2024 年 6 月	93.10	98.10	97.34	71.83	602.23	486.09
2024 年 7 月	96.56	99.32	98.38	74.41	624.54	492.39
2024 年 8 月	88.96	92.23	91.49	72.36	611.09	444.05
2024 年 9 月	82.68	84.35	84.48	69.99	599.57	401.57
2024 年 10 月	85.95	87.94	87.93	72.95	596.33	431.56
2024 年 11 月	84.53	89.25	89.42	69.70	573.81	426.97
2024 年 12 月	84.66	88.92	87.82	69.04	550.80	430.84
年均价	93.01	96.29	95.20	72.25	589.93	451.38
比上年增长/%	-5.85	-9.53	-8.98	4.53	-4.25	1.14

注：* 表示油价的单位为：美元/吨。

数据来源：中国石油和化学工业联合会。

附表 5　2024 年北美市场天然气 NGI 现货月平均价格

美元/百万英热单位

时间	路易斯安那州亨利	纽约	芝加哥	NGI 均值
2024 年 1 月	3.26	5.46	3.69	4.95
2024 年 2 月	1.73	1.70	1.56	2.42
2024 年 3 月	1.49	1.46	1.42	1.82
2024 年 4 月	1.59	1.47	1.44	1.64
2024 年 5 月	2.13	1.57	1.68	1.62
2024 年 6 月	2.52	1.72	1.92	1.92
2024 年 7 月	2.07	1.62	1.76	2.55
2024 年 8 月	1.98	1.50	1.71	2.01
2024 年 9 月	2.26	1.57	2.00	2.16
2024 年 10 月	2.11	1.66	2.00	2.88
2024 年 11 月	2.10	2.02	2.00	2.62
2024 年 12 月	3.02	3.56	2.79	3.09
年均价	2.19	2.11	2.00	2.47

数据来源：中国石油和化学工业联合会。

附表6　2010—2023年全球主要国家和地区的石油产量

百万吨

地区＼年份	2010	2011	2012	2013	2014	2015	2016	2017	2018	2019	2020	2021	2022	2023
沙特阿拉伯王国	463.3	522.7	549.2	538.4	543.8	568.0	586.7	559.3	576.8	556.6	519.6	515.0	574.2	531.7
俄罗斯	512.3	519.5	526.7	532.2	537.4	544.6	558.5	558.5	567.9	573.4	524.4	538.8	548.5	541.7
美国	333.1	346.4	395.3	448.6	524.6	567.0	542.7	574.2	669.6	751.0	713.3	715.9	762.1	827.1
中国	203.0	202.9	207.5	210.0	211.4	214.6	199.7	191.5	189.3	191.6	194.8	198.9	204.7	209.0
加拿大	160.6	170.1	182.9	195.4	209.8	216.1	218.8	236.6	257.7	263.5	252.0	266.6	273.9	277.9
伊朗	212.0	212.5	180.5	169.7	174.0	180.2	216.1	234.5	222.6	161.7	147.7	172.2	180.2	214.3
阿拉伯联合酋长国	134.2	149.4	154.9	161.6	162.9	175.1	181.6	174.9	176.0	179.9	165.9	163.4	181.1	176.1
伊拉克	120.8	135.8	151.3	151.9	158.8	195.6	217.6	222.4	227.0	234.2	202.0	200.8	221.3	213.0
科威特	123.4	140.9	154.0	151.4	150.2	148.2	152.7	145.0	146.8	143.4	131.2	130.0	145.9	139.8
委内瑞拉	145.8	141.5	139.3	137.8	138.5	147.6	132.6	113.2	84.3	53.4	34.6	34.5	37.5	43.7
墨西哥	145.6	144.5	143.9	141.8	137.1	127.5	121.4	109.5	102.3	94.9	95.1	96.4	97.6	102.5
经济合作组织（OECD）	899.7	907.1	954.3	1008.5	1095.4	1140.5	1106.6	1138.3	1246.9	1328.4	1282.6	1290.6	1335.7	1411.2
石油输出国组织（欧佩克）	1611.1	1640.5	1711.1	1655.8	1650.7	1731.1	1785.4	1769.0	1758.8	1657.0	1468.0	1501.5	1611.8	1597.8
非石油输出国组织（NON-欧佩克）	2367.5	2368.8	2409.7	2470.2	2572.0	2632.8	2595.3	2618.0	2731.4	2830.5	2720.3	2736.4	2812.3	2916.3
欧盟	30.5	29.2	28.0	27.3	27.1	26.1	23.0	22.6	21.9	20.2	19.2	18.0	16.8	16.0
全球总计	3978.6	4009.3	4120.9	4126.0	4222.7	4363.9	4380.7	4387.0	4490.2	4487.4	4188.2	4237.9	4424.1	4514.1

数据来源：2024年能源研究院（Energy Institute，EI）世界能源统计年鉴。

附表 7　2010—2023 年全球主要国家和地区的石油消费量

千桶/天

地区 \ 年份	2010	2011	2012	2013	2014	2015	2016	2017	2018	2019	2020	2021	2022	2023
美国	18322	17993	17581	17992	18111	18499	18593	18845	19417	19424	17183	18785	18862	18984
中国	9307	9630	10061	10563	11018	11890	12297	13003	13641	14316	14404	14888	14970	16577
日本	4555	4537	4780	4605	4379	4235	4103	4084	3939	3846	3412	3485	3504	3366
印度	3337	3503	3702	3743	3865	4181	4574	4754	5004	5179	4738	4841	5209	5446
俄罗斯	2879	3094	3184	3218	3365	3277	3328	3334	3360	3425	3304	3523	3615	3635
巴西	2346	2441	2579	2651	2747	2583	2453	2485	2368	2361	2218	2394	2512	2567
沙特阿拉伯王国	3169	3296	3467	3468	3789	3964	4100	4052	3871	3632	3437	3600	3854	4052
德国	2373	2294	2276	2336	2273	2269	2310	2372	2247	2270	2047	2038	2072	1955
韩国	2357	2383	2461	2466	2458	2568	2793	2791	2783	2768	2630	2816	2856	2797
加拿大	2382	2395	2420	2413	2408	2431	2439	2408	2476	2486	2121	2219	2312	2351
经济合作组织（OECD）	46064	45411	44976	45024	44623	45296	45849	46456	46759	46475	40887	43807	44770	44731
非经济合作组织（NON-OECD）	40758	42164	43791	45077	46271	47471	48832	50267	51205	51748	48561	50925	52913	55489
欧盟	11990	11623	11140	10961	10771	10982	11135	11439	11356	11318	9855	10390	10687	10488
全球总计	86822	87576	88768	90101	90893	92767	94680	96723	97964	98223	89448	94732	97683	100221

数据来源：2024 年能源研究院（Energy Institute，EI）世界能源统计年鉴。

附表 8　2010—2023 年全球主要国家和地区的炼油能力

千桶/日

地区 \ 年份	2010	2011	2012	2013	2014	2015	2016	2017	2018	2019	2020	2021	2022	2023
美国	17736	17367	17823	17925	17967	18317	18617	18598	18808	18974	18143	17941	18061	18429
中国	12323	13015	13681	14503	15253	15024	14895	15231	15655	16199	16691	16990	17259	18484
俄罗斯	5527	5673	5767	6229	6366	6472	6543	6545	6551	6676	6736	6861	6821	6781
印度	3703	3795	4279	4319	4319	4307	4620	4699	4972	4994	5018	5018	5045	5085
日本	4291	4274	4254	4123	3749	3721	3600	3343	3343	3343	3285	3285	3164	3069
韩国	2774	2864	2878	2878	3123	3128	3259	3298	3346	3393	3572	3572	3363	3363
沙特阿拉伯王国	2109	2107	2107	2507	2899	2899	2901	2826	2835	2905	2905	2905	3312	3289
巴西	1992	2014	2004	2097	2238	2281	2289	2285	2285	2290	2290	2303	2304	2290
德国	2091	2077	2097	2061	2077	2049	2051	2069	2062	2062	2062	2121	2121	2076
意大利	2396	2276	2098	1861	1900	1900	1900	1900	1900	1900	1900	1900	1794	1794
经济合作组织（OECD）	45680	45552	45376	44881	44485	44771	44853	44684	45154	45503	44781	43730	43416	43654
非经济合作组织（NON-OECD）	48461	49499	50045	51800	53254	53396	53835	54280	55194	56468	57551	58182	58486	59844
欧盟	13544	13432	13143	12777	12824	12871	12761	12757	12735	12748	12656	12310	12210	12154
全球总计	94141	95051	95421	96681	97739	98167	98689	98965	100348	101971	102331	101912	101902	103498

数据来源：2024 年能源研究院（Energy Institute，EI）世界能源统计年鉴。

附表 9　2010—2023 年全球主要国家和地区的天然气产量

十亿立方米

年份 / 地区	2010	2011	2012	2013	2014	2015	2016	2017	2018	2019	2020	2021	2022	2023
美国	575. 2	617. 4	649. 1	655. 7	704. 7	740. 3	727. 4	746. 2	840. 9	928. 1	915. 9	934. 2	978. 6	1035. 3
俄罗斯	598. 4	616. 8	601. 9	614. 5	591. 2	584. 4	589. 3	635. 6	669. 1	679. 0	637. 3	701. 7	618. 4	586. 4
卡塔尔	123. 1	150. 4	162. 5	167. 9	169. 4	175. 9	174. 8	170. 5	175. 2	177. 2	174. 9	177. 0	178. 4	181. 0
伊朗	143. 9	151. 0	156. 9	157. 5	175. 5	183. 5	199. 3	213. 9	224. 9	232. 9	249. 5	256. 7	259. 4	251. 7
加拿大	149. 6	151. 1	150. 3	151. 9	159. 0	160. 8	165. 1	171. 3	176. 8	169. 8	165. 7	172. 3	185. 0	190. 3
中国	96. 5	106. 2	111. 5	121. 8	131. 2	135. 7	137. 9	149. 2	161. 4	176. 7	194. 0	209. 2	221. 8	234. 3
挪威	106. 2	100. 5	113. 9	107. 9	107. 5	116. 1	115. 9	123. 7	121. 3	114. 3	111. 5	114. 3	122. 8	116. 6
沙特阿拉伯王国	83. 3	87. 6	94. 4	95. 0	97. 3	99. 2	105. 3	109. 3	112. 1	111. 2	113. 1	117. 3	120. 4	114. 1
阿尔及利亚	77. 4	79. 6	78. 4	79. 3	80. 2	81. 4	91. 4	93. 0	93. 8	87. 0	81. 5	100. 8	98. 2	101. 5
印度尼西亚	87. 0	82. 7	78. 3	77. 6	76. 4	76. 2	75. 1	72. 7	72. 8	67. 6	59. 5	59. 3	57. 7	64. 3
经济合作组织（OECD）	1130. 9	1151. 0	1187. 0	1196. 5	1242. 1	1281. 0	1289. 8	1328. 0	1431. 7	1511. 6	1483. 5	1503. 0	1589. 1	1632. 5
非经济合作组织（NON-OECD）	2019. 3	2106. 3	2139. 1	2168. 9	2191. 2	2230. 1	2255. 0	2345. 5	2420. 0	2456. 1	2378. 0	2533. 8	2454. 7	2426. 8
欧盟	125. 6	117. 5	113. 9	113. 9	99. 9	84. 3	82. 3	76. 8	68. 8	61. 1	47. 8	44. 0	41. 1	34. 4
全球总计	3150. 2	3257. 3	3326. 2	3365. 4	3433. 3	3511. 1	3544. 7	3673. 5	3851. 7	3967. 7	3861. 5	4036. 9	4043. 8	4059. 2

数据来源：2024 年能源研究院（Energy Institute，EI）世界能源统计年鉴。

附表 10　2010—2023 年全球主要国家和地区的天然气消费量

十亿立方米

地区＼年份	2010	2011	2012	2013	2014	2015	2016	2017	2018	2019	2020	2021	2022	2023
美国	648. 2	658. 2	688. 1	707. 0	722. 3	743. 6	749. 1	740. 0	821. 7	850. 7	831. 9	826. 7	881. 2	886. 5
俄罗斯	423. 9	435. 6	428. 6	424. 9	422. 2	408. 7	420. 6	431. 1	454. 5	444. 3	423. 5	474. 6	408. 0	453. 4
中国	108. 9	135. 2	150. 9	171. 9	188. 4	194. 7	209. 4	241. 3	283. 9	308. 4	336. 6	378. 7	375. 7	404. 8
伊朗	144. 4	153. 2	152. 5	153. 8	173. 4	184. 0	196. 3	205. 0	212. 6	218. 4	234. 3	241. 1	228. 9	245. 6
日本	99. 9	112. 0	123. 2	123. 5	124. 8	118. 7	116. 4	117. 0	115. 7	108. 1	104. 1	103. 6	100. 5	92. 4
沙特阿拉伯王国	83. 3	87. 6	94. 4	95. 0	97. 3	99. 2	105. 3	109. 3	112. 1	111. 2	113. 1	117. 3	120. 4	114. 1
加拿大	91. 6	100. 6	99. 4	105. 4	109. 8	110. 3	105. 0	109. 9	115. 6	117. 3	113. 3	119. 2	121. 6	120. 7
墨西哥	66. 0	70. 8	73. 7	77. 8	78. 8	80. 8	83. 0	86. 0	87. 6	88. 0	83. 7	88. 2	96. 6	97. 6
德国	88. 1	80. 9	81. 1	85. 0	73. 9	77. 0	84. 9	87. 7	85. 9	89. 3	87. 1	90. 5	77. 3	75. 7
英国	98. 5	81. 9	76. 9	76. 3	70. 1	72. 0	80. 7	78. 5	78. 6	77. 7	73. 0	76. 9	72. 0	63. 5
意大利	79. 1	74. 2	71. 4	66. 7	59. 0	64. 3	67. 5	71. 6	69. 2	70. 8	67. 6	72. 5	65. 3	58. 6
经济合作组织（OECD）	1552. 9	1546. 9	1583. 2	1616. 1	1590. 7	1623. 5	1656. 1	1677. 8	1762. 6	1803. 0	1758. 6	1794. 9	1796. 6	1757. 0
非经济合作组织（NON-OECD）	1606. 0	1687. 1	1736. 2	1756. 9	1803. 8	1853. 3	1899. 9	1975. 2	2073. 0	2103. 3	2087. 0	2242. 6	2144. 7	2253. 2
欧盟	422. 8	389. 0	382. 2	374. 5	331. 4	346. 7	368. 2	385. 2	378. 1	391. 8	380. 3	396. 6	343. 4	319. 5
全球总计	3158. 9	3234. 0	3319. 4	3373. 0	3394. 4	3476. 9	3556. 1	3652. 9	3835. 6	3906. 3	3845. 6	4037. 5	3941. 3	4010. 2

数据来源：2024 年能源研究院(Energy Institute，EI)世界能源统计年鉴。

参 考 文 献

[1] 邹建婷，舒先林. 中国油气战略通道与能源安全[J]. 中外能源，2024，29(12)：1-6.

[2] 张阳禹，郝宏娜，李奕政，等. 量子计算发展现状及其在油气领域的应用潜力[J]. 国际石油经济，2024，32(12)：35-42.

[3] 王震，王思允. 全球深水油气勘探开发进展与研究综述[J]. 天然气与石油，2024，42(6)：1-10.

[4] 王敏生，姚云飞. 石油工程领域新质生产力发展路径思考[J/OL]. 石油钻探技术，2024.

[5] 苏美文，黄健，翟文华，等. 加快新质生产力落地　推动建立和完善现代化产业体系[J]. 工业技术经济，2024，43(12)：21-41.

[6] 张宇轩，吕鹏瑞，唐金荣，等. 上合组织成员国油气资源现状与合作潜力分析[J]. 中国矿业，2025：1-13.

[7] 王鸿，康治蓉，于圣钊，等. Ccer 重启背景下油气领域甲烷减排方法学开发可行性分析[J/OL]. 储能科学与技术，2025：1-9.

[8] 李继峰，温志超，陈劲宇. 全球气候治理下国际油气供需结构变化及对我国影响[J]. 发展研究，2024，41(12)：17-24.

[9] 高屾. 科技“含新量”提升天然气勘探开发“含金量”[N/OL]. 中国石油报，2024-11-07(6).

[10] 楚海虹. 全球石油石化行业迈入高质量发展新阶段：——访中国石油集团国家高端智库研究中心主任钱兴坤[N/OL]. 中国石油报，2024-12-10(7).

[11] 楚海虹. 丰富油气期货品种　助力油气贸易绿色发展：——第十三届中国国际石油贸易大会上期所专场活动侧记[N/OL]. 中国石油报，2024-11-20(3).

[12] 张翼. 去年国内油气产量当量首超 4 亿吨[N]. 光明日报，2025-01-21(10).

[13] 王冰雅，尚杰. 改革转型，老油田焕发“新青春”[N/OL]. 光明日报，2024-08-30(12).

[14] 王轶辰. 坚持有序推进能源转型[N/OL]. 经济日报，2024-10-24(6).

[15] 刘畅. 石油巨头加快能源转型[N/OL]. 经济日报，2024-01-26(4).

[16] 李春辉. 俄罗斯能源出口恢复仍存挑战[N/OL]. 经济日报，2024-07-24(4).

[17] 李春辉. 中俄全方位合作务实高效[N/OL]. 经济日报，2024-01-08(4).

[18] 蒋华栋. 欧洲不缺“气”但缺“底气”[N/OL]. 经济日报，2024-01-29(4).

[19] 周人杰. 在绿色转型中实现更高效发展[N/OL]. 人民日报，2024-12-30(5).

[20] 张朋辉，白阳，赵益普. 中哈经贸合作不断走深走实[N/OL]. 人民日报，2024-07-02(13).

[21] 王锦涛. 能源动脉如何穿越自然保护区[N/OL]. 人民日报，2024-08-06(15).

[22] 丁怡婷. 2024 年国内油气产量当量首超 4 亿吨：海洋、非常规油气成为上产“主阵地”[N]. 人民日报，2025-01-21(2).

[23] 中国石化西南石油局. 深耕四川盆地，建设百亿气田[N/OL]. 人民日报，2024-12-24(14).

[24] CARTON B，唐成千，郑辛如. 如何有效评估节能减排影响——基于能源转型的全球宏观经济模型[J]. 新金融，2024(11)：46-52.

[25] 刘翔宇，刘静暖. 中国油气建设和油气消费与缺口的实证分析——兼论南海油气跨期开发资金需求的预测[J/OL]. 调研世界，2024(11)：70-83.

[26] 李小松. 推动能源合作“向绿而行”：——中国石油大力推进海外业务绿色低碳发展[N/OL]. 中国石油报，2024-11-12(5).

[27] 王龙坤，冯连勇，刘佳伟，等. 中国加快建设亚太天然气区域定价中心的思考与建议[J]. 国际石油经济，2024，32(11)：44-53.

[28] 史涛. 石油天然气企业技能人才队伍建设与经济效益提升：机制、挑战与对策研究[J]. 中国经贸导刊，2024(16)：202-204.

[29] 李婧，徐嘉璐. 俄乌冲突对中俄能源合作的影响——以亚马尔项目为例[J]. 欧亚经济，2024(6)：1-21，127.

[30] 楚海虹. 全球石油石化行业迈入高质量发展新阶段：——访中国石油集团国家高端智库研究中心主任钱兴坤[N/OL]. 中国石油报，2024-12-10(7).

[31] 余果林，孙波，陈龙. “一带一路”的能源使者：——记中国石油第二届“感动石油人物”谢尔达尔[N]. 中国石油报，2024-12-20(1).

[32] 杨恺，刘结柱，任立新，等. 中国油气领域标准“走出去”方法探索和研究[J]. 中国标准化，2024(24)：50-56.

[33] 梁鼎成，谢珠璨，葛君函，等. 高碳资源利用演化及低碳化实现的途径研究[J]. 洁净煤技术，2024：1-12.

[34] 缴翼飞，刘梦生. 大规模储能技术成熟之前天然气仍将扮演重要角色[N/OL]. 21 世纪经济报道，2024-12-12(6).

[35] 何拥军，梅燕雄，姚鹏. 中国东海油气勘探现状和油气资源潜力[J/OL]. 矿产勘查，2024，15(11)：2089-2098.

[36] 曹雅丽. 全球一次能源消费增速放缓　技术进步决定转型路径[N/OL]. 中国工业报，2024-12-23(7).
[37] 雨山，王逸. 欧盟考虑应对特朗普“关税威胁”[N/OL]. 环球时报，2024-12-25(11).
[38] 许翔麟，许亚楠，张毓桂. 中国能源企业在厄瓜多尔能源领域的发展机遇与建议[J]. 国际石油经济，2024，32(12)：93-98.
[39] 本刊评论员. 为千亿方级大气田赋能[J]. 中国石油石化，2025(1)：1.
[40] 朱桐辉. 中俄能源合作实践与经验启示研究[J/OL]. 中国市场，2025(3)：5-8.
[41] 张宇轩，吕鹏瑞，唐金荣，等. 上合组织成员国油气资源现状与合作潜力分析[J]. 中国矿业，2025：1-13.
[42] 魏方，邢冲，林鸿源，等. 中国石油践行 esg　服务能源低碳转型[J]. 企业管理，2025(1)：44-48.
[43] 王竹泉，孙文君. 司库体系的功能定位与建设成效评价——以中国石油天然气集团为例[J/OL]. 财会通讯，2025(2)：9-15，28.
[44] 宋亦明，姜礼豪，王文龙. 资源相互依赖的武器化与去武器化[J]. 国际经济合作，2025：1-13.
[45] 史天昊. 欧洲国家不满情绪弥漫内部分歧加剧[N]. 法治日报，2025-01-20(6).
[46] 渠沛然. 天然气市场化改革再迈坚实一步[N]. 中国能源报，2025-01-06(15).
[47] 樊志菁. 2025 大宗商品展望：黄金天然气被看好，opec+如何稳住油价[N]. 第一财经日报，2025-01-08(A5).
[48] 陈甲斌，刘超，聂宾汗，等. 中国矿产资源保供要重视周边国家[J/OL]. 中国国土资源经济，2025：1-14.
[49] Opec 未来几个月或出现石油供应短缺[J]. 市场瞭望，2024(13)：2.
[50] 周坤. 油气企业如何发展新能源[J]. 中国石油石化，2024(21)：8.
[51] 王晟嫣. 绿色低碳转型背景下中国能源供给安全边界研究[D/OL]. 华北电力大学(北京)，[2025][2025-01-23]. https://doi.org/10.27140/d.cnki.ghbbu.2024.000016.
[52] 任娜，夏潇远，胡迪. 2024 年第四季度及 2025 年上半年国际油价走势分析[J]. 国际石油经济，2024，32(9)：99-104.
[53] 刘玲玲. 全球一次能源需求将于 2035 年后趋于稳定[N/OL]. 2024-07-16(7).
[54] 季晓莉. 国际能源署预警全球石油供应过剩[N/OL]. 2024-06-20(3).
[55] 周红波. 石油经济要闻[J]. 国际石油经济，2024，32(11)：106-108，111.
[56] 张晨，侯晖. 2024 年国际油价回顾及 2025 年展望[J/OL]. 当代石油石化，2024，32

(12)：7-13.

[57] 向炎涛. 中国海油：2025 年将扎实推进三大工程[N]. 证券日报，2025-01-23(B3).

[58] 吴斌. 欧佩克+再“救市”油价不涨反跌　供过于求阴霾笼罩[N/OL]. 21 世纪经济报道，2024-12-09(3).

[59] 王小林，刘嘉翌，杜东，等. 中国石油氨能产业发展战略[J]. 石油学报，2024：1-10.

[60] 罗阿华. 新形势　新思路　新未来——2025 年石油和化工投资策略解析[J]. 中国石油和化工，2025(1)：43-45.

[61] 侯晖. 国际油价下行压力将加大[J]. 中国石化，2024(12)：30-32.

[62] 宰穗. 我国首个油气行业科技成果经济价值评估标准发布[J]. 天然气技术与经济，2024，18(6)：89.

[63] 董秀成. 预计 2025 年国际油价震荡下行[J]. 中国石化，2024(12)：26-29.

[64] 王能全. 望“峰”兴叹，炼油业尚能“饭”三年？[J]. 中国石油石化，2024(20)：48-51.

[65] 杨溯，孙仁金. 新质生产力助推油气企业转型的机理和方向[J]. 国际石油经济，2024，32(6)：1-10.

[66] 张一鸣. 科技创新激发活力　油气产业加速跑[N/OL]. 中国经济时报，2024-11-13(3).

[67] 王福全. 加快培育深地油气产业新质生产力[N/OL]. 中国石化报，2024-08-19(5).

[68] 孙梦宇. 打造适应新型工业化发展需求的新质生产力[N/OL]. 中国石油报，2024-04-25(1).

[69] 渠沛然. 矿产资源法“大修”助油气产业挖潜[N]. 中国能源报，2024-11-25(2).

[70] 郑玉华，张潇，魏昭. 油气产业氢能利用的经济性与 CO_2 减排效益分析[J]. 天然气工业，2023，43(8)：146-155.

[71] 李福仁. “双碳”背景下中国油气发展战略思考[J/OL]. 现代商贸工业，2023，44(20)：7-9.

[72] 薛世华. 国际巨头不畏争议发力碳捕集[J]. 中国石油和化工产业观察，2024(3)：86-87.

[73] 王良锦，宰穗，方峦，等. 油气企业科技创新人才价值溯源分成评估[J]. 天然气工业，2024，44(6)：142-151.

[74] 孙慧，王乐乐，杨雷. 中国生物油气发展现状及未来对策[J]. 国际石油经济，2024，32(8)：42-47，57.

[75] 张宇轩，吕鹏瑞，唐金荣，等. 上合组织成员国油气资源现状与合作潜力分析[J]. 中国矿业，2025：1-13.

[76] 王正元. 标准引领油气产业高质量发展[J]. 石油科技论坛，2024，43(5)：3-4.

[77] 孙丹阳. “双碳”目标下油气与新能源融合发展的模式、路径与策略[J]. 天然气技术与经济，2024，18(5)：72-78.

[78] 房琪，李绍萍. 我国油气产业高质量发展差异分解及动态演进研究[J]. 中国矿业，2024：1-20.

[79] 曹博涵. 全球油气勘探开发趋势及建议[J]. 中国石化，2024(12)：33-35.

[80] 周桂银. 全球南方崛起与当代国际秩序变革[J]. 国际政治研究，2024，45(1)：7，83-113.

[81] 张广婷. “一带一路”倡议与国际政治经济的理论创新——一个分析框架[J/OL]. 学术月刊，2023，55(9)：43-57.

[82] 王正毅. 地缘政治竞争为何复兴？[J]. 国际政治研究，2023，44(6)：11-29，5.

[83] 梁昊光. “一带一路”与新型全球治理：一个国际政治经济学分析[J/OL]. 太平洋学报，2024，32(1)：17-30.

[84] 白雪. 中俄新时代全面战略协作伙伴关系研究[D/OL]. 吉林大学，2023[2025-01-23]. https://link.cnki.net/doi/10.27162/d.cnki.gjlin.2023.007551.

[85] 张发林，崔阳. 试析战争对国际主导货币更迭的影响[J]. 国际观察，2024(6)：60-85.

[86] 张发林. 金融政治学：地缘政治竞争下的新议程[J]. 国际政治研究，2024，45(1)：6-7，65-82.

[87] 马永驰，刘超，庄易霖. 基础设施与现代化强国建设——现实表征、作用过程与内在机制[J/OL]. 山东大学学报(哲学社会科学版)，2024(4)：71-83.

[88] 林宏宇. 2024 年美国大选对国际政治经济关系及国际安全环境的影响[J]. 国际论坛，2024：1-6.

[89] 姜益琳. 新时代中国共产党大党形象国际传播研究[D/OL]. 江西师范大学，2024[2025-01-23]. https://link.cnki.net/doi/10.27178/d.cnki.gjxsu.2024.000056.

[90] 高海龙. 全球发展的十字路口：动荡变革期的国际政治经济未来走向[J/OL]. 价格理论与实践，2024(11)：10-15，143.

[91] 刘一乐. 金融服务推动油气产业驶入快车道[N]. 舟山日报，2024-01-24(2).

[92] 刘一乐. 口岸服务助推油气产业“加速跑”[N]. 舟山日报，2024-01-04(2).

[93] 郭勇. 赋能油气产业提速发展：——中国石油数字化转型智能化发展透视[N/OL].

中国石油报，2024-02-01(5).

[94] 窦立荣，郜峰，彭云，等. 石油工业上游绿色转型发展形势与建议[J/OL]. 中国科学院院刊，2024，39(7)：1205-1216.

[95] 富景筠. 美国能源权力的扩张与限度[J/OL]. 东北亚论坛，2024，33(1)：96-111，128.

[96] 李逸，赵媛，夏四友. 中国跨境油气运输管道安全性评价与类型区划分[J]. 自然资源学报，2024，39(3)：547-563.

[97] 刘翔宇，刘静暖. 中国油气建设和油气消费与缺口的实证分析——兼论南海油气跨期开发资金需求的预测[J/OL]. 调研世界，2024(11)：70-83.

[98] 吴磊. 全球能源供应链重构与中国因应[J]. 当代世界，2023(12)：30-35.